# 团队科学论
## 增强团队科学的效能

南希·J. 库克
（Nancy J. Cooke）

玛格丽特·L. 希尔顿
（Margaret L. Hilton）

团队科学论委员会
（Committee on the Science of Team Science）

行为、认知与感官科学理事会
（Board on Behavioral, Cognitive, and Sensory Sciences）

行为与社会科学及教育部
（Division of Behavioral and Social Sciences and Education）

美国国家研究理事会 编

黄 颖 张 琳 译

科学出版社
北 京

图字：01-2020-0120 号

## 内 容 简 介

本书对团队科学领域的现有研究进行了全面梳理，为团队特别是科研团队的构建、领导、教育及专业成长提供了系统性的指导方案。本书深入探讨了支撑科研团队的制度、组织架构及政策环境，并指出了若干亟待深入研究的领域，旨在促进科研团队在科学探索与成果转化方面目标的实现。书中提出了针对科学研究机构与政策制定者的政策建议，并为科学家、专业协会以及研究型大学提供了具有价值的指导。

本书可供科研管理从业者、科研团队的领导者、团队科学领域的教育工作者以及研究生阅读参考。

This is a translation of *Enhancing the Effectiveness of Team Science*, National Research Council; Division of Behavioral and Social Sciences and Education; Board on Behavioral, Cognitive, and Sensory Sciences; Committee on the Science of Team Science; Nancy J. Cooke and Margaret L. Hilton, Editors © 2015 National Academy of Sciences. First published in English by National Academies Press. All rights reserved.

图书在版编目（CIP）数据

团队科学论：增强团队科学的效能 / 美国国家研究理事会编；黄颖，张琳译. -- 北京：科学出版社，2024.11. -- ISBN 978-7-03-079711-7

Ⅰ . G322

中国国家版本馆 CIP 数据核字第 2024G70K79 号

责任编辑：邹 聪 张春贺 / 责任校对：何艳萍
责任印制：师艳茹 / 封面设计：有道文化

科学出版社 出版
北京东黄城根北街 16 号
邮政编码：100717
http://www.sciencep.com
北京建宏印刷有限公司印刷
科学出版社发行 各地新华书店经销
\*
2024 年 11 月第 一 版 开本：720×1000 1/16
2024 年 11 月第一次印刷 印张：17 3/4
字数：280 000
**定价：128.00 元**
（如有印装质量问题，我社负责调换）

# 团队科学论委员会

(Committee on the Science of Team Science)

南希·J. 库克（Nancy J. Cooke）（主席），亚利桑那州立大学理工学院人类系统工程系

罗杰·D. 布兰福德（Roger D. Blandford），斯坦福大学物理学系

乔纳森·N. 卡明斯（Jonathon N. Cummings），杜克大学福库商学院

史蒂芬·M. 菲奥雷（Stephen M. Fiore），中佛罗里达大学哲学系

卡拉·L. 霍尔（Kara L. Hall），美国国家癌症研究所行为研究部门

詹姆斯·S. 杰克逊（James S. Jackson），密歇根大学安娜堡分校社会研究所和心理学系

约翰·L. 金（John L. King），密歇根大学安娜堡分校信息学院

史蒂文·W. J. 科兹洛夫斯基（Steven W. J. Kozlowski），密歇根州立大学心理学系

朱迪思·S. 奥尔森（Judith S. Olson），加州大学欧文分校信息学系

杰里米·A. 萨布洛夫（Jeremy A. Sabloff），圣菲研究所

丹尼尔·S. 斯托科尔斯（Daniel S. Stokols），加州大学欧文分校社会生态学院

布赖恩·乌齐（Brian Uzzi），西北大学凯洛格商学院

汉娜·瓦兰汀（Hannah Valantine），美国国立卫生研究院院长办公室

玛格丽特·L. 希尔顿（Margaret L. Hilton），研究主任
蒂娜·温特斯（Tina Winters），副项目官员
米歇尔·罗德里格斯（Mickelle Rodriguez），项目协调专员（至2013年7月）
贾特里斯·杰克逊（Jatryce Jackson），项目协调专员（至2014年10月）
泰尼·达文波特（Tenee Davenport），项目协调专员

# 行为、认知与感官科学理事会
(Board On Behavioral, Cognitive, and Sensory Sciences)

苏珊·T. 菲什（Susan T. Fiske）（主席），普林斯顿大学心理学系和伍德罗·威尔逊公共与国际事务学院

劳拉·L. 卡斯滕森（Laura L. Carstensen），斯坦福大学心理学系

詹妮弗·S. 科尔（Jennifer S. Cole），伊利诺伊大学香槟分校语言学系

朱迪·R. 杜布诺（Judy R. Dubno），南卡罗来纳医科大学耳鼻咽喉头颈外科系

罗伯特·L. 戈德斯通（Robert L. Goldstone），印第安纳大学心理与脑科学系

丹尼尔·R. 伊尔根（Daniel R. Ilgen），密歇根州立大学心理学系

尼娜·G. 贾布隆斯基（Nina G. Jablonski），宾夕法尼亚州立大学人类学系

詹姆斯·S. 杰克逊（James S. Jackson），密歇根大学社会研究所

南希·G. 坎维舍尔（Nancy G. Kanwisher），麻省理工学院脑与认知科学系

贾尼丝·基柯尔特-格拉泽（Janice Kiecolt-Glaser），俄亥俄州立大学医学院心理学系

威廉·C. 莫瑞尔（William C. Maurer），加州大学欧文分校社会科学学院

约翰·莫纳汉（John Monahan），弗吉尼亚大学法学院

史蒂文·E. 彼得森（Steven E. Petersen），华盛顿大学医学院神经病学和神经外科系

达娜·M. 斯莫尔（Dana M. Small），耶鲁大学医学院精神病学系

蒂莫西·J. 斯特劳曼（Timothy J. Strauman），杜克大学心理学和神经科学系

艾伦·R. 瓦格纳（Allan R. Wagner），耶鲁大学心理学系

杰里米·M. 沃尔夫（Jeremy M. Wolfe），哈佛医学院眼科和放射科

芭芭拉·A. 万奇森（Barbara A. Wanchisen），主任

泰尼·达文波特（Tenee Davenport），项目协调专员

# 致　　谢

　　团队科学论委员会和工作人员衷心感谢所有为本研究提供支持的个人与机构，正是在他们的无私协助下，本项研究工作才得以顺利完成。

　　首先，我们感谢美国国家科学基金会（National Science Foundation，NSF）和爱思唯尔（Elsevier）的慷慨支持。美国国家研究理事会（National Research Council，NRC）的众多成员为团队科学论委员会提供了宝贵的帮助。特别感谢行为、认知与感官科学理事会主任芭芭拉·A. 万奇森（Barbara A. Wanchisen），她的领导在整个研究过程中发挥了至关重要的作用。此外，副项目官员蒂娜·温特斯（Tina Winters）在搜集研讨会相关信息及起草最终报告等方面做出了卓越贡献。帕特里夏·莫里森（Patricia Morison）在撰写报告摘要方面提供了清晰、简洁的文本，而克尔斯滕·桑普森-斯奈德（Kirsten Sampson-Snyder）则在指导报告通过 NRC 审查方面发挥了关键作用。同时，米歇尔·罗德里格斯（Mickelle Rodriguez）为三次团队科学论委员会会议的后勤安排提供了大力支持，泰尼·达文波特（Tenee Davenport）在报告最终准备工作中也提供了协助。

　　依据 NRC 所核准的程序，具备不同见解与技术专长的人员对报告草案进行了详尽的审查。此次独立审查旨在提供坦率且具有批判性的反馈，协助该机构优化其发布的报告，确保其合理性，并确保报告符合机构在客观性、证据支持以及对研究任务的恰当回应等方面的标准。审查意见与草案手稿将予以保密，以维护审议过程的完整性。我们感谢以下人员对报告的审阅：巴里·C.巴里什（Barry C. Barish），加州理工学院物理学系；爱德华·J.哈克特（Edward J. Hackett），亚利桑那州立大学人类进化与社会变革学院；克里斯汀·亨德伦（Christine Hendren），杜克大学纳米技术环境影响中心；尼娜·G. 贾布隆斯基（Nina G. Jablonski），宾夕法尼亚州立大学人类学系；芭芭拉·V. 雅克（Barbara V. Jacak），劳伦斯伯克利国家实验室核科学部；罗伯特·P. 基尔什纳（Robert P. Kirshner），哈佛-史密松森天体物理中心天文学系；朱莉·T. 克莱恩（Julie T.Klein），韦恩州立大学英语系；马歇尔·斯科特·普尔（Marshall Scott Poole），伊利诺伊大学香槟分校传播系人文、艺术和社会科学计算研究所；玛丽莎·R. 萨拉查（Maritza R. Salazar），克莱蒙特研究大学组织行为学系；韦斯利·M. 施鲁姆（Wesley M. Shrum），路易斯安那州立大学社会学系和农业与机械学院；凯瑟琳·C. 佐恩（Kathryn C. Zoon），国家过敏和传染病研究所。

尽管审阅者提出了诸多建设性的意见和建议，但他们在报告发布前并未被要求对报告内容表示认可，且未获准查阅最终稿。本项审查工作由密歇根大学分子和行为神经科学研究所的胡达·阿基尔（Huda Akil）与美国国家老龄化研究所行为和社会研究部访问学者兼客座研究员芭芭拉·托里（Barbara Torrey）负责监督。他们由 NRC 指派，旨在确保报告的独立审查过程符合工作程序，并对所有审查意见进行了细致的考量。本书的最终内容完全由作者和团队科学论委员会负责。

最后，我们要感谢团队科学论委员会的同仁们，他们凭借饱满的热情、不懈的努力以及团队协作的精神，深入探讨了与团队科学论委员会职责相关的理论性议题及其所面临的挑战，并倾力完成了本书的编撰工作。

南希·J. 库克（Nancy J. Cooke），主席
玛格丽特·L. 希尔顿（Margaret L. Hilton），研究主任
团队科学论委员会

# 目　　录

| | |
|---|---|
| 致谢 | /i |
| **总论** | /1 |
| 　　团队科学所面临的挑战的关键特征 | /6 |
| 　　提升团队和群体效能 | /8 |
| 　　推进科研团队效能的研究 | /13 |
| **第一章　引言** | /15 |
| 　　研究目标 | /16 |
| 　　关键术语界定 | /18 |
| 　　团队科学所面临的挑战的关键特征 | /21 |
| 　　从科学界之外的团队研究中学习 | /33 |
| 　　书稿的结构 | /38 |
| **第二章　团队科学研究** | /40 |
| 　　群体和团队的研究 | /40 |
| 　　团队科学论 | /41 |
| 　　团队科学论中的独特议题 | /42 |
| 　　其他相关研究领域 | /48 |
| 　　本章小结 | /49 |

## 第三章　团队效能研究综述　　　　　　　　　　　　　/ 50

　　背景：关键考量因素、理论模型与框架　　　　　　　/ 52

　　团队过程：团队效能的基石　　　　　　　　　　　　/ 54

　　塑造团队过程、提升团队效能的干预措施　　　　　　/ 63

　　团队构成：塑造团队过程的个体投入　　　　　　　　/ 64

　　结合文献探究团队科学的新发展　　　　　　　　　　/ 65

　　总结与结论　　　　　　　　　　　　　　　　　　　/ 70

## 第四章　团队的构成与配置　　　　　　　　　　　　　/ 71

　　团队构成　　　　　　　　　　　　　　　　　　　　/ 71

　　团队配置　　　　　　　　　　　　　　　　　　　　/ 79

　　优化科研团队构成与配置的方法　　　　　　　　　　/ 81

　　应对团队科学面临的七大挑战性特征　　　　　　　　/ 84

　　总结、结论与建议　　　　　　　　　　　　　　　　/ 85

## 第五章　团队科学的专业发展与教育　　　　　　　　　/ 87

　　团队培训的目标和效能　　　　　　　　　　　　　　/ 88

　　具有前景的专业发展干预措施　　　　　　　　　　　/ 89

　　团队科学的新兴专业培养的干预措施　　　　　　　　/ 97

　　团队科学教育　　　　　　　　　　　　　　　　　　/ 98

　　应对团队科学面临的七大挑战性特征　　　　　　　　/ 109

　　总结、结论与建议　　　　　　　　　　　　　　　　/ 111

## 第六章　团队科学的领导　　　　　　　　　　　　　　/ 113

　　领导与管理的定义　　　　　　　　　　　　　　　　/ 113

　　团队领导的研究梳理　　　　　　　　　　　　　　　/ 117

　　科研团队领导的研究梳理　　　　　　　　　　　　　/ 124

科研团队领导者的领导力培养　　/ 131
　　应对团队科学面临的七大挑战性特征　　/ 134
　　总结、结论与建议　　/ 135

**第七章　支持虚拟协作　　/ 137**
　　地域分散团队面临的特殊挑战　　/ 138
　　基于个体特质应对挑战　　/ 141
　　基于领导力策略应对挑战　　/ 142
　　支持虚拟协作的组织条件　　/ 145
　　支持虚拟协作的技术条件　　/ 147
　　技术与社会实践如何应对虚拟协作挑战　　/ 160
　　总结、结论与建议　　/ 163

**第八章　机构与组织对团队科学的支持　　/ 164**
　　组织视角　　/ 165
　　高校政策与实践　　/ 167
　　团队科学的组织环境　　/ 175
　　优化团队科学的物理环境　　/ 181
　　总结、结论与建议　　/ 183

**第九章　团队科学的资助与评估　　/ 185**
　　团队科学的资助　　/ 186
　　团队科学的评估　　/ 193
　　总结、结论与建议　　/ 199

**第十章　推进关于团队科学效能的研究　　/ 201**
　　团队过程与效能　　/ 201
　　团队构成与配置　　/ 202

团队科学的专业发展与教育　　　　　　　　　/ 203

　　团队科学的领导　　　　　　　　　　　　　　/ 204

　　虚拟协作支持　　　　　　　　　　　　　　　/ 204

　　机构与组织对团队科学的支持　　　　　　　　/ 205

　　团队科学的资助与评估　　　　　　　　　　　/ 207

　　总结、结论与建议　　　　　　　　　　　　　/ 208

**参考文献**　　　　　　　　　　　　　　　　　　/ 210

**后记**　　　　　　　　　　　　　　　　　　　　/ 267

# 总　　论

在过去的60年里，随着科学和社会挑战日益复杂，科学知识不断更新、方法不断进步，科学家们越来越多地与同行开展合作研究，这类研究可以划分到团队科学（team science）的范畴（方框S-1）。如今，90%的自然科学与工程领域的出版物都是由两人或两人以上共同撰写的。随着科学家、资助机构和大学寻求通过吸纳更多人员来解决多面性问题，作者团队的规模也在不断扩大。现在，大多数（自然科学与工程领域的）文章都是由来自多个机构的6~10人共同撰写的。

---

**方框 S-1　　　　　定义**

● 团队科学——从科学合作视角来看，是指由多人以相互依存的方式开展研究，包括由小团队和大团体开展的研究。

● 科学团队（science teams）——大多数团队科学活动由2~10人完成，我们将这种规模的实体称为科学团队。

● 大型科研团体（larger science groups）——我们把10人以上从事团队科学活动的实体称为大型科研团体[*]。这些大型科研团体通常由许多较小的科研团队构成，其中一些群体包括数百甚至数千名科学家。这种大型科研团体通常分工明确且结构完整，以协调各个小型科研团队，这类实体在社会科学中被称为组织。

● 团队效能（team effectiveness）[也称为团队绩效（team performance）]——团队实现其目标的能力。这种实现目标的能力能够为团队成员提供动力（如团队成员的满意度和继续合作的意愿），也会影响团队的研究成果。在科研团队中，成果包括新的研究发现、新的研究方法，也可能包括研究成果的转化应用。

*大型科研团体中的科学家有时会自称来自"科研团队"①。

团队科学带来了原本不可能实现的科学突破，如发现了晶体管效应、开发了控制艾滋病的抗反转录病毒药物，以及证实了暗物质的存在。与此同时，合作研究也会带来挑战。例如，虽然团队研究项目规模的不断扩大为研究带来了更丰富的科学专业知识和更先进的仪器，但也增加了沟通和协调工作所需的时间。如果这些挑战得不到重视和应对，项目则可能无法实现其科学目标。为了更有效地为应对这些挑战提供指导，NSF 要求 NRC 设立一个专家委员会，以开展共识性研究，旨在"就提升科研团队、研究中心和研究所中的合作研究效能提供建议"。Elsevier 也为这项研究提供了资金支持。团队科学论委员会（Committee on the Science of Team Science）完整任务说明，如方框 S-2 所示。

**方框 S-2　　　团队科学论委员会的任务**

团队科学论委员会计划开展一系列针对团队科学的研究工作，目的在于提出切实可行的建议，以增强科研团队、研究中心及研究所的合作效能。团队科学论（science of team science）作为一个新兴的跨学科研究领域，其通过实证研究方法，深入分析了不同规模的科研团队、研究中心和研究所的组织结构、沟通机制以及研究活动的开展过程。该领域致力于探究和管理影响合作研究（包括成果转化研究）效率的促进与阻碍因素，特别关注团队协同合作的机制，旨在实现超越单个个体或简单累加努力所能达成的科学突破。

团队科学论委员会将审视影响不同规模科研团队的因素，涵盖团队动态、团队管理、体制结构以及政策等方面。团队科学论委员会所探讨的问题，将不限于以下几项。

（1）个体层面因素（如对多元观点的接纳程度）如何影响团队互动（如团队凝聚力），以及个体因素与团队互动如何共同作用于科研团队的效能与产出？

---

① 译者注：为了更具可读性，在大多数情境下，本书将科学团队和大型科研团体译作"科研团队"。

（2）在科研团队、研究中心或研究所层面，诸如团队规模、成员构成、地理分布等因素如何对科研团队效率产生影响？

（3）不同的管理策略与领导风格如何影响科研团队效能？

（4）现行的终身教职制度与晋升政策如何认可并激励参与团队研究的科研人员？

（5）影响开展团队科学的研究机构（如研究中心和研究所）生产力与效能的因素有哪些？人力资源政策与实践以及网络基础设施等组织因素如何影响团队科学的发展？

（6）学术机构、研究中心、工业界及其他领域需具备何种组织结构、政策、实践和资源以提升团队效率？

为了构建研究框架，团队科学论委员会首先定义了团队科学活动及其实施群体。团队科学论委员会的定义反映了此前的研究成果，即团队是指两个或两个以上具有不同角色和职责的个人，他们在组织系统中相互协作、相互依存，以执行任务并实现共同目标。由于这项前期研究关注的是通常由 10 名或更少成员组成的小团队，其规模与大多数团队类似，因此我们将 10 名或更少科学家的团队称为"科学团队"。鉴于参与人数的增加是显著改变成功协作的重要因素，因此我们将由超过 10 名科学家组成的群体称为"大型科研团体"或简称为"大型团体"。

尽管团队科学正在迅速发展，但个体科学家仍在不断做出重要贡献，获得重大发现，斯蒂芬·霍金（Stephen Hawking）对宇宙本质的一系列新见解就是其中的重要例证。预算有限的公共和私人资助者必须决定是采用个体调研还是团队调研的方法，如果选择团队调研的方法，则必须明确项目的规模和范围。同样，科学家个人也必须决定是投入时间和精力进行合作研究，还是专注于个人研究。科学家和其他利益相关者在决定是否采用团队科学方法时，需战略性地考虑具体的研究问题、主题以及预期的科学/政策目标。如果适用，还需考虑项目的适当规模、持续时间和团队结构。

为解答上述问题，团队科学论委员会开展了广泛的文献搜集与回顾工作，确定并整理了大量相关科学研究资料。在探究个体与团队因素对效能影响的过程中，团队科学论委员会主要汲取了两个科学领域的方法论与概念框架，这些领域的综合知识与经验为科学家、管理者、资助机构以及政策制定者提升团队效能提供了有力支撑。第一个领域是团队科学论[①]，这是一个专门关注团队科学的新兴跨学科领域。第二个领域是社会科学领域中关于群体和团队的大量且扎实的研究，如军事团队、工业研发团队、生产和销售团队以及职业运动队的研究成果。

在回顾对科学领域以外的团队研究时，团队科学论委员会发现，在其他情境下，越来越多的团队包含对科研团队构成挑战的关键特征，下文中将详细论述。这些研究已经确定了增强团队效能的方法，并被跨情境地转化和扩展（例如，航空团队中的增强团队效能的方法可以迁移到医疗团队上）。因此，基于科研团队与其他情境下的团队所面临的挑战和流程上的相似性，以及团队研究在不同情境下的推广历史，团队科学论委员会认为，其他情境下的团队研究可以为制定提高团队效能的策略奠定丰富的知识基础。其他情境下的团队研究通常关注小型团队，规模大多是在10人及以下，因此更适用于科研团队，而不是大型团体。然而，规模更大的科学家群体（例如研究中心的参与者）通常由多个团队构成，在其他情境下对团队的研究也适用于这些团队。

在探讨组织与制度因素对团队效能影响的过程中，团队科学论委员会对地域分散的团队以及大型科学家群体与其他专业人员群体的案例进行了回顾，涵盖了商业管理、领导力、社会学、经济学等领域的研究，以及大学案例研究和科学政策研究。此外，团队科学论委员会还参考了团队科学领域新兴的研究证据，这些证据不仅聚焦于团队层面，还拓展至组织、制度和政策层面。

资助机构、政策制定者、科学家以及科研团队的领导者均需掌握项目信息管理的有效方法。提高效能的首要步骤在于深入探究那些促进或抑制团队发展的因素，并掌握如何运用这些因素以优化团队的执行力、管理效率及资金配置。尽管团队科学论、团队研究及其他相关领域已产生众多研究成果，但这些研究往往缺乏系统性。团队科学实践者可能面临理解、整合及应用这些分散于不同研究领域见解的难题。本书旨在整合并提炼相关

---

① 关于 science of team science（简称为 SciTS）的翻译，译者综合考量了当前国内外研究的主要内容和中文语境，认为译为"团队科学论"更恰当，而不应直译为"团队科学学"。

研究，以支撑 13 个结论和 9 项建议，并指出了未来研究的必要方向，详细内容将在后续章节中展开讨论。表 S-1 重申了这些建议，并具体阐述了相关个人或组织（例如团队领导者、大学）应采取的行动方案及预期达成的目标。

表 S-1 建议采取的行动方案和期望达到的目标

| 行动者 | 推荐方案 | 预期目标 |
| --- | --- | --- |
| 科研团队负责人 | 建议 1：考虑应用分析方法和工具来指导团队的组建 | 根据项目需求匹配参与者的组合，以提高科学转化的效能 |
| | 建议 2：与团队培训研究人员和大学合作，为科研团队创造并评估职业发展的机会 | 优化团队的管理流程，从而提高效能 |
| | 建议 3：与领导力研究人员和大学合作，创造并评估科学领导力发展的机会 | 提高团队领导者以及资助机构员工的能力，以便促进积极的团队流程效能的提升 |
| 地理上分散型科研团队和大型团体的领导者 | 建议 4：提供活动以促进所有参与者之间共享知识，包括团队专业发展机会——考虑将部分工作分拆的可行性 | 在不同地点开发共享词典和工作流程以提高效能，促进知识共享和知识融合——减轻持续电子通信的负担，使参与者能够专注于科研任务 |
| | 建议 5：基于对技术成熟度、项目需求以及团队成员实施能力的深入评估，选取适宜的协作技术，并获取相应的技术培训与支持 | 优化使用最合适的协作技术以提高效能 |
| 大学和其他科学组织 | 建议 2：与团队培训研究人员和大学合作，为科研团队创造并评估职业发展的机会 | 优化团队的管理流程，从而提高效能 |
| | 建议 3：与领导力研究人员和大学合作，创造并评估科学领导力发展的机会 | 提高团队领导者以及资助机构员工的能力，以便促进积极的团队流程效能的提升 |
| | 建议 6：与学科协会合作，为团队工作的贡献分配制定可行性原则和更具体的标准；与研究人员合作，评估这些原则的作用 | 消除阻碍年轻教师参与团队科研项目的障碍 |
| 公共和私人资助者 | 建议 7：与科学界合作，鼓励形成新的合作模式，消除参与团队科学的障碍，并提供信息资源 | 促进科学界文化变革，减少参与团队科学面临的障碍 |
| | 建议 8：要求团队研究项目提案的作者提供协作计划，并在跨学科或跨领域项目中，具体说明他们将如何在整个研究项目生命周期内促进深度知识融合 | 鼓励项目负责人不仅规划研究的科学/技术方面，还要规划协作/人际关系方面 |
| | 建议 9：支持对科研团队效能的进一步研究，并帮助研究人员接触关键人员和获取关键数据 | 促进对上述工具、方案和干预措施的评价和改进，以及开展更"基础"的研究，以提高团队科学工作的效能，加快科学发现的速度 |

续表

| 行动者 | 推荐方案 | 预期目标 |
|--------|---------|---------|
| 研究人员 | 建议1：考虑应用分析方法和工具来指导团队的组建 | 根据项目需求匹配参与者的组合，以提高科学转化的效能 |
| | 建议2：与团队培训研究人员和大学合作，为科研团队创造并评估职业发展的机会 | 优化团队的管理流程，从而提高效能 |
| | 建议3：与领导力研究人员和大学合作，创造并评估科学领导力发展机会 | 提高团队领导者以及资助机构员工的能力，以便促进积极的团队流程效能的提升 |
| | 建议6：与学科协会合作，为团队工作的贡献分配制定可行性原则和更具体的标准；与研究人员合作，评估这些原则的作用 | 消除阻碍年轻教师参与团队科研项目的障碍 |
| 科学共同体 | 建议6：与学科协会合作，为团队工作的贡献分配制定可行性原则和更具体的标准；与研究人员合作，评估这些原则的作用 | 消除阻碍年轻教师参与团队科研项目的障碍 |
| | 建议7：与科学界合作，鼓励形成新的合作模式，消除参与团队科学的障碍，并提供信息资源 | 促进科学界文化变革，减少参与团队科学面临的障碍 |

## 团队科学所面临的挑战的关键特征

根据对研究证据的梳理、团队科学实践者提供的信息以及资深专家的判断，团队科学论委员会确定了七个对团队科学构成挑战的特征。每个特征代表一个连续维度的某一端。例如，规模庞大是团队或群体规模维度的一端。科学团队和大型团体通常需要结合这些特征中的一个或多个来实现其特定的研究目标，但这些特征也带来了管理上的挑战。团队科学论委员会将在本书的各个部分中反复提及这七个特征，从而更好地解读其所带来的影响。

● 成员构成的多样性。解决复杂的科学问题往往需要跨学科、跨领域或跨专业的合作。科研团队中可能包含行业利益相关者（例如医生或产品开发专家），以促进研究成果向实际应用转化。同时，鉴于人口结构的改变和科学工作者的全球化趋势，团队成员在年龄、性别、文化、宗教或种族等方面可能存在差异。由于团队成员背景的多样性，他们可能缺乏共同的语言，这为有效沟通研究目标以及确定合作完成科研任务的方式带来了挑战。

● 知识的高度融合性。所有科研团队都会在某种程度上整合信息，因为成员们会将各自独特的知识和技能应用到共同的研究课题中。这一挑战在跨学科或跨领域团队中体现得尤为突出。跨学科研究整合两个或多个学科的数据、工具、观点和理论，以增进理解或解决问题。跨领域研究旨在深度整合并超越学科方法，以产生全新的概念框架、理论、模型和应用。对于此类团队或更大规模团队的成员来说，跨越各自学科的界限分享和借鉴彼此的知识可能比较困难。

● 团队规模的扩张化。在自然科学与工程领域，研究团队的规模在过去60年间持续扩大，这一趋势在学术出版物中得到了显著反映。规模的扩大理论上可以通过任务的分工来提升工作效率，然而，随之而来的是团队成员间进行沟通与协调的复杂性增加。相较于在小型团队中工作的研究人员，大型团体中的科学家们面对面交流的机会比较少，这导致信任关系的建立更为困难，并且在达成项目目标的共识以及对其他团队成员角色的理解方面存在挑战。

● 团队间目标的异质性。研究中心和研究所等大型科研团体通常包括多个科研团队，这些团队参与与研究中心或研究所的更高层次研究或转化目标相关的研究项目。每个团队都具备其独特的见解、方法论和研究视角，并可能设定有其特定的研究目标。当这些团队的目标不一致时，可能会导致冲突的产生，因此，实施精细化的管理策略显得尤为关键。

● 团队边界的可渗透性。科研团队的边界往往呈现出一定的渗透性，这体现了项目目标随时间推移而发生演变。随着项目从一个阶段向另一个阶段的演进，可能需要引入不同的专业知识，从而导致团队或群体成员的更迭。尽管此类更迭有助于促使在科学研究或应用转化问题出现时将专业知识与之相匹配，但同时也可能给团队的有效互动带来挑战。

● 地域分布的分散性。多数科研团队呈现出显著的地理分散性特点，其成员分布于众多高校或研究机构之中。尽管跨机构合作能够为科研团队提供必需的专业技能、科学仪器、数据集以及其他宝贵资源，但同时也增加了对电子通信模式的依赖，并需要应对相应的挑战。此外，由于不同机构的工作模式、所处时区以及对研究工作的文化期望存在差异，因此协调不同机构的工作变得颇具难度。

● 任务间的高度相互依存性。团队的一个显著特征是成员间相互依存性，共同完成一项任务。所有团队科研项目都旨在利用相互依存、协作研究的优势。然而，利用和整合团队成员的独特才能来设计和执行高度相互依存的任务，进而实现共同的目标，是一项具有挑战性的任务。任务间相互依存性越强，发生冲突的可能性就越大。当成员分散在各地，必须执行高度相互依存的任务时，可能需要付出更多的协调和沟通努力。

每个研究团队均在一定程度上展现出一种或多种特定的特征。随着团队所具备的关键特征，如成员构成的多样性和地域分布的分散性数量的增加，团队面临的挑战以及对这些挑战的理解与管理需求亦相应增长。如前所述，在确定研究项目的方法论、适宜的规模等方面，必须从战略视角出发，综合考量特定研究问题、主题以及预期目标。

## 提升团队和群体效能

在非科研领域的相关团队研究中，我们已经发现了一系列提升效能的策略。这些策略具备可迁移性，能够被应用于科研团队，以助力其应对团队科学领域所面临的诸多挑战。

> 结论：数十年来的大量研究结果表明，团队流程（例如，对团队目标和成员角色的共同理解）与团队效能有关。主动优化团队流程的行动和干预措施是提高团队效能的最有效途径；它们针对团队的行动和干预措施体现在三个方面：团队构成、团队专业发展和团队领导力。

### 团队构成

组建团队是打造高效团队的基础，因此这是一个需要重点把控的步骤，但这仅仅是第一步。

结论：迄今为止，在非科研领域的团队研究中，我们发现，团队构成影响团队效能，这种关系取决于任务的复杂性、团队成员之间的相互依赖程度以及团队存续的时间长短。团队构成与任务多样性的关联程度至关重要，并对团队效能产生积极影响。

结论：在非科研领域开发的任务分析方法和在科研领域开发的研究网络工具使从业者能够系统地考虑团队构成。

建议1：科研团队领导者及主要组织成员应考虑采用任务分析方法（包括任务分析、认知建模、岗位分析、认知工作分析等）及使用相应工具，以明确项目成功执行所需的关键知识、技能与态度，从而优化团队成员与项目需求之间的匹配度，确保团队多样性与任务相关性得以充分发挥。此外，团队领导者应考虑使用旨在促进科研团队构建的研究网络系统等工具，并与研究人员协作，对这些工具及任务分析方法进行评估与完善。

## 团队专业发展

组建完毕的科研团队将面临如何整合成员知识以达成科研目标的挑战。知识的融合以及对研究目标和成员角色的共识，可通过正式的专业发展计划（亦称培训项目）来实现。

结论：非科研领域的团队研究表明，多种类型的团队专业发展干预措施（例如，旨在促进个人知识共享和解决问题的知识发展培训）能够有效改进团队流程并优化产出。

建议2：针对团队培训，研究人员、高校及科研团队领导者应共同协作，将其他领域经验证明能提升团队效能的培训策略进行转化、拓展及评估，以促进科研团队专业化的发展。

尽管研究显示，对现有团队成员进行培训能够提升团队效能，但针对培养学生未来团队科学素养的教育项目直至近期才崭露头角，并且尚未经历系统的评估。

结论：高校正致力于开发跨学科课程，旨在培养学生从事团队科学研究的能力。然而，关于这些课程参与者在何种程度上提升了既定能力的实证研究相对匮乏。迄今为止，尚无充分证据表明，通过这些课程获得的能力提升有助于增强团队科学效能。

## 科研团队领导力

当前，多数科研团队的领导者是基于其科研专长而被委以领导职务的，然而他们往往未接受过正式的领导力培训。与此同时，大量关于组织和团队领导力的研究揭示了能够促进积极人际交往的领导风格和行为，这有利于提高组织和团队效能。这些有效的领导风格和行为是可以习得的。

结论：针对非科研领域中团队与组织领导力的研究，为科研团队及大规模团队领导者的职业发展奠定了坚实的实证基础。

建议3：领导力研究学者、高校以及团队科学研究项目的负责人应携手合作，对领导力相关文献进行转化与拓展，以便为团队科学领域的领导者及资助机构的项目官员提供科学领导力发展评估的机会。

## 支持虚拟协作

随着科学研究不断追求解答更为复杂的问题，研究项目团队成员的地理分布日益广泛，涉及不同地区、机构乃至国家。此类地域分布的分散性带来的挑战尤为显著，特别是在信息交流与协同工作方面。应对这些特定挑战，需要具备强有力的领导能力和技术支持。

结论：研究发现，相较于传统面对面的团队和大型组织，地域分散的科学家及其他专业人员团队在克服沟通障碍、解决悬而未决的问题以及建立信任方面面临更多挑战。团队成员及领导者可能未充分认识到虚拟协作所固有的局限性。

建议4：对于地理分布广泛的科研团队以及大型组织的领导者而言，应组织经研究验证能够促进全体成员共同知识增长的活动，如共享词汇和工作方法。此类活动应涵盖促进知识共享的团队专业发展机会（参见前述建议2）。同时，领导者应评估将部分任务分配给各地半独立单元的可行性，以减轻持续依赖电子通信所带来的负担。

结论：在设计虚拟协作技术时，设计者往往未能深入理解用户需求及其限制，即便存在一套适宜的技术解决方案，用户亦难以识别并充分利用其全部功能。这些问题可能对协作过程产生阻碍。

建议5：在采纳支持虚拟科研团队或大规模团队的技术方案时，项目领导者需审慎评估项目需求及团队成员对新技术的适应能力。组织机构应倡导以人为本的协作技术应用，配备专业技术人员，并通过持续的培训计划，以促进和鼓励技术得到有效运用。

## 科研团队的组织支持

科研团队与大型组织的设置通常位于大学校园内。在这些组织结构复杂的情境下，教职员工参与团队科学活动的决策过程，受到系别、学院、整个学术机构乃至外部团体（例如学科协会）等多重背景与文化因素的影响。当前，正式的奖励与激励机制往往强调个人研究成就，而对团队科学的贡献认可不足。尽管一些大学近期尝试通过整合学科部门、建立跨学科研究中心或学院、提供启动资金以及与工业界建立合作等措施来推动跨学科团队科学的发展，但这些措施的实际效果尚不明确。此外，由于缺乏对团队科学贡献的适当认可与奖励机制，这可能对教师参与科研团队合作研究构成潜在的阻碍。

结论：多所研究型高校已实施新策略以推动跨学科团队的科学发展，如通过合并学科部门来构建跨学科研究中心或学院。然而，这些策略对团队科学研究产出的数量与质量所产生的影响，仍有待于系统评估。

结论：在大学晋升及终身职称评审的政策框架内，针对团队研究中个人贡献的评估标准往往缺乏全面且明确的指导原则。研究人员因参与团队研究而获得的奖励，在不同高校之间以及同一高校内部均存在显著差异。若团队研究的奖励机制不完善，可能会导致年轻教师对参与此类项目持保留态度。

在特定情境下，高校已制定新策略以评估个体对团队研究贡献的大小。与此同时，研究人员已着手探究各种个体贡献的属性，并开发出软件系统以识别每位成员在研究论文提交及发表过程中的角色定位。此类研究工作可为高校及学科专业团体在制定新政策时提供参考依据。

建议6：高校及学科专业团体应主动制定并评估一系列可行性原则与更为明确的标准，用以根据成员的贡献度分配团队研究成果，进而辅助终身教职评审委员会在审查候选人时做出更为公正的判断。

## 资助团队科学

结论：公共及私人资助者具备在科学领域内塑造一种文化氛围的能力，该氛围旨在支持那些有志于从事团队科学的学者。这种支持不仅体现在资金援助上，还包括通过发布白皮书、举办培训研讨会等多种途径。

建议7：资助机构应与学术界携手合作，推动创新协作模式的开发与执行，如研究网络与联盟的构建；同时，应建立团队科学的激励机制，包括但不限于针对团队研究成果的认可（参见建议6）以及相应的资源支持（例如，构建旨在提升团队效能的在线资源库，开发相关培训模块）。

结论：资助机构在对科学价值的关注与对科研团队执行工作的协作价值的考量上存在不一致性。在征集团队科学提案的资助机会公告（funding opportunity announcements）中，频繁出现对所需协作类型和知识融合水平的含糊表述。

目前，团队科学研究资助的提案并未解决参与的科学家如何合作的问题。研究表明，让团队成员明确讨论如何协调和整合他们的工作可以提高效率。同时，制定团队章程以界定团队的发展方向、角色分配及工作流程，亦被证明是有效的管理策略。进一步的研究发现，大型跨机构科研团队通过建立正式的合同来明确各自的职责和任务，能够获得显著的效益。换言之，基于团队章程和合同内容构建的合作计划，预期能够有效提高科研团队的效能。

建议8：资助机构应当要求研究团队呈交协作方案，并向科学家提供专业指导，以便将该方案融入提案之中。同时，资助机构应为评审人员提供评估协作方案的指导原则和评价标准。此外，资助机构还应要求跨学科或超学科研究项目提案的撰写者详细阐述在研究项目的全过程中，如何整合不同学科或领域的观点与方法。

## 推进科研团队效能的研究

团队科学论委员会对与研究任务相关的研究进行了系统性梳理，明确了若干亟待深入探讨的领域，以增进对团队科学的理解并提高其效能。

为优化本书所推荐的行动、干预措施及政策，持续的研究与评估工作是不可或缺的。同时，为实施新的干预措施，对团队科学过程的基础性理解进行研究是必要的。科学研究的资助机构、政策制定者及科学界亟待制定适当的评估标准，以评价团队科学的预期（事前）与实际（事后）成效。此外，资助机构与政策制定者将从更为严格的评估中获益，这些评估采用实验或准实验方法，以产生更为有力的证据，证明基于团队的研究方法提升了研究生产力，超越了科研人员独立工作或作为不同团队或小组成员所能达到的水平。实现这些目标的首要步骤是增加科研人员与实践型科学家互动的机会，以了解他们之间的互动与创新模式。综上所述，推进对科研团队效能的研究将需要资金支持，以及研究组织、科研团队领导者与科学界的共同协作。

结论：必须开展针对性研究以评估和完善上述工具、干预措施及政策，并且需要进行更深入的基础研究，以指导科研团队效能的持续提升。然而，目前鲜有资助项目对科研团队效能相关研究予以支持。

建议 9：公共及私人资助者宜通过资金投入，促进对科研团队效能研究的深入。作为首要步骤，应支持对前述干预措施及政策的持续性评估与优化，并探究科学组织（例如研究中心、研究网络）在科研团队支持中的功能。同时，资助机构应与大学及科学界携手合作，为研究人员接触关键团队科学人员和数据集创造便利条件。

若干具有潜力的新研究方法和技术手段可被采纳以将相关建议付诸实施。复杂适应系统理论为解析团队科学系统（如个体层面）的行为、活动及其对其他系统层面（如团队层面）行为的影响，以及整个系统的涌现行为提供了理论框架。为了深入探究科研团队的动态性，可为团队成员配备微型电子感应徽章，以记录其互动数据。同时，电子通信数据（包括电子邮件和短信）亦可被采集并进行分析。这些新型数据可与文献数据创造性地结合，以分析团队过程与成果之间的关联性。这些方法的应用有助于深化对团队科学的认识，进而提升科研团队效能。

# 第一章 引 言

在过去的半个多世纪里，科学研究的规模持续扩大，其复杂性显著提升。人类在理解自然现象以及一系列实际应用领域取得了显著成就，这些成就不仅促进了人类健康状况的改善和生活质量的提升，而且推动了制药、生物技术、个人计算机、先进制造和软件开发等产业的繁荣发展。

随着科研规模的持续扩大，协作研究也经历了显著的转变，以下将其界定为"团队科学"。Wuchty 等（2007）对 Web of Science 收录的 1990 万篇自然科学与工程、社会科学、艺术和人文科学领域的研究论文以及 210 万项美国国家经济研究局（National Bureau of Economic Research）的专利记录进行深入分析后发现，生命与物理科学领域的团队合作趋势尤为显著，而社会科学领域的团队合作数量亦在迅速增长。此外，他们还发现 2000 年发表的自然科学与工程领域的出版物中，80%是由两人及以上作者共同撰写的。团队科学论委员会对数据库和趋势分析进行了更新，发现截至 2013 年这一比例已接近 90%，如图 1-1 所示。

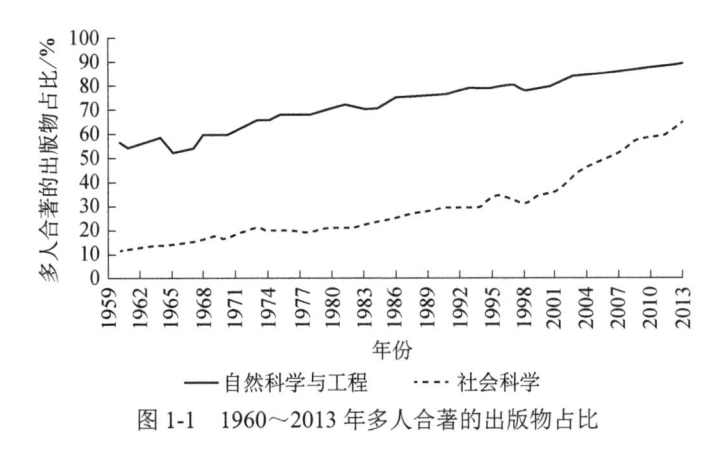

图 1-1　1960～2013 年多人合著的出版物占比

Wuchty 等（2007）的研究还发现自然科学与工程领域中作者团队规模的持续扩张趋势，具体表现为从 1960 年的平均不足 2 人增长至 2000 年的 3.5 人。随后，Jones 等（2008）的研究进一步指出，团队出版物数量的显著增长归因于来自不同机构的作者所贡献的出版物数量的增加，这一现象反映了团队研究活动日益跨越机构和地理界限的趋势。

## 研究目标

尽管团队科学领域正在呈现迅猛的发展态势，但相较于个体科学（solo science），其面临的挑战更为复杂。例如，科研团队规模的不断扩大（Wuchty et al., 2007）虽然带来了更为丰富的科学专业知识和更为先进的研究设备，这有利于解决研究问题，但同时也导致在更多团队成员之间进行沟通和协调所需时间的增加（将在下文进行深入探讨）。鉴于团队科学的快速发展，迫切需要提供切实可行的指导策略以应对挑战，并充分激发团队科学在快速解决科学和社会问题方面的潜力。为了提供此类指导，NSF 要求 NRC 召集一个专家委员会，以解决方框 1-1 中提出的问题。该研究亦获得了 Elsevier 的支持。

---

**方框 1-1　　　　　　团队科学论委员会的任务**

团队科学论委员会计划开展一系列针对团队科学的研究工作，目的在于提出切实可行的建议，以增强科研团队、研究中心及研究所之间的合作效能。团队科学论（science of team science）作为一个新兴的跨学科研究领域，其通过实证研究方法，深入分析了不同规模的科研团队、研究中心和研究所的组织结构、沟通机制以及研究活动的开展过程。该领域致力于探究和管理影响合作研究（包括成果转化研究）效率的促进与阻碍因素，特别关注团队协同合作的机制，旨在实现超越单个个体或简单累加努力所能达成的科学突破。

团队科学论委员会将审视影响不同规模科研团队的因素，涵盖团队动态、团队管理、体制结构以及政策等方面。团队科学论委员会所探讨的问题，将不限于以下几项。

（1）个体层面因素（如对多元观点的接纳程度）如何影响团队互动（如团队凝聚力），以及个体因素与团队互动如何共同作用于科研团队的效能与产出？

（2）在科研团队、研究中心或研究所层面，诸如团队规模、成员构成、地理分布等因素如何对科研团队效率产生影响？

（3）不同的管理策略与领导风格如何影响科研团队效能？

（4）现行的终身教职制度与晋升政策如何认可并激励参与团队研究的科研人员？

（5）影响开展团队科学研究机构（如研究中心和研究所）生产力与效能的因素有哪些？人力资源政策与实践以及网络基础设施等组织因素如何影响团队科学的发展？

（6）学术机构、研究中心、工业界及其他领域需具备何种组织结构、政策、实践和资源以提升团队效率？

为应对前述问题，团队科学论委员会识别、搜集并系统整理了大量相关科学研究成果。在分析个人与团队层面因素时，团队科学论委员会主要借鉴了非科研领域团队科学的实证研究成果，同时融入了团队科学论领域的新近理论进展。针对组织与机构层面因素的探讨，团队科学论委员会参考了领导力理论的相关文献，并结合了地域分散型团队、大型科研团队以及其他专业团队的案例研究，同时汲取了商业管理、社会学、经济学以及科技政策等多学科的研究成果。此外，团队科学论委员会对组织和机构因素的分析还融入了团队科学论这一新兴交叉学科领域的最新证据，该领域不仅深入探讨团队层面，也关注组织、机构和政策层面的综合影响。本书是深入调查研究最终成果的展示，旨在明确当前对团队科学过程与成果的理解，并分析在何种条件下投资最有可能催生原创性发现，或显著推动当代社会、环境及公共卫生问题的解决。

## 关键术语界定

为构建研究框架，团队科学论委员会首先对团队科学活动及其实施群体进行了界定（方框 1-2）。该定义基于先前一项研究成果，该研究将"团队"界定为由两个或两个以上成员构成的集体，这些成员在组织系统中扮演着不同的角色并承担着相应的职责，他们之间相互协作、彼此依存，共同执行任务以达成共同目标。由于这项前期研究关注的是通常由 10 名或更少成员组成的小团队，其规模与大多数团队类似，因此我们将 10 名或更少科学家的团队称为"科研团队"。鉴于参与人数的增加是影响成功协作的重要因素，因此我们将由超过 10 名科学家组成的群体称为"大型科研团体"或简称为"大型团体"。

---

**方框 1-2　　　　　　　　定义**

● 团队科学——从科学合作视角来看，是指由多人以相互依存的方式开展研究，包括由小团队和大团体开展的研究。

● 科研团队（science teams）——大多数团队科学活动由 2~10 人完成，我们将这种规模的实体称为科学团队。

● 大型科研团体（larger science groups）——我们把 10 人以上从事团队科学活动的实体称为大型科研团体*。这些大型科研团体通常由许多较小的科研团队构成，其中一些群体包括数百甚至数千名科学家。这种大型科研团体通常分工明确且结构完整，以协调各个小型科研团队，这类实体在社会科学中被称为组织。

● 团队效能（team effectiveness）[也称为团队绩效（team performance）]——团队实现其目标的能力。这种实现目标的能力能够为团队成员提供动力（如团队成员的满意度和继续合作的意愿），也会影响团队的研究成果。在科研团队中，成果包括新的研究发现、新的研究方法，也可能包括研究成果的转化应用。

\* 大型科研团体中的科学家有时会自称来自"科研团队"。

---

尽管个体研究者有能力掌握并整合跨学科的知识体系。例如，物理学

家阿尔伯特·爱因斯坦（Albert Einstein）通过运用数学知识，尤其是黎曼几何（Riemann geometry），成功地创立了广义相对论（general theory of relativity）。然而，在过去的数十年中，自然科学与工程等领域的专业知识经历了飞速的发展，使得这一整合过程愈发艰难（Jones，2009）。当一个科学家遇到一个引起其兴趣的研究问题，而该问题涉及其专业领域之外的知识时，他/她更倾向于与同行合作，以获取互补的专业知识，而不是投入数年时间去掌握另一个学科的专业知识。

科研团队整合不同学科或专业知识以达成科研目标及促进成果转化的程度存在差异。依据整合程度的不同，研究方法可被划分为单学科（unidisciplinary）、多学科（multidisciplinary）、跨学科（interdisciplinary）和超学科（transdisciplinary）四个层次（图1-2）。单学科研究主要依赖于单一学科的方法论、概念框架和研究路径。多学科研究中，各学科独立贡献其研究方法和理论，形成叠加效应。跨学科研究则涉及将来自两个或多个学科的信息、数据、技术、工具、观点、概念及理论进行整合，以深化对基础问题的理解或解决具体问题（National Academy of Sciences et al.，2005）。过去30年间，跨学科研究经历了快速的发展（Frickel and Jacobs，2009；Porter and Rafols，2009），这一趋势反映了为解决复杂科学和社会问题，需要多学科视角的综合运用。超学科研究则进一步整合并超越了传统学科方法，其具体定义如下（Stokols et al.，2013）。

**超学科**
研究者们融合和跨越多学科的方法，以产生根本的、新的概念框架、理论、模型和应用

**跨越**

**跨学科**
研究者们融合"两个以上学科的信息、数据、技术、工具、观点、概念/理论，以促进对某个问题的基本理解或解决"（National Academy of Sciences，National Academy of Engineering，and Institute of Medicine，2005）

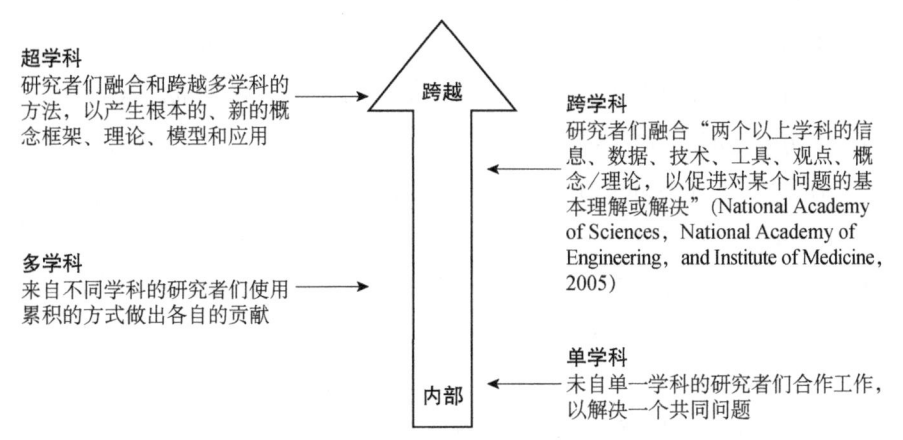

**多学科**
来自不同学科的研究者们使用累积的方式做出各自的贡献

**内部**

**单学科**
来自单一学科的研究者们合作工作，以解决一个共同问题

图1-2 不同层次的学科集成
资料来源：Hall（2014）

超学科方法不仅需要整合各种研究方法，还需要创建全新的概念框架、假设和研究策略，综合各种方法，并最终超越这些方法和现有的学科边界。

某些（但不是所有）超学科研究项目强调将研究成果转化为解决社会问题的实际方案，必要时让社会利益相关者（如健康专业人员、企业代表）参与其中，以推动成果的转化应用。

自20世纪80年代起，科学界诸多领域逐渐采纳超学科研究方法，旨在深入剖析复杂现象，以期获得新的洞见，并促进研究成果向实际应用的转化。例如，"会聚"（convergence）概念将生命科学、物理科学、计算科学及其他科学领域的专业知识整合至一个由学术界、产业界、临床界和资助者构成的网络之中，共同应对科学与社会的挑战（National Research Council，2014）。另一个例证为超学科可持续性研究领域，该领域汇聚了环境科学家、政策制定者、公民及行业代表，他们协同规划并应对复杂的环境挑战（Huutoniemi and Tapio，2014）。为阐释这些学科整合的不同方法论，方框1-3提供了考古学领域的实例。

---

**方框1-3　　考古团队研究方法的改变**

美国早期考古学以单学科研究为主。伊弗雷姆·乔治·史奎尔（Ephraim George Squier）和埃德温·汉密尔顿·戴维斯（Edwin Hamilton Davis）在史密森尼学会（Smithsonian Institution）出版的第一份科学出版物《密西西比河谷古代遗迹》（Ancient Monuments of the Mississippi Valley）（1848年）就是其中的经典案例。20世纪，詹姆斯·B.格里芬（James B. Griffin）的《古堡的古代面貌》（The Fort Ancient Aspect）（1943年）也是单学科研究的另一个重要案例。然而，20世纪（特别是下半叶）的大部分研究，都是以多学科研究为特色，非考古学工作通常作为附录或单独章节发表在出版物中的末尾或者作为单独的报告发表。例如，在危地马拉塞巴尔的古代玛雅遗址的研究中，[参见Willey等（1975）的介绍]对石膏、动物骨骼、陶瓷和石器等都进行了专门的科学研究。由布鲁克海文国家实验室（Brookhaven National Laboratory）进行的陶瓷中子活化分析，提供了关于黏土来源的重要数据，有助于了解古代玛雅的经济和政治。

第二次世界大战（简称"二战"）结束后，美国考古学中的跨学科研究开始全面兴起。例如，在洪都拉斯科潘古城遗址进行的早期古典时期研究，其重点就是科潘统治王朝（ruling dynasty of Copan）的崛起。这项研究充分整合了不同学科或方法，如考古学、图像学、金石学、人类骨骼研究、骨骼化学研究以及陶瓷中子活化分析等（参见 Bell et al., 2003）。

迄今为止，真正的超学科在世界考古学中仍然罕见。值得关注的一个例子始于对美洲的研究：在刘易斯·宾福德（Lewis Binford）对阿拉斯加努纳米特人的人种考古学研究中，宾福德与他的学生及考古学同事从考古学、民族学、生物学、生态学、地理学和统计学等学科中汲取知识，提出了一种新的方法。后来这种方法逐渐得到了广泛应用。他们的超学科研究超越了跨学科研究的时间与空间，为研究现代和古代狩猎-采集活动以及部落体系带来了新的见解（Binford，1978，1980，2001；Kelly，1995）。

## 团队科学所面临的挑战的关键特征

根据对研究证据的梳理、团队科学实践者提供的信息以及团队科学领域专家的判断，团队科学论委员会确定了七个对团队科学构成挑战的关键特征。一个研究团队或群体可能包含其中一种或多种特征以实现其特定的研究目标，但这些特征亦带来了相应的挑战，因此需要进行有效的管理。这些挑战性特征包括：①成员构成的多样性；②知识的高度融合性；③团队规模的扩张化；④团队间目标的异质性；⑤团队边界的可渗透性；⑥地域分布的分散性；⑦任务间的高度相互依存性。

表 1-1 揭示了科研团队在不同维度上的特性级别与程度。这些维度映射了科研团队在构成、规模及其他方面的异质性，这些异质性并不必然对团队科学项目造成严重障碍。然而，我们将特定维度上的某些级别或程度

（例如，团队规模的扩张化）界定为对团队科学构成挑战的关键特征，从而强调了采取策略来应对这些挑战的必要性。

表 1-1 科研团队的维度

| 维度 | 区间 | |
| --- | --- | --- |
| 团队或群体成员的多样性 | 同质性 | 异质性 |
| 学科知识的融合性 | 单学科 | 超学科 |
| 团队或群体成员规模 | 小 | 超大 |
| 团队间目标一致性 | 一致的 | 分歧的或不一致的 |
| 团队和组织边界的渗透性 | 稳定的 | 流动的 |
| 团队或群体成员间的距离 | 位置邻近 | 地域分散 |
| 任务依存度 | 低 | 高 |

尽管不同团队科学项目在这些属性上的表现各异，但当项目融合更多属性，如涉及更广泛的学科或更大的规模时，所面临的挑战亦随之增多。因此，深入理解这些交互属性如何作用于研究过程及成果，对于提升项目成功率至关重要。科研团队趋向于具备这七大挑战性特征中的一个或多个，因为这些特征是解决复杂科学和社会问题的必要条件。例如，为了解答特别复杂的科学问题，可能需要更加多元化的团队，或者为了提升投资大型仪器的效益，可能需要更多科学家的参与。然而，这些特征并非在所有情况下均为必需。因此，参与设计团队科学项目的科学家和资助机构在决定是否包含高度多样化的成员或大量参与者时，应权衡利弊（Vermeulen et al., 2010），因为其成本可能会超过收益（Cummings et al., 2013）。因此，战略性地考虑科学问题的性质、科学的成熟度以及其他相关因素，对于确定最佳的研究方法和团队规模至关重要。

接下来，我们将通过一个示例和深入讨论来详细论述这七个特征。这些实例在表 1-2 中进行了总结。

表 1-2 团队科学所面临的挑战的特征、实现目标的要点和潜在挑战

| 面临挑战的特征 | 示例项目 | 实现目标的要点 | 潜在挑战 |
| --- | --- | --- | --- |
| 成员构成的多样性 | "社会环境、压力与健康"项目 | 通过探究乳腺癌与邻里关系、社区因素、行为模式、生物反应之间的相互作用，旨在降低乳腺癌的发病率 | 选择社区合作伙伴并与他们建立积极的关系；促进来自不同学科领域和团体、拥有各自语言和文化的个体之间进行有效的沟通和协作 |

续表

| 面临挑战的特征 | 示例项目 | 实现目标的要点 | 潜在挑战 |
| --- | --- | --- | --- |
| 知识的高度融合性 | 美国国立卫生研究院（National Institutes of Health，NIH）能量学和癌症跨学科研究中心 | 了解肥胖、营养、体育锻炼和癌症之间的关系 | 需要比其他研究方法花费更多的时间和精力<br>将不同价值观、术语、方法、惯例和工作风格与社会学、行为学和生物科学的知识融合起来（Vogel et al.，2014） |
| 团队规模的扩张化 | 二战期间研发原子弹的"曼哈顿计划" | 通过将原子裂变的理论知识转化为强大的武器来服务战争 | 协调处于不同地点的13万人的工作<br>促进物理学家、工程师、建筑工人、核设施生产工人和文职人员之间的有效沟通 |
| 团队间目标的异质性 | 詹姆斯·韦布空间望远镜 | 建造下一个伟大的天文台，以取代哈勃太空望远镜 | 资助、管理和协调多个学术和产业团队（James Webb Space Telescope Independent Comprehensive Review Panel，2010；U.S. Government Accountability Office，2012） |
| 团队边界的可渗透性 | 墨西哥国际玉米小麦改良中心（Cash et al.，2003） | 通过将植物科学的研究成果应用于田间，改善墨西哥和中美洲农村地区的营养状况 | 在确保植物科学研究具有科学严谨性的同时，吸引当地农民参与项目。了解农民所需的品种，以便研究结果可以满足他们的需求 |
| 地域分布的分散性 | 30米望远镜（thirty meter telescope），由美国、印度、中国、日本和加拿大等国的研究机构合作开发 | 规划并设计一台强大的光学望远镜，帮助天文学家研究可观测宇宙的边缘 | 在很少面对面交流且严重依赖电子通信的专家之间形成凝聚力<br>来自不同国家、不同研究机构，具有不同文化、工作习惯和政治背景的科学家们，对项目目标和个人角色达成共识 |
| 任务间的高度相互依存性 | 在瑞士日内瓦的大型强子对撞机（large hadron collider）上寻找希格斯玻色子（方框6-1） | 通过模拟"大爆炸"时的条件，加深对亚原子粒子的理解 | 增进对两类相互依赖的任务重要性的共同认识："服务"工作（管理对撞机、探测器、全球计算机网络等）和"物理"工作（数据分析及发表论文）<br>在团体和个人之间就新的研究方法（如调整探测器或数据分析方法）达成一致 |

## 成员构成的多样性

研究团队的构成人员可能涵盖多个学科领域、研究机构或国籍。在特定情况下，团队成员可能需要纳入社区或行业利益相关者（如医疗从业者或产品开发专家），以推动研究成果的应用转化。团队成员在年龄、性别、文化背景及其他人口统计学特征上可能表现出多样性。例如，在美国国立卫生研究院资助的"社会环境、压力与健康"项目中，研究人员采纳了社区参与式研究方法，通过探究芝加哥南区妇女的邻里关系、社区因素、行为模式、生物反应与乳腺癌之间的相互作用，旨在降低乳腺癌的发病率（Hall et al.，2012a）。该研究团队由自然科学和社会科学领域的研究人员组成，他们通过焦点小组访谈的方式，深入了解社区成员对乳腺癌的认知、态度及关注点。对于研究表现出特别热情的焦点小组成员，研究人员邀请他们加入新成立的社区咨询委员会，这些成员积极参与到项目研究中。该委员会由科学家和利益相关者组成，他们协同工作，共享研究成果，并共同确定和规划了解决问题的"行动步骤"。其中，向芝加哥南区12～16岁青少年灌输健康观念被确定为最重要的行动步骤，而这一行动重点若无社区的积极参与，科研人员可能无法识别。

跨学科与超学科团队科学项目构建的核心假设在于，将具备多样化知识背景、观点及研究方法的科学家引入到科研团队中，这将促进科研成果或技术转化的创新突破，而这些创新突破是同质化科学家群体难以达成的（National Academy of Sciences et al.，2005；Fiore，2008）。该假设在科研团队相关研究中得到了验证，研究表明，吸收具有不同知识储备、专业技能和实践经验的科研人员能够提升团队的创新能力和效能，但这一前提是团队成员能够有效利用各自独特的专业技能（Ancona and Caldwell，1992；Stasser et al.，1995；Homan et al.，2008）。然而，鼓励团队成员之间相互借鉴各自独特的专业技能并非一项简单的任务。

无论是专业知识方面还是人口统计特征层面的团队构成的多样性，都会通过影响团队过程（例如决策制定、冲突解决等）来影响团队效能（Bezrukova，2013）。因此，成员多样性程度的提升，将导致团队面临更多挑战。尽管高度多样性会产生积极效应，但成员间的差异性也可能削弱团队凝聚力（Cummings et al.，2013）。鉴于成员各自拥有不同的专业领域、组织背景或生活经历，他们展现出不同的价值观与动机。例如，在大学与私营企业建立研究合作关系时，双方的动机可能存在显著差异，学术研究者倾向于以发表学术论文为目标，而产业研发人员则更注重实际业务成果（Bozeman and Boardman，2013）。

在高度多元化的团队科学项目中，成员间各自专业领域内特有的技术或话语体系，可能造成沟通障碍。从更深层次分析，学科的独特语言反映了学科间在基本假设、认识论（即认识事物的方法）、哲学理念和解决科学及社会问题的处理方式上的差异（Eigenbrode et al.，2007）。例如，分子生物学实验室和高能物理实验室在"认知文化"（epistemic cultures）方面有着截然不同的表现，这种文化包括每个学科对知识的态度及其证明知识主张的方法（Knorr-Cetina，1999）。当团队或群体无法识别、讨论和澄清成员之间的这些差异时，困惑和冲突就可能发生。

第三章将重点探讨多样化给团队流程带来的挑战。第四章、第五章和第六章则详细介绍应对这些挑战的策略。

## 知识的高度融合性

在科学合作的全过程中，知识的融合是不可或缺的环节，团队成员将各自独特的知识与技能贡献给共同问题的研究。知识融合过程往往面临诸多挑战，特别是在解决科学与社会问题时，不仅需要融合不同学科的知识，还需要深入整合跨学科知识，并在必要时考虑利益相关者的观点，这些挑战将使问题复杂化。跨学科与超学科研究方法对于实现这种深层次的整合具有显著的促进作用（Misra et al.，2011b；Salazar et al.，2012）。以美国国家癌症研究所（National Cancer Institute）的"能量学与癌症跨学科研究"（Transdisciplinary Research on Energetics and Cancer，TREC）计划为例，该计划融合了社会科学、行为科学与生物科学的视角，旨在解决肥胖、超重、缺乏运动和不良饮食等健康问题，以预防和控制癌症的发生。此类整合研究方法已经催生了多项新的科学发现。例如，一项研究成果显示，参与为期 12 个月的锻炼计划能够降低氧化应激水平，而氧化应激与炎症及癌症的发生密切相关（Vogel et al.，2014）。

为达成跨学科与超学科研究的目标，科学家们需深入理解并应对学科间深层次整合所引发的挑战。在整合不同学科背景、文化、语言及研究实践的成员知识的过程中，挑战亦随之产生（Knorr-Cetina，1999）。参与研究的科学家可能因跨越各自学科界限而感到不适——他们所跨越的不仅是学科部门、实验室或办公室的物理实体边界，还包括指导研究活动的文化边界（Klein，2010）。并非所有合作者皆已准备好或愿意从事知识融合工作。随着整合程度的提升，个人可能面临失去学科"身份"的挑战或成为"通才"的恐惧（Salazar et al.，2012）。例如，在分子生物学领域，科学家的身份与其研究小组或实验室的材料、技术、仪器和理论紧密相关，

Hackett（2005）将之称为"技术集群"（ensembles of technologies）。这些挑战受到单一实验室或单一学科内的机构文化和奖励机制（例如，晋升与终身教职政策）的进一步冲击，并呈现加剧趋势（Fiore，2008；Stokols et al.，2013）。

本书第四至第九章将探讨应对这些挑战以及在不同科研团队中成功促进知识融合的策略。

## 团队规模的扩张化

在对自然科学与工程领域的科研团队规模进行分析时，可以观察到过去半个世纪以来，科研团队的规模呈现持续扩大的趋势（Adams et al.，2005；Baker et al.，2006；Wuchty et al.，2007）。这一现象在图 1-3 中得到了直观的展示，该图基于 Web of Science 数据库中收录的论文作者信息，揭示了 1960～2013 年，由单个作者以及不同规模团队发表的论文数量的变化。在自然科学与工程领域，尽管由单一作者撰写的论文数量在绝对值上仍保持相对稳定，但在所有论文中所占的比例却呈现下降趋势。与此同时，合著论文的数量逐年增长。在 1990～2000 年，双人和三人团队的论文发表得最为频繁，而自 2000 年以来，由 6～10 名作者组成的团队成为主流。大规模团队合作发表的论文，即由 101～1000 名作者共同完成的论文，首次出现在 20 世纪 80 年代，而由超过 1000 名作者共同发表的论文则出现在 21 世纪。团队科学论委员会对数据库进行了更新和重新分析，发现 2013 年约有 95%的论文由 10 名或更少的作者完成，大约 5%的论文由 11～100 名作者完成，而由超过 100 名作者共同完成的论文仅占不到 1%。

参与者数量众多会带来诸多好处，但也会带来挑战，成员在地域分散的情况下更是如此。例如，Stokols 等（2008b）发现，大型多机构团队科学项目的劳动强度高，并容易发生冲突，这就需要团队成员做好充足的准备且彼此信任，只有这样才能实现其科研和成果转化目标。

在历史的长河中，能够成功克服重大挑战的大型项目之一，当属美国制造原子弹的"曼哈顿计划"。该计划的启动可追溯至 1941 年，当时仅限

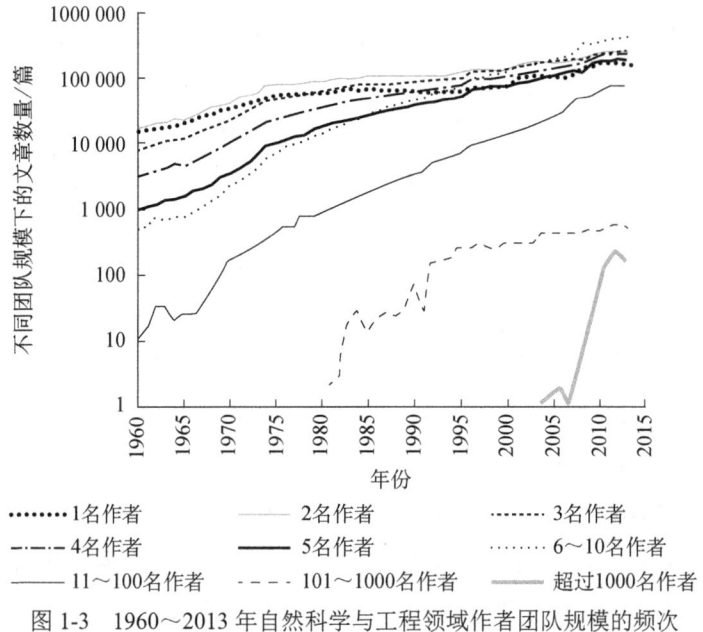

图 1-3　1960～2013 年自然科学与工程领域作者团队规模的频次

于一小群物理学家和工程师在各自所属的大学内进行研究工作。至 1942 年，随着恩里科·费米（Enrico Fermi）首次成功演示受控核反应，政府决定在田纳西州的橡树岭、华盛顿州的汉福德以及新墨西哥州的洛斯阿拉莫斯建立核设施，并最终招募了约 13 万名工作人员。该项目的科研与军事领导层面临着前所未有的挑战，他们不仅要协调成千上万名生产工人的工作，还需激发他们快速生产核材料的热情，并确保项目目标的机密性得以保持。1945 年 7 月，科学家们成功引爆了世界上第一颗原子弹，标志着该计划的圆满成功。

尽管在团队研究领域，规模已成为一个日益受到关注的变量，但在传统研究中，规模作为分析焦点的情况较为罕见（Hackman and Vidmar，1970；Stewart，2006）。Steiner（1972）将团队规模视为影响团队分工的关键因素。通过扩大团队规模，问题可以被分解为更小的部分，这正体现了"人多力量大"的道理。此外，团队规模的扩大还可以使团队更有效地解决更复杂的问题。例如，研究发现团队规模与团队独特信息重现呈正相关，而团队特有的信息重现是团队最终绩效的驱动因素（Gallupe et al.，1992）。

此外，团队规模的扩大可能会对团队流程产生负面影响，这些潜在的损失有可能会抵消团队规模扩大所带来的潜在益处。随着团队成员数量的增加，劳动分工的不均衡性可能会加剧（Liden et al.，2004），成员间关系的复杂性亦可能增加，若存在成员工作量不足的情况，则可能引发"社会懈怠"现象（Latané et al.，1979）。通常情况下，团队规模的扩大意味着必须将原本用于生产研发的时间和资源进行部分转移，以解决任务间的相互依赖、个人隐藏的专业知识、奖励机制等问题，从而维护成员间的合作关系并防止人才流失（Jackson et al.，1991；Chompalov et al.，2002；Okhuysen and Bechky，2009）。

团队最佳规模的问题至今尚未得出明确结论，其原因部分在于对团队进行长期研究的复杂性，以及团队规模对结果可能产生的双重效应（例如，对生产力的正面效应与对合作的负面效应）。近期研究揭示，团队规模对生产力的影响受到成员异质性的调节。在对549个由NSF资助的信息技术研究团队的生产力进行长达5～9年的观察后，团队科学论委员会发现，规模较大的团队在生产率方面表现更优。然而，通过增加学科数量和机构数量的测量，研究发现随着成员异质性的增加，边际生产率呈现下降趋势（Cummings et al.，2013）。这一发现同样反映了社会科学领域在处理文化差异问题上长期面临的挑战，揭示了民族中心主义等传统观念（无论是基于种族背景还是学科视角）依然是一个不容忽视的重要挑战（Levine and Campbell，1972）。

除了因异质性程度不同而存在差异外，团队规模所带来的挑战也可能因团队所处的学科背景或文化规范不同而有所区别。例如，物理学和基因组学领域越来越多地以大型团体的形式开展工作，数百甚至数千名作者共同发表论文（Knorr-Cetina，1999；Incandela，2013）。这些科学领域已经匹配了支持协作的基础设施，包括共享的科学仪器、数据共享平台以及面向大型合作团队的出版指南和工具（详见方框6-1）。

### 团队间目标的异质性

在大型科研机构，如研究中心和研究所，通常由多个科研团队构成，这些团队致力于完成与机构的高级目标相一致的研究项目。每个科研团队都拥有其独特的观点、方法论和研究视角，并可能设定有其特定的目标，当这些团队的目标出现不一致性时，就可能导致目标冲突，因此，必须进行精细的管理以确保机构目标的顺利实现。

Winter 和 Berente（2012）提出，研究中心等大规模团队通常由跨组织（例如学科部门或医疗中心）的科研人员组成，这些团队的目标可能存在冲突或仅部分重叠。在一定程度上，吸收具有不同专业技能和研究项目或转化议程的团队不可避免地会导致目标的不一致性。特别是在涉及利益相关者（如政策制定者和公民）的成果转化应用项目中，各团队在达成共同总目标上可能面临困难，且随着项目进展和参与者更迭，这些目标可能随时间推移而发生变化（Cash et al., 2003; Hall et al., 2012a; Huutoniemi and Tapio, 2014）。

"多团队系统"（multiteam system）这一新兴概念，指代的是一种由多个相互关联的团队构成的复杂系统。该系统为理解与其他团队目标不一致所带来的挑战提供了新的视角（Asencio et al., 2012）。此类系统易受到"反作用力"的影响，这种力量可能在某一层面会推动目标的实现，却在另一层面阻碍合作。在单一团队中，强大的凝聚力虽有助于提升团队绩效，但亦可能妨碍团队间信息共享（DeChurch and Zaccaro, 2013）。此外，团队成员需在小团队的短期目标与大群体的长远目标之间寻求平衡；强烈的团队认同感虽能提高团队的成功率，但过度与近邻团队建立紧密联系可能会牺牲高阶目标的实现（DeChurch and Marks, 2006）。例如，詹姆斯·韦布空间望远镜项目最初于 1999 年获得批准，预计到 2012 年成本将比原计划高出 9 倍，完成时间也将延长 10 年。项目延期和成本超支的原因在于，准备不足导致难以应对新兴技术发展的内在挑战，以及缺乏管理和协调参与该项目的多个学术团队和产业研发团队的能力（James Webb Space Telescope Independent Comprehensive Review Panel, 2010; U.S. Government Accountability Office, 2012）。

## 团队边界的可渗透性

科研团队的边界通常具有一定的渗透性，这反映了项目目标与需求随时间推移的动态变化。随着项目从一个阶段（此时可能需要特定的专业知识）过渡至另一个阶段（可能需要不同领域的专业知识），科研团队的成员构成可能会发生相应调整。尽管成员的更迭有助于匹配与各个科学问题或成果转化应用问题相适应的专业知识，但同时也为团队间的高效互动带来了挑战。

随着时间的推移，研究团队的成员构成可能会发生变化，这种变化可能揭示了团队成员的职业发展轨迹和培训需求，同时也反映了研究目标的变化。例如，Hackett（2005）在生命科学领域的研究以及 Traweek（1988）在物理实验室的研究均指出，人员流动是持续存在的现象，学生、博士后研究员以及青年科学家在特定职位上工作数年后，往往会转向其他职位。然而，与企业中被分配至工作团队的员工不同，科学家通常基于自愿原则选择加入科研团队。因此，科学家往往展现出较强的自主性，其行动类似于"自由球员"。一个科学家可能同时隶属于多个研究团队，并根据资金状况、教学任务和其他研究承诺、潜在的回报以及包括个人对特定项目的兴趣在内的其他因素，对每个团队投入不同量级的时间。

跨学科研究项目的核心在于构建可渗透的边界，该边界不仅模糊了不同学科间的界限，而且消除了科学家与非专业人士之间的差异。获取并整合非专业领域的知识以解决科学问题，成为研究过程中的一个关键挑战。墨西哥国际玉米和小麦改良中心（International Maize and Wheat Improvement Center）成功应对了这些挑战（Cash et al.，2003）。在 20 世纪 90 年代之前，该中心的研究人员主要在实验室或温室环境下开展研究工作，以确保研究的严谨性，并在新品种培育成功后将其交付给农民。然而，新培育的作物品种往往缺乏农民所需的关键特性，且不符合现行的农业管理体系，这导致新品种的推广受限。为了解决这些问题，该中心采取了让农民直接参与研究项目的策略，并与他们合作探索最佳的农民经验知识整合方法。通过这种方式，中心成功地培育出了更高效、更可持续且具有更广泛推广潜力的作物品种（Cash et al.，2003）。

在科研领域，团队科学项目的构成及规模可能频繁变动，当项目之间出现时间上的重叠时，科研人员可能遇到潜在的难题。项目所需知识的融合程度可能是影响科研工作者对团队投入程度及忠诚度的关键因素。例如，若一个多学科项目仅要求专家临时担任咨询工作，专家可能不会深度投入，亦不会对该团队产生认同感。相对而言，跨学科或超学科的研究项目可能要求所有参与者在一段持续的时间内更深入地参与，以便实现知识的深度整合，促进对共同工作的认同感和投入感的形成。Cummings 和 Haas（2012）的研究表明，成员投入时间较多的团队，其效能往往优于成员投入时间较少的团队。

在其他组织类型中，如紧急响应小组、军事单位以及商业团队，同样存在边界渗透性的问题，这既带来了机遇也伴随着挑战。以致力于新产品开发的商业团队为例，其边界具有一定的渗透性，并且团队成员处于不断变化之中，这导致信任关系的建立和团队凝聚力的培养面临诸多困难（Edmondson and Nembhard，2009）。

## 地域分布的分散性

如今，大多数研究团队和小组呈现出地域分布的分散性。过去 40 年间，团队研究的数量得到了快速增长，这一现象主要归因于跨高校合作的加强。根据 Jones 等（2008）的研究，他们对比分析了 1960~2005 年美国各高校中个人作者、校内研究小组以及跨校研究小组发表的论文数量。研究结果表明，尽管同一所大学的教职员工发表的论文数量自 20 世纪 50 年代以来保持相对稳定，但合著论文数量显著增加，这主要得益于跨机构合作出版物的增加。

目前，大多数科学家都是在虚拟网络环境中工作的，即使是同处一室的同事也是如此。但成员地域越分散，就越有可能出现协调和沟通方面的问题。远距离工作面临着诸多挑战。例如，由于成员处于不同时区，成员间重叠的工作时间有限，以及来自不同机构的成员有着不同的奖励机制。如上所述，一些科学家的身份与其特定实验室的工作方式、所使用的技术和遵循的惯例密切相关（Knorr-Cetina，1999；Hackett，2005）。

科研团队由来自不同机构和国家的科学家组成，他们在形成对项目的统一认识和一致的工作风格方面面临挑战。此外，他们在获取技术和数据方面也存在分歧。例如，加州理工学院、加州大学系统、中国科学院国家天文台、日本国立自然科学研究所/日本国家天文台致力于共同研制30米望远镜。来自不同国家、语言、文化、政治和经济体制的科学家之间可能会产生误解或冲突。

商业、军事和其他领域的团队在地理上也越来越分散（Kirkman et al.，2012），他们在获得全球专业知识的优势的同时，也面临着诸多挑战。第七章将深入分析远程工作的优劣，并提出了相应的应对策略与建议。

## 任务间的高度相互依存性

团队的核心特征在于其成员间的相互依赖性，这种依赖性是完成任务不可或缺的要素，科研团队也不例外（Kozlowski and Ilgen，2006；Fiore，2008）。无论科学项目的规模大小或学科交叉程度如何，团队均需面对如何高效制定和执行共享研究议程的挑战。整合和利用成员的个人专长，以制定并执行相互依赖的任务，这一过程并非易事。然而，在瑞士日内瓦进行的大型强子对撞机研究中，物理学家们之间的任务相互依赖已成为常态。Knorr-Cetina（1999）指出，对于只能在某些特定大型设施中进行的研究，如高能物理学，相互依赖是其固有的特性，这在方框6-1中进行了详细讨论。

Fiore（2008）提出，从事跨学科和跨领域研究项目的科学家相较于那些参与无须高度知识融合的团队科学项目的科学家，表现出更强的相互依赖性。他指出，部分科学家回避跨学科研究的原因在于，他们认为必须掌握多个学科的知识，然而，由不同领域专家组成的团队，其出发点在于实现共同目标，团队成员仅需对其他学科知识有基本的了解。

在科研团队中，成员间任务的依赖性愈强，愈易引发冲突。进一步地，当地域分散的同事需执行高度相互依赖的任务时，成员间需进行更为频繁的沟通交流，以搭建合作的桥梁，促进任务的顺利进行。第三章与第四章将深入探讨任务相互依赖所带来的挑战及相应的应对策略。第七章则聚焦于在地域分散的团队中，任务相互依存所面临的特定挑战。

## 从科学界之外的团队研究中学习

科学界之外的团队研究提供了关于团队流程和效能的宝贵经验。鉴于科学领域的团队与其他领域的团队在特征和流程上存在相似性，并且基于跨领域团队研究的悠久历史，团队科学论委员会认为这些知识能够为提升科研团队效能提供策略支持。接下来，我们将对这些观点进行详细阐释。

**相似的特点**

目前，关于团队研究的学术文献主要集中在非科研领域的团队，如军队、企业、情报分析机构、医疗组织以及紧急响应小组。这些团队越来越多地具有这七个可能给科研团队带来挑战的特征。

例如，在医学领域，患者护理工作由一个由医生、护士和技术人员组建的团队负责，该团队成员各自拥有不同的专业背景。在寻求结合各自专业知识以有效解决问题的过程中，他们能够深刻体会到团队成员高度多元化所带来的益处与挑战。情报分析人员通过筛选和整合信息来做出决策、解决问题或创造新知识，项目团队和研发团队也是如此（Heuer，1999；Kerr and Tindale，2004）。在其他情况下，上述所有团队均致力于深入整合其知识体系，跨学科和跨领域的科研团队亦遵循此模式。就团队规模而言，非科研领域的团队与科研团队相似，通常由 10 名或更少的成员组成。

在军队、企业及医疗保健领域，领导者正逐步以具有高度适应性的团队结构取代传统的部门和分支机构模式。这些团队结构拥有可渗透的边界，能够根据任务需求吸纳具备特定技能或专业知识的成员，并将非必需的成员重新分配至其他团队（Tannenbaum et al.，2012）。公司过去通常被划分为研发、销售和生产等部门，而今企业正致力于构建集多功能于一体的短期新产品研发团队。Edmondson 和 Nembhard（2009）识别出新产品研发团队的五个关键特征，这些特征在赋予团队创新潜力的同时，也对团队科学提出了挑战。这些特征包括：①项目复杂性；②跨功能性；③临时性成员构成；④团队边界的动态性；⑤组织结构的嵌入性。作者指出，若能有效应对这些挑战，将有助于团队开发新功能并增强团队成员的适应性，从而对组织和团队产生积极影响。

拥有多个敏捷团队的企业面临着团队间目标差异化的挑战，其员工和高管面临着兼顾多个团队需求的挑战（Espinosa et al.，2003；O'Leary et al.，2011；Maynard et al.，2012）。企业、政府组织和其他许多环境中的团队越来越分散在各地，他们比以往任何时候都更依赖技术来支持沟通（Kirkman et al.，2012）。

所有这些特征（成员构成的多样性、知识的高度融合性、团队规模的扩张化、团队间目标的异质性、团队边界的可渗透性、地域分布的分散性、任务间的高度相互依存性）给科研团队和其他背景的团队带来了挑战。

## 相似的流程

针对科学界以外团队的研究揭示了团队内部人际交往过程，如冲突、凝聚力以及对目标的共同认识，对团队目标实现具有显著影响（Kozlowski and Ilgen，2006）。该研究进一步阐述了团队领导者和成员可以采取哪些方法以积极的方式影响团队过程，进而提升团队效能（即绩效）。近期，针对科研团队的专项研究亦证实了人际交往过程的重要性。例如，思想碰撞和意见分歧被认为是推动科学及其他领域知识增长的重要机制（Collins，1998）。Bennett 和 Gadlin（2012）通过深入访谈成功科研团队成员及因冲突或未达成目标而解散的团队成员发现，成功的团队鼓励学者间的观点分歧和讨论，这有利于维持成员间的交流，共同解决问题，同时避免问题的累积，减少冲突，并帮助成员间建立互信关系。另一个例子是，针对非科研领域团队的研究结果表明，领导风格和行为可以对人际交往过程产生积极影响，从而提高团队效能（Kozlowski and Ilgen，2006）。类似地，一项关于欧洲研究实验室的研究发现，实验室主管的监督质量与其所领导实验室的工作氛围和科研效率呈正相关（Knorr et al.，1979）。

## 总结不同领域的研究经验

研究人员已在多种组织环境中对团队进行了深入探讨，并且经常将某一特定情境下的研究成果泛化至其他情境。例如，引导式团队将自我修正（亦称团队维度培训）作为一种研究手段，旨在帮助团队回顾并反思其在先前阶段的协作表现，促进团队识别错误并制定相应的解决策略（Smith-Jentsch et al., 2008）。实证研究表明，该方法能够显著提升海军攻击中心及舰载团队的绩效，并已扩展应用于海军空勤人员、工程技术人员、航海技术专家、损害控制人员以及作战系统团队，以强化团队协作模拟训练。此外，该方法亦被应用于核电行业的事故调查，作为改进工作表现的工具，并且用于报告一个组织对"9·11"恐怖袭击的应对措施（Smith-Jentsch et al., 2008）。鉴于指导团队自我修正是在特定组织背景下专家团队行为模型的体现，通过对特定组织背景下专家团队构成的深入分析，该方法得以转化并应用于其他领域。

机组资源管理（Crew Resource Management，CRM）培训的案例展示了其在航空业的起源与发展过程。该培训的核心目标在于强化团队协作与沟通技巧，以及降低驾驶舱内的人为失误，从而提升飞行安全。CRM培训自推出以来，在航空领域得到了广泛采纳，并且获得了机组人员的普遍认同。研究证据表明，该培训能够有效地改变机组人员的行为模式（Helmreich et al., 1999；Pizzi et al., 2001）。CRM培训不仅为引导式团队自我纠正培训奠定了理论与实践基础，而且其理念与方法也被成功地应用于医疗领域，即TeamSTEPPS[①]培训项目。TeamSTEPPS培训的目标是通过提高医疗团队间的沟通效率和减少医疗差错，进而提升病患的安全水平（King et al., 2008）。

鉴于科研团队与其他类型团队在特征与运作流程上的共通性，以及对跨团队研究历史的综合分析，团队科学论委员会得出结论，汲取其他情境下团队研究的成果与经验，将有助于提升科研团队的效能。

## 多种方法的价值与团队科学的未来

尽管团队科学领域正经历迅猛发展，个体科学家依然持续做出重大发

---

[①] TeamSTEPPS是指提高医疗质量和患者安全的团队策略和工具包（team strategies and tools to enhance performance and patient safety）。

现和关键性贡献，斯蒂芬·霍金关于宇宙本质的一系列新理论即为明证。面对预算限制，公共及私人资助者需权衡发展个体研究与团队研究的利弊，若倾向于后者，则需进一步确定研究项目的规模与范围。与此同时，科学家个体亦需抉择是将时间和精力投入合作项目中，还是继续专注于独立研究。在评估团队科学方法的适用性时，科学家及其他利益相关者应从战略视角审视特定研究问题、研究主题以及预期的科学与政策目标，并在必要时，对项目的适宜规模、持续时间及团队结构进行考量（Westfall，2003）。

多项研究数据表明，团队科学能够通过提高研究的影响力、新颖性、生产力和影响力，快速推进科技创新。首先，团队出版物相较于个人出版物拥有更高的引用率，这一现象凸显了团队的影响力。Wuchty 等（2007）研究发现，相较于个人（即便排除自我引用），团队和小组往往能产出更多广受引用的论文与专利，且此优势随时间推移愈发显著。其次，Uzzi 等（2013）的研究亦提供了团队科学在影响力与创新性方面的证据：与单一作者相比，跨学科团队更有可能对先前工作进行创新性整合，并将新颖概念融入具有高影响力的出版物中。再次，在一项准实验性比较研究中，Hall 等（2012b）指出，相较于个人或小团队，超学科烟草使用研究中心（Transdisciplinary Tobacco Use Research Centers，TTURCs）的发文率更高，其资助项目发表的调查结果亦更具可信度，这进一步凸显了跨学科研究在提升研究生产力与传播效果方面的优势。最后，Stipelman 等（2014）以个人和小团队构成的两个群体作为对照组，与超学科研究中心进行学科结构与学科主题的时序比较，并将所得的出版物数据映射至科学知识图谱的基图上，结果表明，超学科研究中心的出版物在基图上跨越学科主题的速度与广度均优于了两个对照组，这说明超学科团队科学方法拓展了研究成果在科学领域中的影响范围。此外，Wuchty 等（2007）记录了自 1960 年以来合著出版物的快速增长，这体现了研究资助机构与同行评审小组中科学家的专业判断，即团队或大群体更适合处理重大研究问题，其研究成果亦更具有发表价值。

鉴于团队科学的迅猛增长及其发展前景，以及可能面临的七大挑战性特征，资助机构与政策制定者亟待采取最有效的策略，以确保团队科学投资的效益最大化（Croyle，2008，2012）。同时，科学家与团队领导者亦需具备高效管理此类项目的能力。提升团队效能的首要步骤在于深入理解影响团队科学发展的促进与阻碍因素，并利用这些因素优化团队科学的管理与运营。尽管目前从团队科学论、团队研究以及众多其他领域中涌现出了大量相关研究，但这些研究内容较为分散，使得团队科学研究人员在获取、理解和应用这些研究成果方面面临困难。本书整合了这些分散的研究成果并进行了翻译，以支持实践结论和建议的形成，并明确指出未来研究的潜在方向。

## 研究方法

2013年1月，NRC召开了一次跨学科科研团队的规划会议，以深化对这项研究的认识。团队科学论委员会开始探索相关文献，并征求来自联邦机构、独立研究者、团队科研人员、研究机构领导者以及其他相关利益方的意见（参见 http://tvworldwide.com/events/nas/130111/）。

随后，NRC召集了团队科学论委员会，并于2013年4月召开了第一次会议。在4月份的会议上，团队科学论委员会听取了现任和前任NSF官员对这项研究必要性的陈述，以及心理学家格雷戈里·费斯特（Gregory Feist）关于科学创造力的介绍。团队科学论委员会大部分时间都在闭门会议上讨论研究经费和推进方案的问题。2013年7月，团队科学论委员会召开了第二次会议，在关于团队动力和效能的研讨会上，科学家探讨了影响科研团队过程和结果的个体因素与团队因素（参见 http://www.tvworldwide.com/events/nas/130701/）。该委员会于2013年10月举行了第三次会议，其中包括了一个关于团队科学的组织和机构支持的研讨会。此次研讨会的演讲者包括研究组织机构因素的研究人员和熟悉如何支持团队科学实践的大学领导。团队科学论委员会的第四次会议是一次线上网络会议，主要讨论了已达成初步共识的书稿章节草稿、结论和建议，并与NSF进行了简短的讨论。该委员会于2014年3月举行了第五次也是最后一次会议。在这次会议上，团队科学论委员会就其结论和建议达成了一致意见，并讨论了书稿的定稿事宜。

## 书稿的结构

书稿旨在解决方框 1-1 中的研究任务。书稿共分为四个部分，如下所示。

第一部分：研究基础构建。在第一章与第二章中，本研究提供了关键定义与概念框架，为后续研究综述的撰写奠定了坚实的理论基础。

第二部分：个体与团队层面分析。第三章对团队效能的现有研究进行了综述，明确了影响个体与团队层面效能的团队过程因素，并探讨了如何通过调整科研团队的人员构成、专业发展及领导能力来增强团队效能。随后的三章分别针对这三个方面进行了深入探讨，第四章聚焦于团队的构成与配置，第五章着重于团队科学的专业发展与教育，第六章则分析了团队科学的领导。

第三部分：机构与组织层面探讨。第七章分析了地域分散型科研团队所面临的挑战，并探讨了组织、领导者及网络基础设施在应对这些挑战中的关键作用。第八章着重于组织层面，特别是高校对科研团队的支持作用。第九章则讨论了资助者在为科研团队提供资金和其他资源支持方面的重要性。

第四部分：未来研究展望。第十章提出了一个研究议程，旨在推进科研团队效能研究的进一步发展。

鉴于团队科学的复杂性、多维性以及对多层次分析理解的需求，诸多研究议题均需在多个章节中展开讨论。例如，第三章中对个人特征对科研团队效能的影响进行了初步探讨，并在第四章中进行了深入分析。同样，领导力对科研团队的影响不仅局限于团队层面，还扩展至研究组织和资助机构层面，其影响通常体现在"结构、政策、实践和资源"的发展上。因此，第三章对管理和领导力相关议题进行了概述，并在第六章中进行了深入阐述，同时在第八章中也进行了进一步探讨。表 1-3 详细描述了团队科学论委员会所涉及议题在各章节中的具体体现。

表 1-3 各章节所涉及的问题

| 章节 | 所涉及问题 |
| --- | --- |
| 第一章：引言 | |
| 第二章：团队科学研究 | |
| 第三章：团队效能研究综述 | （1）个体层面因素（例如对多元观点的接纳程度）如何影响团队互动（如团队凝聚力），以及个体因素与团队互动如何共同作用于科研团队的效能与产出？ |
| 第四章：团队的构成与配置 | |
| 第五章：团队科学的专业发展与教育 | |
| 第六章：团队科学的领导 | |
| 第一、三、四章<br>第七章：支持虚拟协作 | （2）在科研团队、研究中心或研究所层面，诸如团队规模、成员构成、地理分布等因素如何对科研团队效率产生影响？<br>（5）影响开展团队科学研究机构（如研究中心和研究所）生产力与效能的因素有哪些？人力资源政策与实践以及网络基础设施等组织因素如何影响团队科学的发展？ |
| 第四、六章 | （1）个体层面因素（例如对多元观点的接纳程度）如何影响团队互动（如团队凝聚力），以及个体因素与团队互动如何共同作用于科研团队的效能与产出？<br>（3）不同的管理策略与领导风格如何影响科研团队效能？ |
| 第八章：机构与组织对团队科学的支持 | （4）现行的终身教职制度与晋升政策如何认可并激励参与团队研究的科研人员？<br>（5）影响开展团队科学研究机构（如研究中心和研究所）生产力与效能的因素有哪些？人力资源政策与实践以及网络基础设施等组织因素如何影响团队科学的发展？<br>（6）学术机构、研究中心、工业界及其他领域需具备何种组织结构、政策、实践和资源以提升团队效率？ |
| 第九章：团队科学的资助与评估 | （5）影响开展团队科学研究机构（如研究中心和研究所）生产力与效能的因素有哪些？人力资源政策与实践以及网络基础设施等组织因素如何影响团队科学的发展？<br>（6）学术机构、研究中心、工业界及其他领域需具备何种组织结构、政策、实践和资源以提升团队效率？ |
| 第十章：推进关于团队科学效能的研究 | 所有问题 |

# 第二章 团队科学研究

在第一章中，我们已对"团队科学"进行了界定，即多个个体以相互依存的方式进行的科学合作，并且已经确定了对团队科学构成挑战的七个特征。本章将聚焦于其中两个领域，旨在为理解和应对这些挑战提供多种解决方案和理论支持。这两个领域共同提供了丰富的经验、知识，能够有效地协助科学家、管理人员、资助机构和决策者提升科研团队的效能。接下来，我们将首先探讨社会科学领域中关于群体与团队的研究；随后，将研究焦点转向团队科学论，顾名思义，这是一个专注于科研团队研究的新兴跨学科领域。

## 群体和团队的研究

本研究广泛吸收了社会科学领域关于群体与团队的理论与实证研究成果。在过去的40年间，众多组织心理学、认知心理学以及社会心理学研究人员致力于团队合作过程及其成效的深入探讨，为揭示能够提升团队效能的协作机制以及影响团队合作过程的因素奠定了坚实的理论基础，并提供了实证支持（Kozlowski and Ilgen，2006；Mathieu et al.，2008；Salas et al.，2010）。如第一章所述，目前团队研究的焦点主要集中在非科研领域，但这些领域的团队同样面临与科研团队相似的挑战。同时，近期的研究成果都证实了，科研团队与其他领域的团队在合作过程中存在诸多共性。基于此，其他领域的研究成果与科研团队研究之间存在诸多可借鉴之处，第三章至第六章将对此进行深入探讨。此外，部分现有研究尤其聚焦于产业研发团队，这类团队通常由从事科学研究的科学家组成，与学术科研团队具有相似性。例如，Bain 等（2001）研究了产业研发团队中团队氛围与团队效能之间的关系，Keller（2006）则探讨了产品研发团队的领导力问题。

我们的团队研究得益于仿真与建模技术的应用，因此团队科学领域的研究亦可能从中获益。仿真技术允许在受控的实验室环境下对科研团队在现实世界中执行的技术任务进行研究，例如，联合使用科学设备或虚拟会议技术（Schiflett et al., 2004）。例如，仿真技术可以用于模拟实验室中的人机交互。借此，研究人员能够对一项或多项技术的实用性及其提升团队效能的能力进行评估。此外，基于代理的建模、动态系统建模、社会网络建模以及其他形式的计算建模在团队科学文献中已逐渐成为主流，这些技术有助于将小型科研团队的实践经验扩展并应用于更广泛的科学家群体和科学组织（National Research Council, 2008; Gorman et al., 2010; Kozlowski et al., 2013; Rajivan et al., 2013）。

## 团队科学论

团队科学的复杂性和多样性使其在多维度和不同环境下的科学研究面临巨大挑战。为了深入理解其内在的复杂性，一个新兴的研究领域——团队科学论，应运而生（Croyle, 2008; Stokols et al., 2008a; Fiore, 2008, 2013）。在本章中，我们明晰了该领域的一些特定研究问题和概念，其中团队科学论被定义为：

> 一个新兴的跨学科领域……旨在更好地理解促进或阻碍团队研究和实践效率的因素，并明确这些因素或方法在提高生产力、鼓励创新和推动转化应用方面的作用（Stokols et al., 2013）。

尽管团队科学领域在很大程度上吸收了其他领域关于团队研究的观点与成果，但学者们亦关注了其他领域尚未明确解决的问题，本章将对此进行探讨。

## 团队科学论中的独特议题

团队科学论在学术研究与实际应用领域所聚焦的核心议题与第一章所阐述的团队科学所面临的挑战的七大特征紧密相连。该研究领域所探讨的特殊议题包含以下内容。

● 关注高度多样化的分析单元，这些单元涵盖从团队层面至更广泛的组织、机构以及科学政策层面，并且包括致力于推动团队科学发展之研究中心与研究所的深入研究；

● 探究科学合作的多种网络结构，包括近年来面临的各类合作环境与探索出的合作路径；

● 深入理解团队成员构成的多样性以及深层次知识融合所带来的机遇与挑战，特别是在以实现实践与科学创新为目标的超学科项目中；

● 构建用于评估团队科学过程与结果的可靠、有效的共识性标准；

● 在关注科研目标的同时，也重视转化应用目标与教育培养目标。

### 专注于高度多样化的分析单元

团队科学涉及一系列为协作科学活动所必需的准备工作。正如第一章所阐述的，团队科学项目在规模、持续时间、资金投入、地域分布以及学科交叉程度上存在显著差异（Stokols，2013）。该领域所关注的多个互动层面亦体现了这种多样性，然而，这也给该领域的理论探索与实践进展提出了挑战。

首先，在团队层面的分析中，团队科学论将科研团队和大型团体及其个体成员作为主要研究对象。第三章将回顾影响科研团队运作和产出的个体层面与团队层面的因素。随着该领域的关注重点由单个科研团队转移到更高层次的群体，它开始关注各种组织机构，而这些组织机构的主要任务或目标是促进和维持高效的科研团队协作（Börner et al.，2010；Falk-

Krzesinski et al.，2011）。例如，为解决某个科学或社会问题（如癌症控制和预防、环境可持续性），高校经常会建立新的研究中心，并通过推动跨学科团队研究来寻求解决方案。这些研究中心通常也会支持多个科研团队作为多团队系统的一部分，合作实现共同的研究目标（DeChurch and Zaccaro，2013）。

其次，团队科学论不仅专注于研究中心等特定机构，而且致力于深入探究各类科学组织和机构（如研究型大学、国家实验室、研究资助机构）在何种程度上促进或抑制团队科学的发展（详见第八章）。例如，研究人员可能会探讨研究型大学的奖励机制（例如晋升与终身教职政策）如何影响科学家参与团队科学的意愿。再比如，近期一项研究对两组烟草研究专家的科研生产力进行了评估，其中一组为美国国家癌症研究所支持的跨学科烟草使用研究中心的成员，另一组则是由美国国立卫生研究院资助的学者，他们与小型科研团队成员相似，均致力于相同的研究课题（Hall et al.，2012b）。然而，在先前非科研团队的研究中，关于替代性科研基础设施的有效性或团队科研项目的转化影响的问题尚未得到明确解答。

最终，从宏观分析的角度审视，团队科学论主要聚焦于学术社群及社会因素（涵盖社会、文化、政治及经济动向）对团队科研方法的应用、研究主题的选择以及科研合作成功开展的可能性所产生的影响（Institute of Medicine，2013）。例如，政策制定者、卫生保健专业人员及科学家当前正致力于解决肥胖人数持续上升的问题，并积极探寻降低其对健康负面影响的解决策略（Institute of Medicine et al.，2010）。随着研究人员开始深入探讨激励和维系科研团队的资助机制设计，以及用于评估此类科研团队效能的同行评审与项目评估标准，相关的科学政策议题逐渐受到更多关注（Holbrook，2013；Jordan，2013）（详见第九章）。

## 了解当代科学合作的多元网络结构

社会科学家已着手探究网络在促进科学知识发展与传播中的关键作用。例如，社会学家兰德尔·柯林斯（Randall Collins）对古希腊时期以降学者网络内部及其间的知识论辩与互动进行了深入的社会学剖析，指出这些网络促进了哲学、科学及其他领域关键知识的演进（Collins，1998）。另一个例证是，尼古拉斯·穆林斯（Nicholas Mullins）将分子生物学这一新兴科学学科的起源追溯至20世纪60年代，当时一群专注于噬菌体研究的同事、学生及合著者之间日益紧密的关系网络，催生了该学科的发展（Mullins，1972）。

当前，团队科学呈现出蓬勃发展的态势，科学家们通过一系列错综复杂、相互交织或独立的网络和团队进行合作研究。个体科学家往往在不同程度上参与了这些网络或团队。团队科学领域正致力于解析自21世纪初以来逐渐形成的多元网络科学合作模式（Shrum et al.，2007；Dickinson and Bonney，2012；Nielsen，2012）。科学家们常常同时活跃于多个团队之中，而这些团队又嵌入在基于历史合作构建的庞大网络之内（Guimera et al.，2005）。这些庞大的科学网络和应用转化网络中包含了紧密联系的团体，他们可能共同进行研究并联合发表学术论文，同时也存在一些联系较为松散的团体。例如，参与编写本书的团队科学论委员会成员，在此之前曾与其他学者合作评估美国国家癌症研究所的团队科学项目（Stokols et al.，2013），部分成员因同在美国国家科学院工作而产生交集，还有部分成员同属于一所大学的教职员工。

### 理解成员构成的多样性和知识的高度融合性的前景与挑战

团队科学论所面对的另一项复杂问题在于解析和应对第一章所述的团队科学所面临的沟通与协调挑战，这些挑战主要源于成员构成的多样性和知识的高度融合性。在超学科项目中，这些挑战尤为显著，因为此类项目往往涉及多重科学与社会目标，并且需要跨学科和跨专业的深入知识整合（Frodeman et al.，2010）。因此，团队科学论的核心议题之一是审视和理解跨学科团队的整合过程及其成果，以及这些成果如何促进科技创新。无论团队目标是转化为实际应用的创新技术，还是探索新的科学知识，团队成员均需具备相应的认知能力。

## 为评估团队科学过程与结果，建立可靠、有效且一致的标准

鉴于科研团队通常建立了多重目标，对其团队过程与成果的评估颇具挑战性。随着团队科学的关注点从小型、短期的科研团队转向大型、长期的组织机构，团队的项目目标及其成功的评价标准亦随之发生转变。例如，小型团队的主要目标可能是创造与传播新的科学知识，而大型科研团队则通常拥有更为多元的目标。鉴于大型组织机构目标的多样性，对团队效能的评估通常需要建立更为全面的度量标准。这些度量标准可能涵盖评估其管理的小型团队科学项目近期的知识创新情况，以及该组织在多大程度上能够协调与整合各个项目，并将这些项目的近期科学发现转化为新兴技术、政策/社区干预措施的能力。

在高级别的组织和机构（如研究中心或研究所）中，必须对社区和政府资助机构所提出的科学及转化应用的优先发展目标给予响应。这些优先发展目标可能对从事个人项目的科学家而言并不具有同等的重要性（Winter and Berente，2012）。因此，团队科学论领域面临的一个核心议题是建立一套评价标准，该标准需与团队、组织、机构、资助者以及与团队科学的重点、过程和结果紧密相关的社区团体的目标和关注点相一致。此外，团队科学论领域的学者亦致力于探讨多种团队科学资助机制的相对有效性，并制定评估团队科学项目投资回报的标准——这些问题在先前关于非科研团队的研究中并未得到明确的解决（Winter and Berente，2012）。

在该研究领域，制定适宜的评估标准以衡量科研团队或大型团体（涵盖单一学科及跨学科团队）的潜在（事前）与实际（事后）成就，已成为学界日益关注的焦点（Holbrook，2013；Jordan，2013；Stokols，2013）。特别地，随着越来越多的科研团队设定超学科目标，人类寻求通过学科融合和超学科视角来推动科学进步，进而将科学发现应用于实践（Croyle，2008；Crow，2010；Klein，2010）。针对此发展趋势，该领域正致力于确立可靠、有效、统一的标准，以评判超学科项目相较于单一或多学科项目的成功程度（Frodeman et al.，2010；Pohl，2011）。

在制定此类标准的初始阶段，该领域必须确立评估流程有效性的标准。随着科研团队的扩大以及科学问题解决进程的深化，研究人员之间的

互动模式亦将发生转变，因此，团队科学论领域必须明确如何评估这些团队过程。这些评估标准有助于揭示团队过程与超学科团队科学项目多重目标之间的相关性。为达成此目标，研究人员需要构建一套全面且多元的评估体系，涵盖但不限于文献计量学指标、作者合作网络分析、专家对团队科学过程及产出成果的主观评价，以及对团队科学参与者的调查与访谈。跨学科知识深度整合的评估尤为复杂（Wagner et al., 2011），但目前亦有新方法和措施出现，详见第九章。相较于制定评估标准以评估团队成果，评估团队过程通常更具挑战性。评估难度之一在于，团队科学领域的研究人员必须更明确地区分单学科、多学科、跨学科和超学科科研团队的团队过程和产出成果。

在构建评价标准的初始阶段，关键步骤之一是与参与合作研究的科学家进行交流，以深入理解其互动模式和创新机制。尽管部分资助机构及科学家对此类交流持保留态度，但此类互动对于促进团队科学论的发展具有决定性意义。以美国国家医学院（Institute of Medicine，1999）十余年前发布的关于患者安全和医疗失误的开创性报告为例，自该报告发布后，研究人员得以深入医疗现场，探究医疗团队工作流程与患者治疗结果之间的内在联系，并识别出减少医疗错误和提升患者安全性的有效策略（Edmondson et al., 2001）。同理，若研究人员能够获得接触科研团队的机会，亦将可能产生相似的积极效应。

### 关注转化应用、教育培养和科学目标

最后，团队科学论不仅应聚焦于研究活动本身，还应关注其成果在实践中的转化应用，以推动相关实践的发展（Spaapen et al., 2005; Stokols et al., 2008a）。该领域转化应用的目标具体涵盖以下内容。

● 利用团队科学的研究成果来改善社区和社会发展环境（例如，促进临床实践、完善疾病预防策略、发展公共卫生政策）；

● 应用大型团体科学项目评估的研究成果来优化未来科研团队合作，设计组织、制度、教育和科研政策并开展相关实践活动，以提升科研团队的效能（详见第三章至第九章的讨论）；

● 开发教育和培训项目及资源，增强学生和学者在当前或未来科研团队中进行有效科学合作的能力（Stokols，2006；COALESCE，2010；Klein，2010；National Institutes of Health，2010；National Cancer Institute，2011；Vogel et al.，2012）（参见第五章）。

## 一种复杂自适应系统方法

研究人员已着手采用复杂科学的理论框架与分析方法，以深入探究并应对科研团队在信息交流与协同工作过程中所面临的难题。

在复杂科学领域，研究人员运用计算机模拟技术对"复杂自适应系统"（complex adaptive systems）进行深入探究。该系统由众多子系统构成，这些子系统间相互作用，并能够根据其他子系统的变动调整自身的行动策略（Holland，1992）。通过对此类系统进行建模，研究人员力图了解系统的总体行为如何从各子系统的相互作用中产生，并通过多维度的分析手段，构建对该现象的全面认识。例如，Liljenström 和 Svedin（2005）将复杂自适应系统定义为开放系统中非线性交互网络的产物，该网络能够产生自组织和涌现现象。或许可以借鉴复杂性理论来确定分析的层次，并解决团队科学环境中存在的理论和测度问题。组织科学家将团队效能视为"涌现"现象，因为它是从单个团队成员的思维模式和行为中产生的，并通过团队成员间的互动得到放大（Kozlowski and Klein，2000）。Kozlowski 等（2013）对新兴协作进行了研究，而 Kozlowski（2015）通过调查发现，决策团队中的知识涌现会对跨学科和超学科科研团队中的深层次知识融合产生影响（Kozlowski and Klein，2000）（详见第三章的进一步讨论）。

正如 Hammond（2009）所言，由于科研团队包含多个层次（个体、团队、组织、多机构），以及许多怀有不同动机和优先事项的参与者，其表现出复杂的自适应系统的主要特征。Börner 等（2010）呼吁，应从多层次系统的视角出发，以推动团队科学论的发展。该方法包括利用宏观层面的分析来帮助理解科学领域内或跨领域的多重合作模式（Klein，1996）；利用中观层面的分析来理解科研团体在合作期间产生的社交过程和群体互动过程（Fiore，2008）；利用微观层面的分析来了解科研团队中的个体

（例如，他们的教育培训与动机）。同样，Falk-Krzesinski 等（2011）曾警示，"连续过程模型无法充分地捕获团队科学论的复杂性，甚至还可能将研究人员引入歧途"（第154页）。他们认为系统观点更为恰当，因为它有助于更好地解释科研团队各组成部分之间的相互依存关系和迭代关系，以及它们所处的环境。

## 其他相关研究领域

除了团队科学论外，许多其他领域中关于团队和大型团体的研究也有助于理解团队科学并提高科研团队的效能。这包括社会学研究（Galison，1996）、科学技术研究（Pelz and Andrews，1976）、科学史和科学哲学、文化人类学、组织和管理研究（Kellogg et al.，2006），以及跨学科研究、信息科学、人文科学研究和项目评估研究。鉴于篇幅所限，本书未能深入探讨上述领域所做贡献的细节，然而，本节将呈现若干相关案例以供参考。

社会学与经济学领域的研究人员对驱动个体科学家行为的内在与外在因素进行了深入探讨。例如，社会学家罗伯特·默顿（Robert Merton）于1968年提出，当知名科学家参与合作发表学术论文时，他们所获得的荣誉与公众关注度显著高于那些相对不那么知名的合作者。此外，社会学家们还进一步探讨了在科学家合作过程中功劳与奖励的分配机制（Furman and Gaule，2013；Gans and Murray，2015），并揭示了影响科学家加入科研团队的关键因素（详细内容见第八章）。

人类学家和社会学家还对生命科学、高能物理学和其他学科的实验室工作进行了深入研究（Latour and Woolgar，1986；Knorr-Cetina，1999；Owen-Smith，2001；Hackett，2005）。认知科学家也对特定环境下的科学工作进行了研究，而心理学家则研究了科学家的个性特征和其他因素对科学创造力与生产力的影响（Simonton，2004；Feist，2011，2013）。在针对科学家个人的研究基础之上，近来有部分研究开始探索科研机构之间的合作（Shrum et al.，2007；Garrett-Jones et al.，2010；Bozeman et al.，

2012；详见第八章）。

## ◉ 本章小结

在本章中，我们探讨了若干有助于提升科研团队效能的领域。具体而言，本章借鉴了大量关于团队与团体研究的文献，以及团队科学论领域新兴的研究成果。我们阐释了团队科学论的跨学科特性和多层次结构，并概述了其面临的挑战以及关注的核心问题。此外，其他领域的研究成果亦对团队科学论委员会理解团队科学效能产生了积极影响，但鉴于篇幅限制，未能在此一一展开。这些领域包括社会科学研究、组织管理研究、组织心理学与认知心理学研究、科学技术研究、跨学科研究、通信与信息科学研究、人文科学研究以及项目评估研究等。

# 第三章 团队效能研究综述

本章梳理了关于团队效能的研究文献，重点介绍了第一章中概述的对科研团队研究构成挑战的关键特征的相关研究结果。在对相关文献进行归纳总结的基础上（Marks et al.，2001；Kozlowski and Ilgen，2006；Salas et al.，2009），团队科学论委员会对团队效能的定义如下：

> 团队效能，也称为团队绩效，是指团队实现其目标的能力。这种实现目标的能力能够为团队成员带来动力（例如团队成员的满意度和继续合作的意愿），也会影响团队的研究成果。对于科研团队而言，成果体现为新的研究发现或研究方法，以及研究成果的转化与应用。

半个多世纪以来，关于团队效能的研究（Kozlowski and Ilgen，2006）为识别团队发展过程中影响团队效能的关键因素及其行动与干预措施奠定了理论基础。正如第一章所述，这一理论基础主要涵盖了除科研团队之外的其他团队类型，包括军事、商业和医疗保健等领域的研究。这些团队展现了第一章中所介绍的团队科学所面临的七大挑战性特征。例如，在企业环境中，高层管理团队和项目团队通常由不同职能部门的成员构成，他们致力于完成业务目标，努力实现专业知识的深度整合。基于此，团队科学论委员会认为，其他情境下的团队研究成果可以被转化并应用于提升科研团队的效能。

首先，本章阐述了理解团队效能核心要素的关键背景信息，并提出了将团队过程理论化为提升团队效能主要机制的理论模型。随后，基于研究成果的梳理，包括荟萃分析结果（方框3-1）和系统化的实证研究等，本章将重点探讨影响团队效能的过程因素（Kozlowski and Bell，2003，

2013；Ilgen et al., 2005；Kozlowski and Ilgen, 2006；Mathieu et al., 2008）。接着，本章将讨论改进团队合作流程以提升团队效能的干预措施，这些措施将在后续章节中进行详细探讨。最后，本章将探讨其他领域团队研究的经验如何指导团队科学的发展，阐述了团队科学及其效能的模型，并进一步讨论了未来研究如何应对第一章所提出的团队科学所面临的七大挑战性特征。

---

**方框 3-1　　　　　　　什么是荟萃分析？**

科学研究的基础在于在特定条件下进行的初始研究（如实验或田野调查），并探究观测变量间的相互作用与影响关系。然而，所有研究均存在局限性，无一研究可称完美。因此，采用荟萃分析方法对多项初步研究及其结果进行定量综合分析，以得出具有普遍性的结论，显得尤为重要。荟萃分析的基本步骤包括：①全面检索相关文献（包括未发表的研究）；②将检验统计量转换为效应量（即反映两个变量间关系强度的指标）；③依据研究样本量对效应量进行加权（样本量较大者对真实效应量估计的偏差较小，因此应被赋予更大权重）；④综合各研究的效应量以评估特定关系的整体强度和意义（进行统计显著性检验及置信区间计算）。基于初始研究的数量、范围和样本量，平均效应量可作为所探讨关系的总体估计。此外，荟萃分析通常能够校正原始平均效应值，以消除各种统计误差（例如测量不稳定性、抽样范围限制等），从而提升总体效应值的估计精度。

根据初始研究中可以编码的信息，荟萃分析可能会考虑调节或改变关系强度的其他因素（例如，初始研究是实验性研究还是田野调查；团队类型是否一致等）。

效应值可以用多种指标来表示，最常用的 $r$（相关性系数）表示未修正的原始效应，$\rho$ 表示修正后的相关关系。$r$ 和 $\rho$ 的取值范围为 $-1.00 \sim 1.00$，表示了一组关系的强度与方向。Cohen（1992）根据经验法则将 $r$ 作如下区分：0.10 为弱相关，0.25 为中度相关，0.40 为强相关。将两个指标平方后可以直接衡量两个变量的方差占比，如 0.35 的效应值约占总体方差的 12%。虽然这似乎只是解释方差的一小部分，但

> 我们也必须考虑其实际意义。能够更准确地预测出 12%的患者对某一药物反应良好，或者基于良好的领导风格或对团队协作的干预将科研团队的创新提升 12%，这些都具有十分重要的实践意义。因此，荟萃分析为实证研究提供了严谨的定量统计方法。

## 背景：关键考量因素、理论模型与框架

团队效能的考量首先需重视其固有的多层次性特征，该特征受到个体、团队乃至更高层次主体的共同作用，并随着时间推移持续产生影响（Kozlowski and Klein，2000）。因此，至少需从个体、团队内部及团队间三个层面系统性地解析团队效能（即随着时间推移，团队成员、团队内部结构及团队间互动的影响）（Kozlowski，2012）。进一步地，科研人员作为个体可能同时参与多个研究项目，这些项目分布于不同的团队之中，导致其仅部分地归属于特定团队（Allport，1932）。正如第一章所述，研究显示，科研人员在团队中的参与度（即融入度）与团队效能之间存在显著的正相关关系（Cummings and Haas，2012）。

理解、管理和提高团队效能的第二个关键考量因素是团队任务工作流程结构的复杂程度（Steiner，1972）。在结构较为简单的团队中，成员的个体贡献通常被集中整合，或者按照既定的序列进行构建。例如，具备不同学科背景的团队成员通过知识的叠加，实现各自专业知识的融合。相对而言，在结构更为复杂的团队中，通过协作与反馈机制来实现跨学科知识与任务的整合，从而使得团队成员间的互动质量成为影响团队效能的关键因素。

最后一个关键考量因素是团队随时间推移的动态交互与演化。Kozlowski 和 Klein（2000）提出：

> 当个体的认知、情感、行为或其他特征，在个体间的相互作用下被放大并表现为更高层次的集体性现象时，这就产生了涌现现象（emergent phenomena）。

换言之，涌现现象源于个体间的互动与交流，随时间推移逐渐演化为团队层面的特征，并随着团队发展过程的持续而不断演化。时间是影响团队自身发展与演化的重要因素。例如，Cash 等（2003）记录了一个致力于培育小麦和玉米改良品种的跨学科小组的演化过程。研究人员指出，科研人员首先在实验室或田间培育新作物，成功后将其交给当地农民，这种严格按部就班式培育新作物的方法并未得到广泛应用。然而，如果当地农民在早期就作为科学家的重要参与者和合作伙伴参与到研究中，那么他们培育出的新作物就可能得到广泛使用。同样，团队的交流互动在不同时期（团队的生命周期或寿命）也呈现出不同的模式，涌现的演化模式也将随之改变（Kozlowski et al., 1999; Kozlowski and Klein, 2000; Marks et al., 2001）。

## 理论模型与框架

针对团队效能的研究，多数学者受到麦格拉思（McGrath, 1964）所提出的输入—过程—产出（input-process-output, IPO）模型的启发。在该模型中，输入要素主要包括：①团队内部成员的个体差异，这也决定了团队的构成；②团队外部特征（例如信息、资源等）；③团队工作活动的主要问题属性。过程要素则涵盖了团队成员的认知、动机、情感和行为，这些因素在促进（或抑制）团队成员整合资源以满足任务需求方面发挥着重要作用。

尽管团队过程在理论上具有动态性，但研究人员往往在特定时间点对其进行评估。因此，在学术文献中，团队过程通常以某一时刻的静态状态呈现（Marks et al., 2001）。近期，团队过程被表征为动态或连续的沟通模式（Gorman et al., 2010）或行为的动态模式（Kozlowski, 2015）。在本书中，团队科学论委员会统一使用"团队过程"这一术语，以表示动态的团队过程（如不同时期的互动模式）及其所呈现的突发感知状态（如凝聚力）。

现有的团队效能理论主要建立在 IPO 模型的基础上，其研究焦点多集中于团队效能的内在驱动因素。例如，Kozlowski 等（1996, 1999）以及

Marks 等（2001）均强调了 IPO 模型中周期性和偶发性特征的重要性。Ilgen 等（2005）和 Mathieu 等（2008）进一步明确了团队产出与后续投入之间的反馈循环机制。基于这些理论基础，众多学者提出在研究过程中应更多地关注团队动力（Cronin et al.，2011；Cooke et al.，2013）以及研究设计方面的进展（Kozlowski et al.，2013；Kozlowski，2015），以便更精确地捕捉这些动态过程，并更清晰地阐释变量间的关系。从宏观启发式模型向定义更为明确的理论模型转变，对于该领域的发展具有深远的意义。

Kozlowski 和 Ilgen（2006）在其专著中使用了动态 IPO 的概念，重点讨论了关注那些对团队效能有显著贡献并得到实证支持的团队过程。他们认为，一个团队的构成、培训和领导是塑造团队过程、提升团队效能的三个关键维度，如图 3-1 中阴影部分所示。鉴于 IPO 模型在现有研究中占据主流地位，本章亦沿用此模型进行分析。

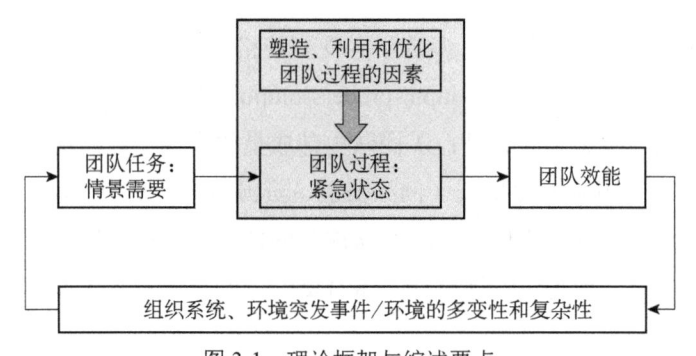

图 3-1　理论框架与综述要点

资料来源：转载自 Kozlowski 和 Ilgen（2006），经许可转载

## 团队过程：团队效能的基石

团队过程涉及团队成员为满足任务需求、实现集体目标而对其个人资源（包括认知、情感和行为）进行组织和协调的方式。当团队的认知、动机和行为与任务需求高度一致时，团队效能会显著提升。因此，团队过程是增强团队效能的关键要素。本节将从认知、动机与情感以及行为等维度

对团队过程的相关研究进行梳理与讨论。

## 认知团队过程

Hinsz 等（1997）认为，团队是一个信息处理系统，团队成员的集体认知促进了与任务相关的互动。这里我们讨论了几个与团队效能相关的认知和感知过程：团队心智模式与交互记忆、认知型团队互动、团队氛围和心理安全。

### 团队心智模式与交互记忆

团队心智模式是对引领团队效能的"任务需求、过程和角色职责"的共同理解与认识（Cannon-Bowers et al., 1993）。团队心智模式代表的是团队成员的共识，而交互记忆捕捉的是团队成员之间独特知识的分布（Wegner et al., 1985），尤其是成员们关于"谁精通什么"的共识，有利于他们直接访问和获取相关知识（Liang et al., 1995; Austin, 2003; Lewis, 2003, 2004; Lewis et al., 2005; Lewis et al., 2007）。荟萃分析的结果表明，团队心智模式和交互记忆对团队过程和团队效能均具有正向促进作用，总体效应值（$\rho$）分别为 0.43 和 0.38（DeChurch and Mesmer-Magnus, 2010）。

对科研团队的研究同样发现，共享心智模式可以有效提升团队效能。例如，Misra（2011）对印度的研发团队进行研究后发现，共享心智模式与团队创造力正相关。一项针对参与跨学科和超学科环境研究的欧洲科学家群体的研究发现，相较于团队成员对研究目标没有达成共识的团队，对研究目标达成共识的团队更有可能成功地整合团队成员各自的观点来实现总体目标（Defila et al., 2006）。在一项针对美国国家癌症研究所能源与癌症研究中心的定性研究中，研究人员与实习人员均表示，制定明确具体的共同目标（如在项目申请过程中），并投入时间和精力增进团队成员的相互理解，对研究项目的顺利开展至关重要（Vogel et al., 2014）。

团队心智模式和交互记忆都有可能通过提升团队效能的方式得到塑造。例如，多项研究表明，心智模式可能受到培训、领导力、共享或共同经历以及情境条件的影响（Cannon-Bowers，2007；Kozlowski and Bell，2003，2013；Kozlowski and Ilgen，2006；Mathieu et al.，2008；Mohammed et al.，2010）。同样，交互记忆系统是通过工作和培训中的共同经历形成的（Bell et al.，2011；Blickensderfer et al.，1997；Kozlowski and Bell，2003，2013；Kozlowski and Ilgen，2006；Mathieu et al.，2008；Mohammed et al.，2010）。因此，学界普遍建议通过培训来促进团队心智模式与交互记忆系统的形成与发展。同时，领导者应勾画团队早期发展的轨迹，以构建共享的心智模式和交互记忆系统（Kozlowski and Ilgen，2006）。

认知型团队互动

团队心智模式与交互记忆关注认知结构或知识以及这些知识如何在团队成员之间共享或分配。知识构成了团队认知的基础，但其本身并不等同于团队认知。团队参与的认知过程包括决策制定、问题解决、情况评估、规划以及知识共享等（Brannick et al.，1995；Letsky et al.，2008）。团队成员间的相互依赖性要求认知互动与协调，这通常通过沟通来实现，沟通是深化团队认知的关键组成部分（Cooke et al.，2013）。此类互动促进了信息与知识的共享，为决策制定、问题解决等合作认知过程奠定了基础。

互动式团队认知理论认为，团队互动（通常以显性沟通形式存在）是团队认知的核心，在许多情况下比知识输入更能解释团队效能差异（Cooke et al.，2013）。此外，与内在化知识形态不同，以沟通形式存在的团队互动更易于观测且可以随时检验，为团队在不同发展阶段的动态分析提供了可行的途径（Cooke et al.，2008；Gorman et al.，2010）。

团队认知的另一种方式是团队模型中的宏观认知（Fiore et al.，2010b），它更侧重于对团队共有问题模型的理解。该模型建立在多学科理论融合的基础上，用以捕获团队在合作解决新型、复杂问题时的认知过程。它借鉴了外化认知、团队认知、群体沟通与问题解决、协作学习等理论（Fiore et al.，2010a），侧重于团队在构建知识以解决问题时支持认知内化和外化之间的转变的团队过程。该模型在任务控制、问题解决等复杂情境中得到了实证支持，如在国际空间站问题的解决过程中，科学家与工程师的紧密合作是不可或缺的（Fiore，2008）。

认知互动的提升可通过特定的干预手段实现，这也有利于提升团队效能。研究发现，通过培训可以接触到不同的互动方式（Gorman et al.，2010）以及调整团队结构（Fouse et al.，2011；Gorman and Cooke，2011），能够显著提高团队的适应性和灵活性。此外，旨在支持知识构建活动的培训或专业发展已被证明能够有效提升团队成员在协作解决问题和决策制定方面的能力，从而进一步提高团队效能（Rentsch et al.，2010，2014）。关于具体的专业提升方法，将在第五章进行深入探讨。

科研团队与常规团队具有相似性，其成员间也是相互依赖的，因此必须通过互动来构建新的知识体系。通过调整一系列技术和社交因素，科研团队能够更高效地协调任务及其目标。Salazar 等（2012）提出了团队科学模型，其中的社会整合过程能够支持认知整合过程，进而推动科研团队实现更深层次的知识融合。

第一章中描述的团队科学所面临的挑战的许多特征也给认知互动提出了挑战，因此，加强认知互动的干预措施（例如专业发展或培训以让团队接触不同的互动方式）可能对科研团队具有特别的助益。

团队氛围

氛围体现了成员对于团队或小组的方向与行动的战略要务的共同认知（Schneider and Reichers，1983；Kozlowski and Hults，1987）。它始终受到特定团队或组织战略的影响。例如，当团队的目标定位为创新时，该团队就可能孕育出创新氛围（Anderson and West，1998）；若目标是提供卓越服务，那么该团队可能催生出服务氛围（Schneider et al.，1992）；若安全是团队或组织成功的关键，则该团队可能形成安全氛围（Zohar，2000）。

关于团队氛围的研究已逾 70 年，众多学者已明确揭示了团队氛围与关键工作成果之间的关联性（Carr et al.，2003；Zohar and Hofmann，2012；Schneider and Barbera，2014）。

采取多种干预措施，能够对团队或组织氛围产生积极影响。例如，组织可通过制定明确的团队使命、目标及任务相关政策、实践操作与工作流程，以体现战略重点（James and Jones，1974）。团队领导者亦可通过与上级管理层的有效沟通,以及与下级团队成员的互动,来活跃团队氛围(Kozlowski and Doherty,1989;Zohar,2000,2002;Zohar and Luria,2004;Schaubroeck et al.,2012)。此外,团队成员间的沟通与观点共享,亦对形成对所处环境的统一认识具有促进作用。

*心理安全*

心理安全是团队成员关于支持冒险与学习的人际氛围的共同认知(Edmondson,1999)。关于心理安全的研究主要集中在其在促进团队中有效错误管理和改进学习行为方面的作用(Bell and Kozlowski,2011;Bell et al.,2011)。在科学及创新团队中,从错误中学习(即错误的识别、反思、诊断以及制定适当的解决策略)是至关重要的(Edmondson and Nembhard,2009),因此,提升心理安全对科研团队可能具有独特的价值。尽管目前尚未有针对这一过程的荟萃分析结果,但一系列的理论和实证研究已经证实了其重要性(Edmondson,1996,1999,2002,2003;Edmondson et al.,2001;Edmondson et al.,2007)。

在心理安全领域的研究中,研究人员主要关注团队领导者在工作指导、缩小权力差距、增强包容性等方面所发挥的重要作用,从而使得团队成员能够更加自由地讨论问题,并从中学习,进而形成创新性的解决方案(Edmondson et al.,2001;Edmondson,2003;Nembhard and Edmondson,2006)。Hall 等(2012a)提出,创造心理安全环境对于跨学科研究中成员的高效合作至关重要。因此,卓越的团队领导力是提升科研团队组织心理安全水平、经验学习和创新能力的有效途径。

## 动机与情感团队过程

动机与情感团队过程与团队效能的关系主要体现在团队凝聚力、团队效能感与团队冲突三个方面。

*团队凝聚力*

Festinger(1950)将团队凝聚力定义为"能使团体团结一致的力量,它往往通过团体对成员的吸引力和成员彼此之间的吸引力来衡量",该概念已成为团队过程研究中探讨得最为广泛的主题之一。团队凝聚力是一个多维度的构念,其主要表现在工作热忱、社会关系以及团队自豪感等方面,而目前学术界对于团队自豪感的研究相对较少(Beal et al.,2003)。本书将重点探讨在团队研究中经常涉及的团队任务与社会凝聚力两个方面。

关于团队凝聚力的荟萃分析很多,Gully 和 Beal 的研究成果尤为全面且严谨(Gully et al.,1995;Beal et al.,2003)。这两项研究一致认为,团队凝聚力与团队效能之间存在正相关关系,且任务依赖性在二者关系中起到调节作用。具体而言,团队成员间的相互依赖程度越高,凝聚力与效能之间的正相关性越强。Gully 等(1995)指出,在任务依赖性较低的情况下,凝聚力与效能之间的校正效应值(corrected effect size),$\rho=0.20$,而在任务依赖性较高时,该值上升至 0.46。鉴于任务间的高度相互依存性是团队科学面临的主要挑战之一,因此,增强团队凝聚力对于提升科研团队效能具有显著的价值和深远的意义。

值得注意的是,尽管对团队凝聚力的研究已有六十余年的历史,但鲜有研究聚焦于增强团队凝聚力的前提条件及潜在的干预策略。相关理论指出,团队构成要素(如第四章所述的个体特质、结构特性等)以及领导者的贡献(Kozlowski et al.,1996,2009)在团队凝聚力的形成与提升中扮演着关键角色。

团队效能感

相关研究表明,个体层面的自我效能感对团队目标的实现发挥着重要作用(Stajkovic and Luthans,1998)。在团队或组织层面,类似的共同认知被称为团队效能感(Bandura,1977)。团队效能感影响着一个团队设定或可接受目标的难度、为实现目标可以付出的努力以及面对困难和挑战时的毅力。团队效能感对团队效能的贡献已被广泛证实($\rho=0.41$)(Gully et al.,2002),这一结论在不同类型、不同工作环境的团队中均成立(Kozlowski and Ilgen,2006)。与团队凝聚力一样,Gully 等(2002)认为,团队成员相互依赖程度越高,团队效能感与团队效能之间的关系越强(相互依赖程度较低时,$\rho=0.09$;相互依赖程度较高时,$\rho=0.47$)。

针对团队效能感影响因素的研究相对稀缺。然而,个体层面自我效能感影响因素的研究成果可被拓展至团队层面。这些因素涵盖了目标导向中的个体差异（如学习目标导向、绩效目标导向及风险规避目标导向等）（Dweck，1986；VandeWalle，1997），以及过往成功经历、替代性经验与口头说服等（Bandura，1977）。为了提升团队效能感，领导者在选拔团队成员时可能会考虑目标导向，但目标导向亦可由领导者激发（引导）。同样，领导者可以借鉴成功的经验，为团队成员提供学习他人成功经验的机会，并说服团队成员相信经验的有效性（Kozlowski and Ilgen，2006）。

团队冲突

团队或组织冲突是一个包含关系冲突、任务冲突和过程冲突的多维概念。

关系冲突是指团队成员之间在人际关系问题上出现的分歧，这些分歧可能源于性格差异、规范差异、价值观差异等；任务冲突是指团队成员之间对所执行的任务内容与结果的意见分歧；过程冲突是指团队成员之间对任务完成过程中的其他安排的意见分歧，如任务与权责分配（de Wit et al.，2012）。

冲突通常被认为不利于组织团结，但早期的学术研究揭示了冲突的复杂性，尽管关系冲突和过程冲突对团队效能会产生消极影响，但适度的任务冲突在不演变为关系冲突的情况下，能够促进信息交流和问题解决（Jehn，1995，1997）。而 de Dreu 和 Weingart（2003）的一项荟萃分析发现，关系冲突与任务冲突对团队效能均有着负面影响。de Wit 等（2012）的荟萃分析结果认为，冲突与团队效能的关系更为微妙，三种类型的冲突均对包括信任、满意度、组织民主意识及责任感等在内的群体因素有负向影响；关系冲突和过程冲突与团队凝聚力和绩效呈负相关，而任务冲突与团队凝聚力和绩效之间则未发现显著相关性。基于此，该研究提出，在特定情境下，任务冲突可能并非完全对团队效能产生负面影响，这一问题的性质较为复杂。

团队构成与团队冲突之间的关系主要体现在成员构成的多样性以及团队断层带这两个维度上（Thatcher and Patel，2011）。成员构成的多样性也是第一章所探讨的，是对团队科学构成挑战的特征之一，因此科研团队可预期冲突发生的可能性。众多学者建议，在冲突形成破坏力之前，团队和组织应预先制定冲突管理预案。存在两种可供选择的冲突管理策略（Marks et al.，2001）：反应性策略（即通过解决问题、妥协和灵活应对来消除分歧）；预防性策略（即通过合作规范、章程或其他框架来提前预测和引导冲突过程）（Kozlowski and Bell，2013）。

## 团队行为过程

归根结底，团队成员必须通过实际行动来整合各自的智力资源，并为之付出相应的努力。科研人员尝试采用多种方法来评估团队成员的综合行为或团队行为过程，这包括对团队过程能力与团队自我调节能力的考察。

团队过程能力

在本研究领域中，一个重要的研究方向是探讨与他人有效协作相关的个体能力（包括知识与技能）对于优秀团队合作基础的影响。Stevens 和 Campion（1994）提出了一个团队协作能力类型理论，该理论基于人际关系知识与自我管理知识这两个核心维度，为这些维度设计了一系列具体的评估子维度。基于此理论，他们进一步开发了相应的评估工具。然而，关于该评估工具的实证评估结果存在一定的分歧（Stevens and Campion，1999）。

其他研究人员则将研究焦点集中在团队层面的行为过程。经过多年的深入研究，Marks 等（2001）综合多年的研究成果，提出了团队行为过程的分类法，重点关注三个时间阶段：①过渡期，涵盖了任务启动前的准备阶段（如使命、目标与战略的制定）以及启动后的反思阶段（包括诊断与改进）；②行动期，主要涉及积极的任务参与（如监控进度、协调安排）；③人际交往过程（如冲突管理、激励等），这被认为是团队行为过程中始终不可或缺的要素。

LePine 等（2008）进一步拓展了 Marks 等（2001）的分类方法，构建了一个层次模型。该模型将离散的行为过程概念化为一阶因子，这些因子进一步影响二阶的过渡、行动和人际关系因子，最终作用于三阶的总体团队过程因子。通过验证性因子分析，他们的荟萃分析揭示了一阶和二阶过程与团队效能之间存在正相关关系（效应值 $\rho$ 的范围为 0.25～0.30）。

团队自我调节能力

针对具有明确目标的团队，团队过程与绩效之间的关系与团队动机及自我调节机制紧密相关，类似于个体层面上动机与绩效的关系模型。如前所述，个体与团队的自我效能感构成了团队自我调节多层动态激励系统的重要组成部分（Gully et al., 2002）。团队自我调节机制影响团队成员在资源分配上的决策，以及在必要时对策略进行调整以达成既定目标（DeShon et al., 2004; Chen et al., 2005; Chen et al., 2009）。此外，团队目标对绩效的影响也得到了多项荟萃分析结果的支持（O'Leary-Kelly et al., 1994; Kleingeld et al., 2011）。

最终，Pritchard 等（2008）在荟萃分析中证实了通过绩效评估和相应的结构化反馈来强化团队管理的干预措施的有效性，即生产力测度与提升系统（Productivity Measurement and Enhancement System，ProMES）（Pritchard et al., 1988）。相较于基线数据，ProMES 的平均生产率提升了 1.16 个标准差。

## 评估团队过程

要想准确评估团队过程并据此制定相应策略，就必须对团队过程进行量化分析。团队过程因素，包括对团队贡献的评估、确保团队运作的正确方向以及与团队成员的有效沟通，这通常依赖于团队成员的自我报告或同行报告来衡量（Loughry et al., 2007; Ohland et al., 2012）。

在评估协作解决问题、冲突解决过程以及规划和任务协调等自我管理过程方面，行为观察量表与专家评级方法的应用颇为广泛（Taggar and Brown, 2001）。Brannick 等（1995）对专家在果断性、决策制定/任务分析、适应性/灵活性、情境意识、领导力和沟通等方面的评分进行了评估。研究结果表明，这些因素在心理测量学上具有可靠性，并表现出合理的区分度。然而，研究亦强调了任务环境的重要性，即过程评估需依据具体任务情境进行。"团队维度培训"（team dimensional training）是一种用于评估行动团队核心团队过程的方法（Smith-Jentsch et al.，1998），并在众多场合中得到了验证（Smith-Jentsch et al.，2008）。此外，结合情境评价团队过程的另一种方法是使用针对特定过程的观察量表（Fowlkes et al.，1994）。

研究人员评估认知过程的方法不尽相同，但大多数方法依赖于间接的知识获取技术。例如，通过卡片分类技术来辨识团队心智模式（Mohammed et al.，2000），并对其精确性进行评估（Smith-Jentsch et al.，2009）。此外，与团队成员心智模式相对应的概念图，既可以直接指导参与者构建（Marks et al.，2000；Mathieu et al.，2000），也可以借助图形技术，如 Pathfinder 进行概念间的相似性评分，从而间接构建（Schvaneveldt，1990）。交互记忆系统则侧重于团队成员对其专业知识的掌握程度，该系统可以通过自我评估（Lewis，2003）和沟通编码（Hollingshead，1998；Ellis，2006）的方式进行量化。Cooke 等（2000）在回顾团队心智模式的多种测量方法（包括过程追踪方法和概念方法）后，指出异质性团队成员在知识相似性方面所面临的挑战以及相应的整合策略。

近期，该研究领域的主要研究方向集中在开发对团队协作无干扰且能精确捕捉其复杂动态的评估方法，包括视频记录、团队协作模拟以及社会测量徽章等技术手段（Kozlowski，2015）。例如，研究人员能够在干扰最小化的情况下收集交流数据，并为团队互动提供连续性的记录（Cooke et al.，2008；Cooke and Gorman，2009）。这项研究揭示了简单交流模式的转变（即交流双方的变化），这些转变与团队状态的改变（如情境意识的丧失或冲突的出现）存在相关性。相较于静态的时间快照，这些连续性的方法能够提供更为丰富的团队过程的视角。

## 塑造团队过程、提升团队效能的干预措施

表 3-1 列出了已被证实影响团队过程的相关行为与干预措施，主要涉

及三个层面——团队构成、专业发展和领导力。本节及后续的三章将对此进行详细的介绍。

表 3-1 与团队效能相关的团队过程：干预措施和实证支持

| 过程 | 干预措施 | 相关实证支持 |
| --- | --- | --- |
| 团队心智模式 | ● 培训<br>● 领导力<br>● 共同经历 | ● 系统的理论、方法的研究与发展<br>● 荟萃分析支持（DeChurch and Mesmer-Magnus, 2010） |
| 交互记忆 | ● 面对面交流<br>● 共同经历 | ● 理论、测度与研究结果<br>● 荟萃分析支持（DeChurch and Mesmer-Magnus, 2010） |
| 认知型团队互动 | ● 培训<br>● 团队构成 | ● 理论、测度与研究结果（Gorman et al., 2010; Gorman and Cooke, 2011） |
| 团队氛围 | ● 战略要务；团队使命/目标；政策、惯例与流程<br>● 领导力<br>● 团队成员互动 | ● 系统的理论、方法的发展与研究（Carr et al., 2003; Zohar and Hofmann, 2012; Schneider and Barbera, 2014） |
| 心理安全 | ● 领导的指导与包容<br>● 积极的人际氛围 | ● 系统性实证支持 |
| 团队凝聚力 | ● 前因变量没有具体化<br>● 团队构成<br>● 领导力 | ● 系统性实证支持<br>● 荟萃分析支持（Gully et al., 1995; Beal et al., 2003） |
| 团队效能感 | ● 成功经验<br>● 替代经验<br>● 口头说服<br>● 领导者行为 | ● 系统性实证支持<br>● 荟萃分析支持（Gully et al., 2002） |
| 团队冲突 | ● 团队构成，断层带<br>● 冲突管理技巧 | ● 实证支持<br>● 荟萃分析支持（de Dreu and Weingart, 2003; Thatcher and Patal, 2011; de Wit et al., 2012） |
| 团队流程能力 | ● 培训<br>● 领导 | ● 实证支持<br>● 荟萃分析支持（LePine et al., 2008） |
| 团队自我调节 | ● 制度设计<br>● 领导力 | ● 系统的理论和研究<br>● 荟萃分析支持（Pritchard et al., 2008） |

资料来源：改编自 Kozlowski 和 Ilgen（2006），经授权转载

## 团队构成：塑造团队过程的个体投入

团队构成是将具备实现团队目标和完成团队任务所需专业、知识和技能的团队成员进行组合的过程。在个体层面，人员选拔的逻辑在于挑选出具备满足工作需求的知识、技能、能力以及其他个人特质的个体。而在团队层面，人员配置则更为复杂，要求不同个体的组合能够实现有效的协

作，而不仅仅是将个体简单地匹配到既定的工作岗位上（Klimoski and Jones，1995）。团队构成与团队过程及效能之间的相关性将在第四章进行深入探讨。

### 通过专业发展优化团队过程

团队组建好后，其效能便可以通过正式的专业发展计划来提高（相关文献中也称为"培训计划"）。尽管很多关于团队培训的研究都集中在军事团队培训项目上（Swezey and Salas，1992；Cannon-Bowers and Salas，1998），但由于成员构成的多样性、知识的高度融合性、地域分布的分散性等特征，这些团队同样面临着许多与科研团队相同的挑战。第五章回顾了将培训作为促进积极团队过程的干预措施的有力证据，并讨论了专门为个人将来参与团队科学做好准备的教育计划。

### 通过团队领导优化团队过程

研究表明，领导力同样影响着团队与组织的效能。然而，现有研究多聚焦于领导者个体，而非团队层面，并且倾向于以个体感知为基准来评估领导效能，而非团队效能。在领导力研究文献中，众多领导力理论被提出，其中部分理论与团队研究紧密相关。团队成员间共享领导力的概念亦日益受到重视。综合分析结果显示，共享领导力与团队效能之间存在正相关性（样本量为42，$\rho=0.34$）（Wang et al.，2014），这表明共享领导力对于科研团队而言是一个具有实际应用价值的概念。第六章将深入探讨科研团队领导力的相关内容。

## 结合文献探究团队科学的新发展

### 团队科学的新模型

有些研究人员已经开始研究团队科学和效能的模型。这些模型突破了传统的群体发展模式，如塔克曼（Tuckman，1965）模型，其将团队发展划分为组建期（forming）、激荡期（storming）、规范期（norming）和执行期（performing）四个阶段，新的模型融入了科研团队特有的元素，如跨学科团队深厚的知识基础，有利于实现科学和社会发展目标。它们为了解团队科学提供了不同的视角，并且可以为团队科学的实践和政策制定提供参考。又如，Hall 等（2012b）构建了一个将广泛研究过程纳入考量的启发式模型，该模型将团队过程划分为四个动态递进的阶段，即开发期、概念期、执行期和转化期，详见方框 3-2，并将团队和组织的文献中涉及的关键团队过程划分到四个阶段中对应的阶段。该模型的主要贡献之一是拓宽了研发团队在科学研究项目的早期阶段可以开展的协作与智力工作的广度。在资源有限的条件下，开发阶段的相关工作常常显得仓促。本研究提出的模型在这一方面具有重要意义，主要体现在突出了开发期规划、机构支持及资金需求的重要性。总体而言，该模型强调了科研团队的关键过程可能跨越四个阶段，这也增强了团队科学的全面性和复杂性以及协作的有效性。

相比之下，Salazar 等（2012）构建了一个模型，该模型旨在通过社会、心理和认知过程的交互作用，以提升团队的综合能力（参见方框 3-2）。Hadorn 和 Pohl（2007）提出了一种跨学科研究过程模型，详细探讨了研究与知识整合过程中所包含的关键要素。该模型涵盖三个主要阶段：①问题的识别与构建；②问题的分析；③成果的实现。此外，该模型在构建过程中特别考虑了社会群体的视角（即"真实世界的参与者"），并为不同阶段提供了相应的策略，其构建在很大程度上吸取了欧洲在跨学科、科学政策和可持续性研究方面的经验。Reid 等（2009）以及 Cash 等（2003）亦探讨了利用和整合利益相关者知识以促进团队可持续性的模式。例如，Cash 等（2003）鉴别了信息交流、传输和流动的关键机制，这些机制能够促进跨学科团队在科学项目中跨边界交流、转化与协调。

方框 3-2　　　　　　两个团队科学模型

在第一个模型中，Hall 等（2012b）提出，跨学科团队科学主要包括四个阶段：开发阶段、概念阶段、执行阶段与转化阶段。

在开发阶段，主要目标是明确相关的科学和社会问题。在该阶段早期，一个由科学家组成的非正式小组开始确定研究范围，并确定相关的专业领域。在这一阶段，对提升团队效能至关重要的团队过程包括：创建共同的使命和目标（即共享心智模式）；提高对自身学科和其他学科优缺点的批判性认识；营造心理安全的环境。支持这些团队过程的一个有效策略是让团队成员参与到问题领域的可视化表征（即所谓的"认知工具"）的构建中，并在项目进展过程中不断更新该表征。

在概念阶段，团队成员提出研究问题、假设、概念框架和研究设计。这一阶段可以提升团队效能的团队过程包括：形成共同语言，如使用类比和通俗语言代替学科专业术语、开发交互记忆（类似于非科研团队），以及形成跨学科团队价值取向，其中既包括上文所述的批判意识，又包括本章前面所述的团队自我效能感。

在执行阶段，主要目标是开展计划中的研究。随着核心参与者形成工作惯例，如会议频率等，团队的成员也逐渐稳定下来。在这一阶段，建立更广泛的团队交互记忆，包括对如何完成事务（工作任务）及如何进行交互（团队合作）的共同理解，可以有效提升团队效能。冲突管理对于避免可能会阻碍团队过程发展的冲突的产生也是至关重要的。该阶段的另一个关键过程是团队学习，包括对行为的反思，类似于上述团队管理方法，同时，通过持续构建共同语言和心智模式同样也可以提升团队效能。

在转化阶段，主要目标是应用研究成果解决实际社会问题。随着团队成员的不断增加，培养新老团队成员对团队目标和角色的共同理解（即共享心智模式与交互记忆）是提升团队效能的重要措施。社区或行业利益相关者通常会在这一阶段参与进来，可能会带来比跨学科交流更大的沟通挑战，因此，以上过程便显得尤为重要。

Hall 等（2012b）提出，四阶段模型可以作为科学家和利益相关者在四个阶段中的路线图，也可以作为团队科学项目评估和质量改进的指南。

Salazar 等（2012）提出了第二个模型，将跨学科或超学科科研团队的绩效与其"整合能力"联系起来，并将"整合能力"定义为"在团队内部社会、心理和认知过程的持续相互作用下开展跨越学科、专业和组织界限的工作并产生新知识的能力"。

作者认为，整合能力有助于团队克服由成员对各自学科的深刻认同、对团队目标及研究议题的多元视角，以及地域分散等因素所导致的集成障碍。因此，该模型能够直接应对成员构成的多样性、知识的高度融合性、地域分布的分散性等几个关键特征带来的挑战。

作者提出了培养团队整合能力的三条路径。

首先，社交整合过程是认知整合的基础，包括对项目目标的共同理解（即共同心智模式）、由共享领导力促进的沟通实践，以及对所有团队成员的观点和专业知识的共同理解（即交互记忆）。

其次，社交过程对于积极情绪，如信任关系的建立具有促进作用，进而加快认知整合的进程。正式的干预措施、规范以及技术基础设施能够支持社交过程和涌现现象的发展。例如，结构化的干预措施可以被用来激励团队成员之间相互探询各自的专长，从而促进交互记忆的形成。

最后，社交过程和涌现现象有助于促进对知识的思考、吸收和适应等形成共同认知，进而推动团队整合能力的持续提升。对跨学科科研的认同感鼓励着每个团队成员仔细地思考其他成员的知识优势，并将新知识同化到自己的思维中，或将其纳入新的思维方式中。同化和适应都需要反思能力，即团队成员反思自身及团队知识、策略和流程并进行改进的能力。反思能力类似于本章前面讨论的团队自我调节过程，它已被证明能够帮助团队在必要时调整效能，以执行任务和实现目标。

在团队科学领域，早期模型主要聚焦于研究流程及知识整合过程的特定维度。然而，也有一些研究人员开始致力于团队科学系统地图项目的研究，该项目旨在为团队科学的背景、流程及产出所涉及的诸多因素提供更为广泛和深入的见解（Hall et al.，2012a）。该系统地图有助于识别干预措施的最佳切入点，以最大限度地提升团队效能，并且有助于明确未来研究的方向。

## 给团队科学和团队过程带来挑战的特征

大多数给科研团队带来挑战的关键特征都会对团队过程产生直接影响。

- 正如 Hall 等（2012b）和 Salazar 等（2012）所指出的，在成员构成多样性（特征一）的科研活动中所面临的挑战大多体现在团队过程方面。例如，跨越学科或大学界限的沟通通常更加困难。
- 知识的高度融合性（特征二）是实现跨学科或超学科团队科学项目目标的必要内容，也是团队过程中提升团队效能的中心机制。促进积极团队过程的策略与干预措施（在第四、五和六章中有更全面的论述）对于拥有多元化成员并寻求深度融合的科研团队内部的高效协作至关重要。
- 本章描述的团队过程如何影响团队效能的研究主要基于 10 人及 10 人以下的小型团队，因为很少有研究人员尝试对团队规模的扩张化（特征三）进行实证研究。如第一章所述，大多数科研团队的成员数不超过 10 人，因此本章的研究结果适用于科研团队。尽管目前还不清楚以上结果是否适用于更大型的团队，但规模的扩大势必会给团队过程和最终的团队效能带来挑战。
- 由目标不一致（特征四）的小型科研团队所构成的大型科研团队，以及具有可渗透性边界（特性五）的任何规模的团队，可能比其他团队或组织更加缺乏凝聚力。当跨学科研究项目由于不同阶段的目标发生变化而有所调整时，领导者需要重新帮助新老成员加深对项目目标和个人角色的共同理解（Hall et al.，2012b）。相关举措及第六章中提到的其他领导战略有助于解决这些问题。
- 地域分布的分散性（特性六）限制了面对面交流与交互记忆的发展，进而阻碍了团队或组织中的认知互动。第七章介绍了应对这一挑战的一些方法。
- 由于科学研究的复杂需求可能涉及共享高尖端技术或需要与来自不同学科的专家合作，任务间的高度相互依存性（特征七）在科研团队中经常被夸大。不断提升的任务依存度增加了对诸如共享心智模式（对研究目标和成员角色的共同理解）和交互记忆（与研究目标相关的每个团队成员的专业知识优势）等团队过程的需求。

这七个特征通过团队过程给科研团队带来了挑战。成员构成的多样性、团队规模的扩张化、团队边界的可渗透性和地域分布的分散性特征拉大了团队或组织成员间的距离，影响了团队凝聚力，容易引发冲突，并给团队认知互动带来了挑战。另外，跨学科或超学科团队对知识的高度融合性、任务间的高度相互依存性特征有助于强化团队过程。因此，这些特征既有助于形成高质量的团队过程，又对团队过程的正向发展造成了障碍，营造了紧张气氛。

## 总结与结论

通过对非科研领域团队的深入研究以及对团队科学新兴研究的系统回顾，团队科学论委员会得出以下结论：团队过程（包括对团队目标和团队成员角色的共同理解、团队凝聚力、团队冲突等）与科研团队的效能密切相关，并且这些团队过程会受到多种因素的影响。团队科学论委员会认为，基于研究的行动和干预措施，若能在科研领域之外的其他领域积极影响团队过程并提升团队效率，那么这些措施同样可以推广至科研团队，以增强其效能。关于团队构成、团队领导力和团队专业发展的行动和干预措施将在后续章节中进行深入探讨。

结论：几十年的大量研究表明，团队过程（如对团队目标和成员角色的共同理解、团队冲突）与团队效能相关。促进提升团队过程的行为和干预措施是提高团队效能的最有效途径。其主要涉及团队的三个方面：团队构成（吸纳合适的个体）、团队专业发展和团队领导力。

# 第四章 团队的构成与配置

团队的构成与配置是第三章中提到的推动团队科学发展的动力之一。团队的构成与配置主要涉及以下三点：聚集具有相关专业知识的成员、共同实现团队目标与完成团队任务、实现团队效能最大化。

本章第一节针对团队及组织构成的研究进行了探讨，这些研究为优化团队构成、提升团队效能的策略制定提供了重要参考。其中，大部分研究聚焦于团队或组织成员的个人特征对绩效的影响。然而，团队构成的复杂性远超单个职位人员配置，因为要实现团队的高效合作，需要团队成员的通力协作（Klimoski and Jones, 1995）。本节梳理的一系列研究为团队相关的荟萃分析提供了强有力的证据。第二节介绍了一个新兴研究方向——团队配置——其研究范围更为广泛，在个人特征的基础上，进一步分析了团队过程（包括组建团队的过程）与团队效能之间的关系。第三节讨论了优化团队成员构成与配置的工具和方法。第四节讨论了团队构成与配置在解决第一章中概述的团队科学面临的七大挑战性特征方面的重要作用。最后是本章的结论与建议。

## 团队构成

研究人员发现，无论是在科研领域还是其他领域，在组建团队过程中，个人特征都是要重点考虑的因素。在实施团队科学项目时，最重要的个人特征可能是成员在科学、技术及其他相关方面的专业知识。正如前几章所讨论的，给团队科学带来挑战的一个关键特征是成员构成的多样性，来自多个学科和专业的科学家更有助于实现团队的科研转化目标。例如，宏观系统生态学在解决跨区域的大范围生态与环境问题时，需要突破时空限制，将各区域联系起来综合考虑（Heffernan et al.，2014）。该领域的研究更是需要包括情报学家和生态学家在内的不同专业知识的学者来参与（Heffernan et al.，2014）。

有研究表明，团队成员高度多样性的学科背景可以有效提升团队的科研产出水平：Stvilia 等（2010）研究了 2005~2008 年美国国家强磁场实验室进行的 1415 项团队实验。通过对团队内部文献的作者分析发现，团队成员的学科多样性的增加可以促进基于出版物数量的研究产出提升。

然而，另一项研究阐明了成员构成的多样性所带来的高度多样性所带来的优势与挑战。通过对 NSF 资助的 500 多个研究团队的纵向分析，Cummings 等（2013）发现，随着研究团队规模的扩大，团队的研究产出也会提升（出版物数量增加）。然而，随着不同学科或不同机构的科研人员的加入，团队成员的异质性也会增加，团队的边际生产率则会有所下降（Cummings et al.，2013）。

团队成员的个体特质，包括个性等，也可能对团队的科研效率产生影响。Feist（2011）在其研究中指出，具有高度创造力的精英科学家在展现开放性和活跃思维的同时，往往也表现出支配性、傲慢、敌意、内向等与优秀团队协作相悖的性格特质。多项研究显示，团队成员的智力水平（即团队成员的平均认知能力）与目标实现之间存在显著的正相关关系，且二者之间的效应值相当显著（Devine and Philips，2001；Stewart，2006）。此外，团队成员的责任感与团队效能之间也存在正相关关系，相较于创造性与决策类任务，责任感在具有规划性的任务中对团队效能的影响更为显著（Kozlowski and Bell，2003）。

相较于在团队成员间交流互动方面表现不佳的内向者，外向者因其能够轻松捕捉并适当回应他人的行为和态度（McCrae and Costa，1999），在科研团队中可能展现出更高的工作效率（Olson and Olson，2014）。该理论已获得一定程度的实证支持：Kozlowski 和 Bell（2003）的研究表明，团队成员平均外向水平较高的团队相较于成员性格较为内向的团队，工作效率更高[①]。Woolley 等（2010）在研究中识别出与"外向"相关的新型构念，并将其在个体层面命名为"社会敏感性"（social sensitivity），在团队层面则称为"集体智慧"（collective intelligence）。在对近 700 名小团队的工作人员进行的两项研究中，作者发现了团队层面存在集体智慧的证据，并指出它与团队在各种任务中的表现相关。这一新的因素与团队内的平均智慧水平没有显著的相关性，但与平均社会敏感度、团队讨论中轮流发言的平等程度以及团队中的女性占比显著相关。其中，个体的社会敏感可以通过测试来衡量，如要求参与者通过别人的眼睛来"解读"其心理状态。Engel 等（2014）在针对网络群体的后续研究中同样发现，团队的集体智慧水平与其在各类任务中的表现相关，群体成员的社会敏感度与集体智慧显著相关。令人意外的是，该研究中的社会敏感度也是通过测试一个人观察对方的眼睛和面部表情来辨别其精神状态的能力得出的，而且接受测试的在线团队成员从未见过彼此。这也表明，该测试衡量的是个人辨别他人心理状态的更深层次的能力，而不仅仅是从对方的眼睛和面部表情中"解读"出什么。

在一项旨在不影响团队成员日常工作的研究中，Pentland（2012）通过记录团队互动数据，揭示了团队成员间轮流发言的平等性与团队效能之间的相关性，并将团队中最具价值的成员界定为"魅力型连接者"（charismatic connectors），这类成员能够与团队内所有个体进行有效沟通，并且能够合理地平衡倾听与表达的时间，同时积极寻求团队外部的意见与创意。在对参与高层管理培训项目的商业精英进行的研究中，Pentland 指出，团队中魅力型连接者的数量与团队的成功程度呈正相关。此外，Obstfeld（2005）在对一家汽车制造商工程部门的实证研究中发现，倾向于在群体与个体之间建立联系并共享信息的个体，相较于其他个体，更频繁地参与创新活动。

尽管较高的整体认知能力水平能够提升团队效能，科研团队及组织应该全部由具备此类特质的个体组成。然而，也有研究指出，维持成员间特质的均衡对于团队效能的提升更为有效（Kozlowski and Ilgen, 2006）。例

---

[①] 在考虑团队或大型组织的成员构成时，重要的是要意识到，成员不具备优势的性格特征（例如，与外向性格相关的社交或沟通技能）可以通过教育或专业培养来发展，具体论述可参考第五章。

如，一个完全由外向个体组成的团队可能更倾向于社交活动而非任务完成；而一个完全由责任心强的成员构成的团队则可能过分专注于任务本身，从而忽视了成员间的协作。尽管这一理论缺乏充分的实证研究支持，Miron-spektor 等（2011）在对某研发公司 41 个团队进行的研究中，通过认知风格评估将团队成员划分为具有创造力的成员、遵守规则的成员和注重细节的成员三类，研究结果表明，团队中保持具有创造力的成员与遵守规则的成员之间的平衡能够促进团队的突破式创新（开发出全新的产品），而注重细节成员的比例过高则会抑制突破式创新（Miron-spektor et al., 2011）。Swaab 等（2014）研究发现，在需要高度团队协作的篮球和足球队中，天赋型运动员占比例较高的球队的表现反而不如天赋型运动员比例适中的球队。

其他个体差异，包括性别、种族、年龄、专业知识和能力等因素，已被证实对团队过程和效能会产生积极或消极的影响。然而，相较于整体认知能力、责任感等先前讨论的因素，这些个体差异的影响相对较小（Bell et al., 2011）。目前，研究个体差异和团队多样性对团队功能影响的文献通常仅关注单一（或少数几个）特征。然而，每个个体均对团队的多重特征有所贡献，这使得在理想团队构成中明确个体因素变得异常复杂。相对而言，基于团队断层（详见下文详细定义与讨论）的研究考虑了不同个体特征间的相互作用，在过去 10 年中取得了重大学术进展（Lau and Murnighan，1998；Chao and Moon，2005；Thatcher and Patel，2011；Carton and Cummings，2012，2013；Mathieu et al., 2014）。

本节将从团队多样性、团队断层、团队子群体和团队成员变化四个方面，梳理团队构成对团队科学效能影响的一般性结论。

## 团队多样性

团队的定义是指由扮演不同角色的个体构成的团体，在工作过程中彼此之间存在相互依赖性（Swezey and Salas，1992）。因此，多样性是团队构成的核心。实际上，跨学科团队和集体亦可依此方式界定（Fiore，2008），多样性是常态而并非特例。该领域的研究通常基于这样的理论前提，即多样化的视角能够为团队带来更显著的异质性，从而为团队带来高质量的产出（Jackson et al.，1995；Mannix and Neale，2005）。然而，关于这一乐观观点的研究结论并不一致，有的研究提供了正面支持（Gladstein，1984），有的则持反对意见（Wiersema and Bird，1993），还有的研究认为二者之间不存在直接关联（Campion et al.，1993）。

Mannix 和 Neale（2005）在其综述研究中指出，人口异质性（基于个体易辨识的表面特征，例如性别、种族或年龄）通常会对团队成员间的有效协作造成阻碍。相对而言，知识背景和人格类型的异质性——这些与任务紧密相关的因素——往往与团队产出呈现正相关性。当然，这一结论的成立依赖于团队任务分配的合理性。Horwitz 和 Horwitz（2007）通过荟萃分析方法，对团队多样性相关文献进行了深入研究，结果表明人口统计多样性与团队产出的质量和数量之间不存在显著关联，而与任务相关的多样性则与团队产出的质量和数量之间存在统计学上显著的正相关关系，尽管这种关系的数值较小。Joshi 和 Roh（2009）在其后续进行的更为广泛的大规模荟萃分析中，探讨了环境因素如何调节与任务相关的多样性、人口统计多样性和团队效能三者之间的关系。研究结果显示，诸如团队相互依赖水平和职业特性等环境因素，对上述三种因素之间关系的方向和强度具有显著影响。例如，在男性主导的职业环境中，性别多样性对团队效能产生显著的负面影响，而在性别比例平衡的职业环境中，性别多样性则对团队效能产生显著的正向影响。

鉴于先前研究中关于多样性与团队效能关系的效应值较小且结果不一致，Bell 等（2011）开展了一项新的荟萃分析，并对先前研究中的"多样性"概念进行了细致区分。该研究将多样性分为三个维度：多样性种类（指有助于提升团队效能的多种专业知识来源）、多样性区分度（指团队成员的相似性或差异性，可能因团队分化而影响团队效能）以及多样性均衡度（指团队内部的不均衡性，例如由一位资深成员和多位新成员构成的团队可能会产生较低的团队效能）。与先前研究中基于"工作相关"（任务相关）、"人口结构"及"与工作不太相关"的变量集群不同，本研究探讨了具体的变量，并考虑了不同绩效指标和团队类型对多样性与团队效能的影响。在团队科学领域，绩效指标不仅包括创新性或创造力，还包括一般绩效，团队类型则包括负责创造和设计新产品的设计团队①。研究结果表明，仅有一种与任务相关的多样性——功能背景的多样性（即团队成员的组织分工或专业）——与团队一般绩效呈较低的正相关关系（$\rho=0.11$）。当绩效指标为创新性或创造力时，二者的相关性值更大（$\rho=0.18$）；与一般团队相比，设计团队中二者的相关性也要更强一些（$\rho=0.16$）。相反，种族多样性和性别多样性则与团队效能之间呈负相关关系（系数分别为$\rho=-0.13$ 和 $\rho=-0.09$），而年龄多样性与团队效能无关。

与前述荟萃分析结果不同的是，两项聚焦于科学领域的研究揭示了人口和国家多样性与科研团队效能之间的正相关关系。首先，Freeman 和 Huang（2015）对超过 150 万篇科学论文的引用情况进行了深入分析，结果表明，来自同一族群的学者之间的合作频率显著高于全体作者随机合作概率所预期的水平，这种具有较高同质性的作者团队或组织产出的论文，其科学贡献相对较小（基于被引频次），而由不同族群作者合作完成的论文，其被引频次显著高于由同族群作者合作完成的论文。Freeman 和 Huang（2015）提出，种族多样性是思想多样性的体现，因此，不同种族作者的合作能够融合不同的观点和思维方式，进而产生更优质的科研成果。研究还发现，来自地域分布广泛的高校研究人员的合作对论文的被引频次具有正面效应。在对 250 多万篇论文的进一步分析中，Freeman 和 Huang（2014）再次证实了不同种族作者合著的论文，其被引频次高于同种族作者合著的论文。其次，Smith 等（2014）对 1996～2012 年发表在 8 个不同学科的所有论文进行了综合分析后发现，涉及多个国家机构的论文，在期刊等级和引文表现上均优于那些由来自少数国家的作者合著发表的论文。

此外，有研究表明，性别多样性对团队科学进步具有潜在的积极影响。例如，在学术界，女性学者相较于男性学者展现出更高的合作倾向（Bozeman and Gaughan, 2011；van Rijnsoever and Hessels, 2011）。如前所述，Woolley 等（2010）的研究揭示了群体中女性成员的比例与群体集体智慧水平及任务执行能力之间的相关性。Bear 和 Woolley（2011）进一步

---

① 如第一章所述，新产品研发团队面临的许多挑战都与科研团队相似。

提出，团队中女性成员的存在有助于优化团队合作过程，从而有效增强团队效能。

总体而言，在探讨团队多样性对团队效能影响的研究中，所得结论存在差异，而荟萃分析为这些不同结论提供了一定程度的支持。目前，尚需深入研究不同类型多样性对团队效能的作用机制。正如 Bell 等（2011）所强调的，关键在于精确阐释特定变量、多样性概念与团队效能之间的理论联系。

## 团队断层

断层是指团队内部基于成员构成而形成的假想分界（例如，一个团队中有两名生物学家和两名物理学家，就可能形成基于学科的断层）。当团队成员之间的构成差异变得显著时，如团队需要决定如何分配资源或任务时，断层就会被"激活"并形成子群体，从而增加了产生冲突的可能性（Bezrukova，2013）。例如，如果一个由两名生物学家和两名物理学家的科研团队的资金仅足够雇佣一名博士生，当两个学科小组都希望在其学科范围内招聘一名学生时，断层就可能会被激活。

尽管"断层"的概念在现有文献中来说相对较新，但也有了部分相关研究，Thatcher 和 Patel（2011）在此基础上进行了一项综合且全面的荟萃分析综述。从本质上讲，这一领域的研究同样验证了任务相关的多样性和人口统计多样性对团队效能的不同影响：人口统计多样性（如性别、种族、年龄、任期等因素）与断层强度有关，而任务相关的多样性因素，如受教育程度和团队工作经验等，同样也有关系但影响相对较小。断层强度大会削弱团队凝聚力并产生任务冲突，进而影响团队成员的满意度和表现。当然，管理者可以通过培养团队认同感和制定共同的目标来解决这一问题（Bezrukova et al.，2009，2013），详见第六章。

## 团队子群体

在"断层"概念的基础上，Carton 和 Cummings（2012，2013）提出了"子群体"的概念。子群体是团队成员的子集，这些成员在某种程度上形成了独特的相互依赖关系，比如彼此之间产生了友谊或形成了合作关系。已有实证研究证实了团队中形成子群体的一些利弊。例如，在一项针对制药和医疗产品公司 156 个团队的研究中，Gibson 和 Vermeulen（2003）发现子群体的强度（即子群体中成员在属性上，如年龄、性别、种族、职能和任期的重叠程度）有效促进了团队的学习行为。由更多有共同点的子群体组成的团队能够更好地提出新想法，相互交流，并记录他们所学到的内容。然而，Polzer 等（2006）通过研究由于地域分散而形成的子群体的影响时发现，由于地域分散而形成子群体的团队会出现更多的冲突和信任危机，尤其是当团队中存在两个规模相当的子群体分布在不同国家时，团队冲突尤为激烈，信任感最低。

诸多研究成果显示，团队中断层的扩大以及子群体间距离的增加，将导致不同子群体在沟通上面临更大的挑战。例如，基于年龄差异形成的子群体（Bezrukova et al.，2009）以及子群体规模的不均衡（例如，一个子群体包含 6 名成员，而另一个子群体仅有 2 名成员）（O'Leary and Mortensen，2010）。Carton 和 Cummings（2013）对子群体影响研究的不同结果进行了归纳总结。研究结果指出，基于专业知识形成的子群体（子群体成员在组织中拥有相同的业务单位和报告渠道）能够促进团队效能的提升；然而，基于相同年龄、性别等人口统计特征形成的子群体，则可能对团队效能产生消极影响。一方面，在基于专业知识形成的子群体中，成员对团队的知识基础有着共同的理解，有助于信息的整合（van Knippenberg et al.，2004）；另一方面，当团队成员在组内/组间存在差异时，基于相同人口特征形成的两个子群体所构建的团队，将产生高昂的成本（Tajfel and Turner，1986）。

近期，诸多研究聚焦于子群体管理策略，无论这些子群体是基于专业知识还是人口统计特征形成的。例如，Sonnenwald（2007）探讨了少数族裔及其服务机构在参与团队科学研究过程中可能遇到的问题，诸如信任缺失、误解及冲突，并进一步提出了相应的解决策略。这些策略包括在研究规划的早期阶段对所有参与者进行广泛的宣传、与社区权威人士（例如宗教领袖、部落首领等）进行有组织的对话，以及通过核心团队引导社区对研究的关注和对相关优先事项的理解。DeChurch 和 Zaccaro（2013）则针对多团队系统（类似于拥有多个子群体的团队）提出了领导力策略，旨在缓解团队间的竞争关系，同时促使团队成员对高层次目标达成共识（详见第六章）。此外，结构化讨论被证明能够促进基于专业知识形成的子群体之间的沟通交流（O'Rourke and Crowley，2013），详细讨论请参见第五章。

## 团队成员变化

尽管缺乏荟萃分析的证据支持，实证研究依然揭示了团队成员调整对提升团队效能的积极作用。Gorman 和 Cooke（2011）在一项涉及三人军事指挥与控制任务的研究中发现，团队成员在第二阶段的调整能够显著增强团队的适应性，从而更有效地应对突发状况。Fouse 等（2011）的研究亦表明，在军事规划过程中，通过改变团队成员在会议桌上的位置，相较于成员位置固定不变，能够显著提升规划效果。Gorman 和 Cooke（2011）进一步指出，团队成员的变动增加了成员体验多样化流程行为的机会，这对于团队在面对需要不同方法应对的挑战时尤为有益。类似地，团队成员短暂地加入其他团队后再回归，也被证实能够激发论文写作中的创新性思维（Gruenfeld et al.，2000）。此外，一些非实验室环境下的实证研究同样证实了团队成员调整的正面效应。Kahn（1993）基于麦克阿瑟基金会支持的研究网络，探讨了在研究生命周期不同阶段调整跨学科科研团队构成的重要性。

调整团队成员以优化团队结构，传统上被视为对团队效能提升的不利因素。然而，在特定情境下，该措施亦可能产生正面效应，并可作为一种有效的干预策略。例如，通过变更团队成员构成，能够打破既有的隔阂，以及改变可能对团队效能产生负面影响的协作动态，从而促成积极的流程变革。

## 团队配置

研究团队与组织可能由科学家、高等教育研究管理从业者［在某些情况下扮演中介角色；参见 Murphy（2013）］、资助者、其他组织或个体所构成。为了指导团队配置过程，个体或组织通常需要基于现有关系、咨询相关领域专家，或依靠其他更结构化的信息源来提前了解潜在成员的基本信息。关于团队配置的一系列新研究不仅考察了团队的构成，还进一步研究了其具体构成过程。

关于团队配置的研究主要聚焦于不同维度的团队构成分析，包括团队层面（涉及团队与任务的匹配性）、团队内部关系层面（例如团队成员间的既往互动关系）以及团队所处的生态环境（National Research Council，2013）。这些研究旨在解析不同维度因素对团队效能的影响机制，本部分将简要概述这些研究中的一些关键发现。

Guimera 等（2005）基于 1950～1995 年制作百老汇音乐剧的艺术家团队这一跨领域团队，对科研团队的构建、组成及其表现进行了深入研究。百老汇团队与科研团队均旨在激发创新思维、增强创造力（Uzzi et al.，2013）。Guimera 等发现，百老汇团队主要由新手成员与经验丰富的现任者成员构成，基于此，他们将团队内部关系划分为新手–新手、新手–现任者、现任者–现任者以及现任者迭代（incumbent-repeated）四种类型。研究结果表明，融合了上述四种类型关系的音乐团队表现得最为卓越。

Guimera 等（2005）进一步将该框架应用于天文学、生态学、经济学和社会心理学四个学科的科研团队研究中。通过对 Web of Science 数据库收录的 1955～2004 年在各学科领域排名前 5～7 位的期刊上发表论文的作者进行分析，研究结果表明，科研团队的绩效（以论文篇均被引频次为衡量标准）与团队中现任成员的比例呈正相关关系。然而，这一正相关关系形成的前提是团队必须具备多样性，并且团队内部新老成员之间存在频繁的互动。值得注意的是，该模型主要用于预测总体绩效水平，而非针对单个团队效能水平的预测。因此，尽管任何一个团队在短期内都可能成为例外，但从长远来看，嵌入特定领域的团队所处的系统网络能够预测该领域内团队的平均绩效水平。

Contractor 等（2014）开展了一项针对学生团队构成的研究。研究首先指出，学生可以作为成员被分配至团队中，抑或是自发组建并加入团队。其次，学生在选择队友时，既可依据其他个体的非结构化信息，也可通过团队构建工具发布团队概况、社交网络及期望的成员类型等信息来招募队友。研究结果表明，通过团队构建工具组建的团队在年龄和文化敏感性方面表现出更高的同质性，而在性别方面则表现出更大的异质性；进一步地，与随机分配成员形成的团队相比，自发组建的团队（无论是否使用团队构建工具）更有可能包含有先前合作经历的成员。对团队形成四周后的调查分析结果显示，相较于随机分配的团队，成员分工明确的团队（无论是通过团队构建工具还是简单地选择朋友组成）在沟通方面更为频繁，团队成员对于高效合作的能力也表现出更强的信心。

相关研究结论引发了对基金申请要求的质疑，如项目团队的组建受到限制，不允许自由组建，而是必须由特定的个人、学科或机构构成。此外，自行组建的团队或组织往往由保持合作关系的个体构成，这可能导致错失具有创新思维的新成员所带来的潜在益处。

## 优化科研团队构成与配置的方法

在研究或转化项目的总体内容确定后，可采用"人岗匹配"策略指导团队配置，即将个人特征与研究或转化任务特征进行匹配（National Research Council，2013）。人因工程（Wickens et al.，1997）、认知工程（Lee and Kirlik，2013）等领域为任务分析提供了一系列方法，可用来指导团队配置。任务分析是指为理解成员绩效需求而对任务所需行为进行的系统分解（Kirwan and Ainsworth，1992）。在科研团队的形成过程中，了解操作科学仪器或设备涉及的任务至关重要，这通常需要一名或多名团队成员具备特定的技术能力。

科研团队的成员配置也可以借鉴认知工程学的相关方法。ACT-R[①]、社会网络模型、基于 Agent 的建模等认知架构在帮助理解和提高在高认知任务中的团队效能的同时，也常被用来指导团队配置（Kozlowski and Ilgen，2006）。此外，诸如认知工作分析（Vincente，1999）等任务分析方法，也常被用于设计团队的首创工作系统（Naikar et al.，2003）。事实

---

① ACT-R（adaptive control of thought-rational）是解释人类认知过程工作机理的理论。

上，这些复杂系统的首创性使得团队早期的任务分析更具挑战性，但本质上讲，任务模型是与团队的需求同时开发的。认知工程学相关方法考虑到了工作环境中影响成员行为的相关约束，涉及对工作环境的详细观察、通过对组织中不同层级人员的访谈形成对工作任务和环境的共同理解等内容。该方法已被成功应用于涉及众多掌握复杂技术的学者的社会技术系统中。此外，诸多科研团队和组织，其工作环境具有相似性，通常会合作设计并使用一些大型且复杂的科学设备（例如大型强子对撞机）。迄今为止，关于运用认知工程学方法进行团队设计及其对团队效能影响的研究尚属空白。尽管缺乏关于运用该方法设计的团队效能的实证数据，但其提供了一个分析框架，能够对任务和工作环境进行细致的分解，进而揭示可能被忽略的团队设计的需求。这些认知工程方法为系统化确定团队在知识、技能和能力方面的需求提供了途径，从而为团队的构建和配置提供了指导。

此外，亦可能呈现一种情形，即我们对应用团队科学方法解决的问题缺乏明确的界定。如第三章所阐述，当一群科学家/利益相关者聚集以探讨某一问题时，团队科学研究项目便启动了，其初始阶段包括明确研究焦点及确定具体研究问题（Hall et al.，2012b；Huutoniemi and Tapio，2014）。在这些情境下，拥有更广泛的生态系统（涉及具有相关兴趣和知识的科学家及利益相关者网络）的信息可能有助于团队组建。

研究揭示，科研人员、高校的行政管理者以及参与构建研究团队的其他学者，亟待掌握潜在合作伙伴的多维度信息，涵盖其发表的学术成果、研究领域、所申请的科研基金主题以及授权的专利等（Obeid et al.，2014）。这些信息可以借助研究网络系统获取，该系统是通过数据挖掘技术和社交网络分析方法构建的大型、易于检索的数据库。研究网络系统极大地简化了寻找合作伙伴的过程，它不仅使用户能够访问跨学科的研究专业知识，还协助用户识别潜在的合作伙伴、指导教师或评审专家，并基于发表的学术成果、科研项目资金和个人职业履历信息来组建科研团队（Obeid et al.，2014）。

目前已有许多可用的研究网络工具，包括 Biomed Experts[①]、Elsevier

---

[①] Biomed Experts，详见 http://www.biomedexperts.com[April 2015]。

SciVa 平台上的 Experts and Pure Experts Portal[①]、Harvard Catalyst Profiles[②]、DIRECT 平台上的 Distributed Interoperable Research Experts Collaboration Tool[③]、VIVO 等（Börner et al.，2012）。例如，VIVO 是 NIH 主持开发的一款免费、开源的网络应用程序，可以通过研究成果、研究主题、教学活动以及机构信息，促进研究人员之间的跨机构信息检索（Börner et al.，2012）。在 VIVO 的基础上，My Dream Team Assembler 进一步通过对搜索者的社会网络分析和建模为其推荐潜在的科学合作者（Contractor，2013）。Evaluation Guide[④]研究网络系统则可用于协助机构分析可以使用哪些新工具。

调查结果显示，研究型大学，尤其是学术医疗中心，越来越多地使用研究网络系统（Murphy et al.，2012；Obeid et al.，2014），并且越来越多的机构也计划在开放数据库中共享其研究数据，使之能够被广泛访问和分析。日益丰富的开放数据揭示了在团队科学的未来发展中，跨机构研究合作评估的潜力（Obeid et al.，2014）。一项来自加利福尼亚大学旧金山分校的研究揭示，研究网络系统正逐渐吸引更多的用户群体，其行为模式表明，他们正利用该系统来识别新的合作伙伴或研究议题。在线调查结果亦表明，用户群体认同该系统在支持研究与临床工作方面所具有的多重益处。然而，除该研究外，目前尚缺乏充分证据证明，相较于其他团队或小组，使用此类工具指导团队构建会更具成效。基于此，团队科学论委员会建议，实践者可尝试采用一种或多种此类工具，并追踪其在团队构建过程中的效用与可行性，同时与研究团队合作，以评估其对科研成果产出的影响。

---

① Elsevier's SciVal© Experts and Pure Experts Portal，详见 http://www.elsevier.com/online-tools/research-intelligence/products-and-services/pure[April 2015]。

② Harvard Catalyst Profiles，详见 https://connects.catalyst.harvard.edu/profiles/search/[May 2015]。

③ DIRECT：Distributed Interoperable Research Experts Collaboration Tool，详见 http://direct-2experts.org/?pg=home[April 2015]。

④ Evaluation Guide，详见 https://www.teamsciencetoolkit.cancer.gov/public/TSResourceTool.aspx?tid=1&rid=743[April 2015]。

## 应对团队科学面临的七大挑战性特征

团队构成与配置的相关研究如何对应于团队科学面临的七大挑战性特征？

挑战性特征 1：成员构成的多样性。该特征可依据前述团队构成、团队断层及子群体相关研究进行直接应对。与任务相关的团队多样性能够促进团队效能的提升，此发现对于基于任务多样性构建的团队科学项目具有重要的理论与实践意义。

挑战性特征 2：知识的高度融合性。该特征实际上是团队构成的必然结果，团队科学项目通常需要整合来自多个学科和利益相关者的知识。前文讨论的一些工具，如研究网络系统，可以通过在团队形成之前了解更多潜在成员的信息来帮助消除这一特征可能造成的沟通障碍。

挑战性特征 3：团队规模的扩张化。该特征受团队或组织成员异质性的影响。研究揭示，团队规模的扩大与生产水平的提升呈正相关；然而，对于规模较小的团队而言，随着学科和机构异质性的增加，大规模的优势会逐渐减弱（Cummings et al.，2013）。运用认知工作分析等方法对不同学科团队及其成员的任务与需求进行细致分析，有助于规避由团队规模扩大和多样性增加所引发的不必要挑战。

挑战性特征 4：团队间目标的异质性。在探讨团队断层与子群体概念时，细致审视团队构成是避免相关问题的有效途径。然而，科研领导层或资助机构有时会规定团队必须包含特定类型的个体、学科或机构，这为团队结构带来了额外的限制。此类约束条件可能无意中促成了具有多重目标甚至目标相互冲突的小群体的形成，从而使得子群体的产生与发展难以避免。针对此问题，领导力与职业发展干预措施可以强化各子群体与团队总体目标的一致性。

挑战性特征 5：团队边界的可渗透性。Mathieu 等（2014）通过研究团队成员的动态变化，揭示了现代团队边界的流动性。Tannenbaum 等（2012）的研究表明，由于组织需要频繁地对团队进行快速重组，个人成员往往同时参与多个团队。该研究进一步指出，成员流动对团队效能具有双重效应：一方面，它可以有效促进知识转移；另一方面，它可能削弱了团队成员间的关系纽带。为应对这一挑战，建议采用团队配置工具，增强角色区分度，培养可迁移的团队能力，并重视团队交接与过渡过程。同时，提升团队的灵活性和适应性（Gorman and Cooke，2011）、强化创新性思维（Gruenfeld et al.，2000）、促进知识转移，以及提高成员知识、技能与任务需求的匹配度（Tannenbaum et al.，2012），团队成员的变化可进一步强化团队过程。此外，研究发现，团队成员间的熟悉度和由此产生的信任感有助于提升跨机构团队的效能（Gulati，1995；Shrum et al.，2007；Cummings and Kiesler，2008）。然而，正如前述章节所讨论的，也有研究显示，团队成员的更迭和新成员的加入，尤其是不熟悉的成员，同样可以提升科研团队的效能（Pelz and Andrews，1976；Kahn and Prager，1994；Guimera et al.，2005）。

挑战性特征 6：地域分布的分散性。普遍认为，地域分散对团队成功带来挑战。Polzer 等（2006）的研究揭示，基于地理因素形成的子群体往往伴随着更多的冲突和较低的信任水平。对于地域分散的科研团队而言，若能在组建初期规避团队断层和子群体的形成，则成功概率将显著提高。然而，如果要解决科学问题就要将可能出现分歧的成员包括进来，则可能需要采取第七章所述的干预策略。

挑战性特征 7：任务间的高度相互依存性。任务间的高度相互依存性是许多科研团队具备的特征，当需要子群体或团队断层之间相互依赖完成任务时，这就可能给团队带来挑战。因此在团队配置时，应保持平衡，避免形成团队断层，或通过领导力和其他干预措施消除团队断层，这将有助于促进任务依赖性工作的完成。

## 总结、结论与建议

在关于团队构成与团队效能关系的研究中，大多得出了存在矛盾或者相关性较弱的结果。然而，与任务相关的异质性却被证实与团队效能相关，这一发现对跨学科科研团队具有重要意义。对团队断层及其可能产生的子群体的相关研究证实了任务相关的异质性对团队效能的积极影响，以及管理人口统计学异质性的必要性。同时，也有相关研究表明，人口统计学异质性有时也会提高科研生产力。

此外，针对团队配置的相关研究逐渐聚焦于团队成员的配置过程以及团队成员间既往合作经验对科研团队成果产出与转化的影响。研究网络系统在辅助科研人员、高校研究管理机构、资助机构以及其他相关利益方识别潜在团队成员方面展现出巨大潜能。在团队科学迅猛发展的当下，深入探讨团队配置具有极其重要的价值与意义。

团队科学论委员会认为，当前研究初步证明了团队的构成与配置很重要，需要认真管理以提升团队效能（Fiore，2008）。尤其需要指出的是，团队的构成与配置是构建高效团队的基础，是团队构建过程中的关键步骤，然而这仅仅是向高效团队或组织迈进的第一步（Hackman，2012）。Ployhart 和 Moliterno（2011）强调，人力资本源自个体的知识、技能及其他个人特征，但通过第三章所阐述的团队过程，这些资源得以转化为团队资源。除了团队的构成与配置之外，其他干预措施在促进团队过程和提升团队效能方面也同样重要，后续章节将对此进行深入探讨。

结论：现有关于非科研团队的研究发现，团队构成影响团队效能，这种关系主要取决于任务的复杂性、团队成员之间的相互依赖程度以及团队合作的时间长短。任务相关的团队多样性至关重要，并对团队效能有积极影响。

结论：非科学领域中形成的任务分析方法和科学领域开发的研究网络工具可以帮助实践者系统地考虑团队构成。

建议 1：团队科学领导者及其他参与科研团队配置的人员可以考虑使用任务分析方法（如任务分析、认知建模、工作分析、认知工作分析）和工具来帮助确定有效执行项目所需的知识、技能和想法，从而使团队成员与任务相关的多样性更好地符合项目需求。相关人员也可以考虑使用为科研团队配置而设计的研究网络系统等工具，并与研究人员合作，对这些工具及其配套的任务分析方法进行评估和优化。

# 第五章　团队科学的专业发展与教育

在第三章中，团队科学论委员会综合分析后得出结论，培训是提高团队效能的有效手段。本章基于此结论，对团队培训及团队科学教育的相关研究进行了回顾。第一部分，介绍了团队培训的目标与效能；第二部分，回顾了能够提升科研团队效能的团队培训措施；第三部分，归纳了针对团队科学设计的特定干预措施；第四部分则专注于团队科学教育；第五部分总结了能够应对第一章中提出的对团队科学构成挑战的七个特征的相关培训与教育策略。最后，本章给出了总结、结论与建议。

在这里我们首先要强调的是，本章常用的术语"专业发展"、"教育"和"培训"在使用过程中往往缺乏精确的界定。"培训"或"专业发展"被广泛用于描述多种学习活动，包括但不限于与特定科学主题相关的学术报告，以及旨在解决管理团队冲突的周末研讨会。同样，"教育"一词亦可涵盖从学术报告到本科生课程等多种教育形式，其具体含义需依据具体情境进行解读。在高等教育领域，"专业发展"或"培训"通常指代课外的实践性学习活动，如研究经历等，而"教育"则特指课堂内的学习体验。即便在学术环境中，这些概念的区分也可能导致混淆。例如，博士生参与与其研究领域相关的学术报告会，其学习体验应归类为"教育"、"专业发展"还是"培训"？对于已经完成学位教育的博士后研究员，参加类似的报告会，其经历又应界定为"专业发展"还是"培训"？

综上所述，尽管术语的运用可能对学习过程、成果评估乃至资金配置产生影响，但当前学术文献及实践活动中"教育"与"培训"两个术语的运用依旧缺乏规范性。尽管这些区分至关重要，本章文献回顾部分仍遵循了原文作者所使用的术语表述方式。展望未来研究，明确相关术语的概念界定对于强化科学政策与实践之间的联系具有十分重要的意义。

## 团队培训的目标和效能

通常而言，团队培训是指一种旨在通过传授团队高效运作所需的关键技能，用于提升团队效能的干预手段（Cannon-Bowers et al., 1995；Delise et al., 2010）。借鉴心理学和教育学领域数十年的学习研究传统，Kraiger 等（1993）提出，培训内容应围绕知识、技能、态度三个维度进行。这一分类法亦被广泛应用于团队培训领域的研究之中，具体涵盖如下内容（Cannon-Bowers et al., 1995；Salas et al., 1999；Salas et al., 2008；Klein et al., 2009；Delise et al., 2010；Shuffler et al., 2011）。

- 团队知识培训（如任务理解、共享心智模式、角色认知）；
- 团队技能培训（如协调沟通、自信果断、形势评估）；
- 团队态度培训（如团队定位、信任感、凝聚力）。[①]

针对特定团队的培训内容通常是基于对具体情境的分析来专门设计的，这样可以更加明确团队的目标与任务，并据此厘清团队所需的知识、技能和态度（Bowers et al., 2000）。

后续的研究针对团队知识、技能和态度（也称为"能力"）三个方面提出了更为具体的框架，在结合团队具体情境的同时，也能更好地帮助设计培训策略。首先，团队培训的主要内容是提升成员的任务工作能力或团队合作能力（抑或两者兼而有之）。任务工作能力培训的目标是提高完成特定任务的能力（对于科研团队而言，主要是指与研究问题相关的科学知识和技能），而团队合作能力培训的目标则是提高团队协作能力。基于Cannon-Bowers 等（1995）提出的任务工作与团队合作之间的区别，Fiore 和 Bedwell（2011）将科研团队所需的核心能力归纳为四类：①针对特定团队、特定任务的情境驱动型能力；②与特定团队紧密相关，但可跨任务应用的团队依存能力；③与特定任务紧密相关，但可跨团队应用的任务依

---

[①] 团队科学教育培训的相关研究中也将学习内容划分为以上三种类别，本章后续章节中会对此进行进一步阐述（Nash, 2008）。

存能力；④适用于各类任务与团队的通用性能力。

Cannon-Bowers 等（1995）认为，前三种类型的能力（针对某一特定任务/团队）可以通过团队的集体培训来培养，通用型能力则可以在个人受教育的过程中获得。有关研究表明，培训环境与所培训技能的实际应用环境（即工作场所）相近时，培训效果会更好。鉴于前三种类型的能力主要针对特定的任务和团队情境，Cannon-Bowers 等（1995）建议此类能力的培训可以在真实的工作环境或模拟环境中进行。与此类似，Kozlowski 等（2000）也提出，若团队成员所承担的任务具有高度相关性，则宜侧重于对整个团队进行系统性培训；反之，若任务性质相似且易于归纳总结，则适宜对团队成员实施个体化培训。

相关荟萃分析研究已经证实了团队培训在提升团队知识、技能和态度方面的有效性（Salas et al.，1999；Salas et al.，2008；Klein et al.，2009；Delise et al.，2010）。Salas 等（2008）通过分析特定团队培训对各类产出指标（情感、认知、过程和绩效）的影响后发现，团队培训对团队过程与绩效均有中等程度的积极影响，对应的影响因子（$\rho$）分别为 0.44 和 0.39。

以上结论在另一项有关团队培训的荟萃分析中也得到了证实。Delise 等（2010）研究发现，团队培训总的来说有着积极正向的作用。该研究表明，当个体有机会在实际情境中使用学到的技能时，培训可能会更有效。这一发现对于科研团队的培训尤其具有重要意义，受训人员如果可以将培训获得的技能整合应用于日常活动，便可以有效改进其认知过程（如深度知识融合），进而提升科研绩效（Salas and Lacerenza，2013）。

团建（团队建设）是另一项有助于提升团队整体绩效的干预措施（Shuffler et al.，2011）。团建的目标是改善团队合作中的人际关系，特别是增强社交中的互动性（Dyer et al.，2007）。但相关研究显示，团建效果整体上不如团队培训（Salas et al.，1999）。

## 具有前景的专业发展干预措施

Fiore 和 Bedwell（2011）在 Cannon-Bowers 等（1995）的基础上进行

了详细阐述，并提出了一个能力框架，以支持科研团队专业发展（培训）的研究（表 5-1）。

表 5-1 团队能力的类型

| 代表性团队能力 || 任务相关 ||
|---|---|---|---|
| ^ || 特定任务 | 一般任务 |
| 团队相关 | 特定团队 | 情境驱动<br>知识——团队目标与资源<br>技能——具体分析<br>态度——集体效能 | 团队依存<br>知识——团队个体特质<br>技能——提供队友指导<br>态度——团队凝聚力 |
| ^ | 一般团队 | 任务依存<br>知识——完成任务的一般程序<br>技能——问题分析<br>态度——相信技术 | 通用式<br>知识——了解团队动态<br>技能——沟通与自信<br>态度——跨学科理解 |

资料来源：Fiore and Bedwell（2011），经许可转载。

在科研团队中，情境驱动能力（context-driven competencies）指的是与特定研究项目相关的能力。这种能力可以在聚焦于项目目标、研究任务和研究方法的培训中培养。团队依存能力（team-contingent competencies）则是指与那些特定科学家或利益相关者之间的团队合作相关的能力，有助于应对团队科学中的两个特征所带来的挑战——团队成员构成的多样性和任务间的高度相互依存性。团队依存能力可以通过交叉培训来培养，在此过程中，团队成员互相学习并了解其他成员在研究或转化任务完成过程中具备的相关技能与责任。例如，麻省理工学院科赫癌症综合研究所（简称科赫研究所，Koch Institute for Integrative Cancer Research，MIT）持续提供专业化培训，帮助成员拓展其针对特定研究任务所需的具体知识，以及提升生命科学家、工程师、医生和其他相关专家之间开展团队合作所需的团队依存能力（详见方框 5-1）。任务依存能力（task-contingent competencies）是指那些与特定研究任务相关的能力，如实验流程等。适用于多种科研团队的通用型能力（transportable competencies），涵盖了相互绩效监控、提供与接受反馈、领导、管理、协调、沟通、决策等一系列技能（Salas et al.，2008）。

---

**方框 5-1　科赫研究所推动深度知识融合的专业发展**

科赫研究所的使命可以简单概括为"科学+工程=共同战胜癌症"

(http://ki.mit.edu/)。该研究所成立于2011年春，占地面积19.2万平方英尺（约1.78公顷），拥有教职工和学生约700名。其研究内容主要覆盖美国国家癌症研究所资助的系统生物学与癌症、纳米技术与癌症等跨学科研究项目。

科赫研究所的内部核心成员主要由在麻省理工学院不同部门工作的生物学家、工程师、少数兼顾临床与科研的医生学者，以及各个学科领域的学生和博士后等构成。通过相关"桥梁"项目，该研究所将相关研究人员与地区医疗中心的医生学者更多地联系起来。研究所所长泰勒·杰克斯（Tyler Jacks）表示，这些多学科的融合有时也会导致"混乱与动荡"，甚至出现"巴别塔"[①]现象。而在参与多种结构化的专业发展培训之后，研究所的成员们也开始逐渐地了解彼此。如图5-1所示，这些专业发展培训包括以下内容。

● 周五系列主题研讨会，研究生、博士后与导师一起向研究所全体成员介绍研究方法与结果。例如，其中一次研讨会的主题被风趣地命名为"层层纳米粒子的攻击：将化学药物和RNAi[②]联合输送的癌症疗法"。

● 交锋（crossfire），旨在架起生物学与工程学桥梁的教育系列活动，每周举办一次。这个深受欢迎的活动由本科生和博士生发起，通过点对点的方式授课和参加会议。

● 每月一次的讲座活动——"医生来了"（The Doctor Is In），通过医生的报告，帮助科学家和工程师更好地了解癌症。

● 工程"天才吧"（Genius Bar），由博士后研究员创办，两周一次，工程研究员就某一特定主题的问题进行解答。

● 全体人员的年度务虚会，研究所成员参与了数百场报告，以及相关海报展览活动。

从团队培训的相关资料来看（Fiore and Bedwell，2011；见表5-1），这些研讨会、讲座、讨论的目的是培养与研究所特有的研究与转化

---

① 译者注："巴别塔"，源自《圣经·旧约·创世记》，根据篇章记载，当时人类联合起来兴建希望能通往天堂的高塔；为了阻止人类的计划，上帝让人类说不同的语言，使人类相互之间不能沟通，计划因此失败，人类自此各散东西。

② RNAi（RNA interference）即RNA干涉，是近年来发现的在生物体内普遍存在的一种古老的生物学现象。

任务相关的情境驱动能力,以及了解其他研究所成员专业和角色的团队依存能力。团队培训采取了交叉培训的形式,有助于生物学家与工程师深入理解彼此在共同研究任务与目标实现中的技能、专长与职责(关于交叉培训的深入探讨详见下文)。如第三章所述,对其他团队成员专长与角色的共同理解,即"交互记忆",已被证实对提升团队效能具有积极作用。

图 5-1 科赫研究所专业发展机会的海报示例
资料来源:科赫研究所主任 Tyler Jacks 向委员会所做的报告.详见 http://www.tvworldwide.com/events/nas/130701/default.cfm,单击"Why Team Science"

本章接下来将介绍一系列有助于应对科研团队面临的协调和沟通挑战的培训策略。其中许多挑战可以通过培养团队依存能力来解决,如"角色知识",即了解团队每位成员在团队中的角色、任务、技能和知识。培养情境驱动能力,如共享"心智模式"(对目标和任务的共同理解),则有助于增强科研团队的协调能力。本章讨论了四种基于相关研究的培训策略:交叉培训、团队反思培训、知识拓展培训以及团队协调培训。

## 交叉培训

交叉培训有助于深化科研团队成员对团队内其他成员角色和能力的了解，形成共同的团队目标。交叉培训的目的是传递团队内部的"跨岗位知识"，属于共享知识的一种形式，包括对所有团队成员任务和角色的理解，对影响团队相关因素的了解，以及对团队如何应对不断变化的外部环境的共同期许（Cannon-Bowers et al.，1998；Cooke et al.，2001；Hollenbeck et al.，2004）。缺乏此类相关知识的团队通常需要面对协调和沟通问题（Volpe et al.，1996）。已有研究证实，交叉培训可以改善团队互动模式和共享心智模式，有效提升团队成员间的协调合作能力，进而提升团队效能（Marks et al.，2002）以及决策能力（McCann et al.，2000）。

交叉培训常用的三种方法有：①岗位确认（positional clarification），即直接告知成员团队中的其他岗位信息；②岗位建模（positional modeling），团队成员在被告知其他岗位信息的同时，可以进一步让他们观察或跟踪相关岗位，以获取对其岗位职责的深入了解；③岗位轮换（positional rotation），团队成员在其他岗位上同样接受实际操作培训，且在必要时可以承担相应的岗位职责（Salas et al.，2008；Klein et al.，2009；Delise et al.，2010）。与模拟团队环境下基于传统流程或规则的培训相比，岗位轮换更有助于深化团队合作知识，提高整体团队效能（Gorman et al.，2010）。

对跨学科或超学科的科研团队而言，研究人员的岗位轮换通常是不太现实的，科研团队中要想了解其他成员的工作，通常需要取得相关学科领域的高等学位。尽管如此，为增进对团队成员角色、任务和专业知识的理解，开展一些有针对性的岗位培训也是切实可行的。科赫研究所提供了许多旨在帮助工程师和生命科学家通过直接互动来了解他人角色、任务和专业知识的课程和研讨会。这种培训方式超越了第一种岗位明确方法的范畴，即外部培训人员或引导者直接告诉团队成员其他人的角色；更类似于岗位建模，即受训者通过观察或跟踪具体团队成员的行动来了解他在团队中的相应角色。例如，"工程天才吧"为生命科学家、医生或其他研究所专家提供了一个直接观察工程师并就其工作进行提问的机会。交叉培训不仅有助于团队共享心智模式（提升团队效能的团队过程之一，Marks et al.，2002）的发展，还可以帮助增强"交互记忆"，即加深个体对团队成员专业化的了解。新的混合交叉培训方法相关研究可以帮助我们了解成员在多大程度上理解其他学科的知识，才足以保障其熟练地参与团队研究。

## 团队反思培训

团队反思培训，如果可以调整并被应用于科研情境中，可能会帮助科研团队形成积极的团队过程，如团队自我调节、团队自我效能等，从而帮助解决成功道路上所涉及的工作中的复杂协调问题。Salazar 等（2012）在关于改善科学合作的方法综述中提出，加强科研团队反思有助于提升团队创造力，并促进个人成员之间的知识融合。如第三章所述，团队的生命周期可以简单概括为计划、行动和反思三个阶段。团队反思培训的目标是加强未来的团队互动，它要求成员反思之前的表现，明确哪些目标已经实现，哪些还没有实现，采用了怎样的战略或者经历了怎样的团队过程，未来应如何提升团队效能（Gurtner et al.，2007）。反思通常由团队讨论中的一系列问题引发，不需要专门的辅导员或培训师，这就使得反思培训这一形式相对简便且成本较低。Gurtner 等（2007）发现，接受反思培训的团队相比于对照组更大程度上发展了共享心智模式，进而对合作绩效产生了积极的影响。在另一项研究中，van Ginkel 等（2009）同样发现，反思培训增进了团队对任务和决策质量的共同理解。

与反思培训类似，自我矫正培训（self-correction training）指的是参与者通过反思自己过去的表现，自我诊断出需要改进的地方，从而提升个人绩效的方式。反思培训通常适用于任何环境，并且可以通过一系列问题来进行，而无需辅导员或培训师，而自我矫正培训需要更多的初始训练才能正确使用。因为自我矫正培训比反思培训更具体且更具针对性，所以它有可能为团队带来更多的好处（Gurtner et al.，2007）。引导式团队自我矫正（guided team self-correction），亦称团队维度培训（team dimensional training），是自我矫正的一种特殊形式，它源于团队合作的专家模型，且已有相关研究发现，团队自我矫正可以有效提升任务工作和团队工作绩效（Smith-Jentsch et al., 2008）。如第一章所述，这种方法目前已经被广泛推广，并且可以在各种情境下的团队任务中帮助团队成员建立共享心智模式。同时，在诸如海军潜艇训练模拟等复杂任务中，自我矫正可以有效提升效能并减少失误（Smith-Jentsch et al., 1998, 2008; Smith-Jentsch et al., 2001）。

### 知识拓展培训

科研团队由具有多样化知识背景和专业技能的个体构成，其通过知识的整合与融合，有效促进了合作绩效的提升。然而，在此过程中，亦可能遇到若干问题。相关研究指出，任务执行中心智模式的差异性、团队成员在讨论中倾向于共享信息而非个人独有信息的倾向，均可能对团队效能产生负面影响。为应对上述问题，Rentsch 等（2010）开展了一项针对知识构建的团队培训研究。该研究通过指导本科生团队参与交流活动，激发他们构建与美国海军三栖特种部队（United States Navy Sea, Air and Land Teams, SEALs）设计的团队任务相关的知识结构与组织，以及加深对团队成员各自背景知识的假设、意义、依据和解释的理解[①]。学生被鼓励利用外在的直观表现形式（例如信息板）来发布、整理和标记团队成员所拥有的与团队任务相关的知识，这不仅有助于记忆的巩固，而且能够有效地引导团队成员关注特定信息。研究结果表明，知识构建培训能够促进知识转移（即团队成员间的知识交换）、增强知识互操作性（即多个团队成员能够记忆并运用的共享知识）和认知一致性（即团队成员间认知的一致性或匹配性），从而助力团队达成更高的任务绩效（Rentsch et al., 2010）。

在后续的研究中，Rentsch 等测试了一种团队培训策略，旨在促进分布式团队的团队知识建设。作者发现相较于未经培训的团队，接受知识构建培训的团队在信息共享和知识传递方面表现得更为积极，认知一致性更高，能够为实际问题解决提供更高质量的方案。

---

① 关于个人知识背后假设和意义的公开交流也是本章后面讨论的跨学科科研团队的干预措施之一。

知识拓展培训通过优化团队的知识构建和知识共享机制，显著提升了科研团队在协作解决问题方面的能力。然而，诸如反思培训、团队发展培训等更为通用的培训策略亦能促进团队知识构建与知识共享，并在团队绩效评估阶段提供指导。

## 团队协调培训

团队协调培训是促进科研团队解决成功路上必经的复杂协调问题的有效方法。该培训旨在帮助团队根据环境变化及时调整应对措施，特别强调在高负荷、时间紧迫的工作情境中提升适应能力。团队协调培训涵盖前期规划、信息传递及预测信息需求等关键环节（Entin and Serfaty，1999）。培训主要采用案例教学法，通过具体情境分析，指导团队识别合作中的有效与无效行为，并在每次课程中穿插练习与反馈环节，旨在促进团队成员将所学知识应用于实践，并对实践中出现的问题进行及时修正。团队协调培训的核心目标在于将显性互动因素（例如信息需求）转化为隐性因素（例如主动提供未被请求的信息），从而提高团队整体的协调效率。尽管该培训主要针对高负荷、高压力的工作环境设计，但其培养的能力，如提前规划、预测信息需求等，同样适用于其他工作情境。

Gorman等（2010）还探索了一种协调训练形式，其方法在交叉训练部分中已有描述。作者探究了如何通过培训来增强团队的适应性，包括突破现有的团队协调机制，如拓宽团队协调所使用的沟通渠道。Gorman等（2010）认为，这种过程导向的培训方法可以帮助团队增强协调需求中的可变性。与接受交叉培训或程序化培训的团队相比，接受过干扰培训的团队在面对新事件时会更加适应。类似于实践中对可变性的学习研究，过程导向的培训可以帮助团队更好地概括适应性过程。通过在培训中引入协调可变性，科研团队可以学会如何适应环境的变化，并在实施过程中提升团队协调性。科研团队可能面临由研究结果（例如意料之外的结果）或资源问题（例如设备的丢失或损坏、资助减少）引起的不确定性，上述引入了可变性的协调培训方法，可以帮助团队提高对于环境变化的反应能力。

## 团队科学的新兴专业培养的干预措施

专门针对科研团队而设计的专业发展逐渐兴起，但只有少数研究关注到其对培养目标能力或提升绩效的有效性。在 NIH 的支持下，美国西北大学（Northwestern University）应用与转化科学中心开发了一个在线培训网站"TeamScience.net"。该网站设置了一系列学习模块、互动留言板以及链接资源，其目的在于提升个人在跨学科与超学科科研团队中的参与度及领导能力。依据两位专家用户（一位医学博士及一位医学图书馆员）的浏览体验，研究发现，该网站遵循成人教育教学设计原则，具备良好的导航性，并且采用引人入胜的视听材料进行课程讲授，同时提供了补充资料及外部网站的相关链接（Aronoff and Bartkowiak，2012）。然而，迄今为止，尚未有研究对该网站的学习目标及其用户学习成果进行深入探讨。

此外，NSF 资助的"工具箱"项目（Toolbox Project，http://toolbox-project.org）是一项旨在促进科研团队内部跨学科交流的培训干预措施。O'Rourke 和 Crowley（2013）开发了"工具箱"问卷来促进科学的哲学对话，并组织"工具箱"研讨会作为进行对话的具体场所。该问卷包含 34 项探索性陈述及其相应的利克特量表（Likert scales），以供受访者表达对各陈述的认同程度。这些陈述旨在探究科学的基本假设，涵盖认知方式（认识论）、价值观以及世界观等方面。参与者须在研讨会期间完成问卷填写，随后参与约 2 小时的递进式对话，并在对话结束后重新填写问卷。研讨会所收集的数据，包括音频文件以及对话前后对问卷陈述的反应，将提供给参与者以供其分析和反思。

尽管"工具箱"问卷和研讨会均基于广泛的理论和研究，旨在促进跨学科知识、技能和态度的交流，但目前尚缺乏关于参与"工具箱"研讨会是否能持续改善跨学科对话的实证研究。为了部分回答这个问题，Schnapp 等（2012）对参与过研讨会的 90 个团队或组织中的 35 名成员进行了后续调查分析。约一半的受访者作出了回应，其中 85% 的受访者表示，研讨会加深了他们对团队成员的知识、观点或科学方法的理解，而 77% 的受访者认为，研讨会对他们的专业发展产生了积极影响。该研究进一步针对健康科学领域的特定情境对问卷进行了修订，并选取了两次研讨会中的 15 名参与者进行了初步调查，其中 10 人完成了研讨会前后的问卷调查（Schnapp et al., 2012）。对比分析显示，参与者在问卷结果上有 30%～40%的变化，内容涉及动机、研究方法、方法验证、价值观和还原论等方面，这一结果表明深入的对话已经实现了鼓励参与者全面考虑其他观点的目标。

## 团队科学教育

掌握基础的科学概念、方法及视角是开展团队科学的基础。在 20 世纪 60～70 年代，健康科学教育者在尝试开设以更广泛技能为核心的跨学科课程时，课程委员会与专业协会界定了科学知识与技能的最低标准（Fiore，2008）。基于此背景，本节首先探讨 STEM［科学（science）、技术（technology）、工程（engineering）和数学（mathematics）］教育的相关议题，随后转向跨学科教育的深入分析。

### STEM 教育

从科学发展的历史脉络来看，科学教育在培养未来科学家在科研团队中进行高效知识融合与协作方面存在显著不足。传统中小学科学课程往往强调学生独立学习、听讲、阅读教材，并通过旨在评估记忆能力的考试来检验学习成果。在此过程中，学生鲜有机会学习如何进行高效协作，亦未能充分认识到科学本质上是一个创造共享知识的社会性智力的过程（National Research Council，2006，2007b）。进入本科阶段，主修科学及与 STEM 相关学科的学生的课程设置仍以讲座和简短的实验活动为主，这种教学模式往往导致学生对关键学科概念及其相互关系产生重大误解（National Research Council，2006，2012b）。

在博士研究生阶段，尽管部分学生参与了科研团队的工作，但他们往往缺乏甚至完全未接受过如何成为高效合作者的指导。学生通常对某一特定学科的主题和方法有着深入的概念性理解，并接受了该学科特有的观点、语言和证据标准（认识论）的培训。因此，他们可能会有意或无意地对其他学科存有偏见（National Academy of Sciences et al.，2005）。博士研究生教育的核心特征是鼓励学生独立开展独特、原创性的研究，因此在这一阶段，团队合作可能会面临更多的挑战（Nash，2008；Stokols，2014）。

## STEM 课堂上的协作教育

数十年来的研究揭示，通过让学生参与科学实践，如提出问题、开发和应用模型，以及参与证据的论证等，能够显著促进他们对科学概念和事实的深入理解（National Research Council，2007b）。因此，NRC K-12 科学教育框架（2012c）汲取了相关研究成果，开始在 K-12（中小学教育）以及高等教育的新发展中强化团队科学素质的培养，重视提升学生在本学科及跨学科领域的知识与协作能力。尽管学生在参与这些科学实践活动中通常以小组形式进行，但现行的教学方法并未明确阐述如何将协作技能的培养与 STEM 相关概念和技能进行整合。

在高等教育领域，协作学习活动也正在经受考验。研究指出，学生在合作解决问题、反思实验室研究以及讨论概念和问题的过程中，其对 STEM 课程的学习成效能够得到显著提升（National Research Council，2012b）。尽管如此，这些教学方法并未在高校教师中得到广泛应用。与中小学阶段相似，教师们主要聚焦于学生对 STEM 知识内容和技能的掌握，很少关注协作技能的培养。

Gabelica 和 Fiore（2013a）对 STEM 高等教育领域中三种小组学习策略进行了研究，包括基于问题的学习、基于团队的学习以及工作室学习。这些策略均以教师提出真实问题或执行任务为起点，学生以小组形式进行探讨，旨在理解问题本质，搜集必要信息，并制订相应的解决方案。研究表明，在特定条件下，上述三种学习方法均能有效加强学生对 STEM 领域相关概念与技能的掌握（Gijbels et al.，2005；Strobel and van Barneveld，2009）。此外，一些基于团队学习的研究还指出，学生在人际交往和团队协作能力方面的技能亦有所提高（Hunt et al.，2003）。然而，对这些技能的评估往往受到限制，部分原因在于，学生对于评价同伴在团队工作中的贡献持有保留态度（Thompson et al.，2007）。

Gabelica 和 Fiore（2013b）提出了一种解决该问题的策略，建议干预措施的开发者应将小组研究的观察结果融入团队管理之中。通过这种方式，可以利用人际交往技能的自我评估（Kantrowitz，2005）以及基于行为导向评分表的自我与同事对团队贡献的评价（Ohland et al.，2012），对学生的团队协作技能进行评估。

Borrego 等（2013）亦提出，小组学习干预措施的开发者可借鉴团队研究的成果。在一项分阶段研究中，首先，研究人员回顾了 104 篇描述工程学和计算机科学学生团队合作项目的论文，研究揭示，教师期望通过布置团队项目作业实现多重学习目标，包括团队合作、沟通技巧、学习能力、可持续性、职业道德等。学生团队在团队过程中遇到挑战时（如冲突），教师会及时尝试帮助解决，但他们却并未意识到可以使用组织文献中的相关方法来系统阐明他们面临的挑战。其次，Borrego 等（2013）回顾了与学生团队研究中被认为重要的五个团队过程相关的组织文献，阐明了这一过程如何影响学生团队的成功，并在此基础上提出了针对工程教育的团队效能理论。Stevens 和 Campion（1994）的研究则明确了高效团队合作所需的个人通用能力，在 STEM 协作教育中具有重要的应用价值。作者不仅阐述了团队协作能力，还开发并验证了"团队合作测试"（teamwork test）（Stevens and Campion，1999）来量化相关能力。

总之，迄今为止的研究表明，经过精心设计的教育干预措施，如让学生参与小组调研、讨论和解决问题的活动，对 STEM 学习具有积极的促进作用。然而，目前尚缺乏针对此类小组活动在培养学习团队合作技能方面的有效性的研究。如果将组织科学中的相关概念和方法与 STEM 教育相结合，可以在一定程度上弥补这一缺陷。

## 跨学科和超学科高等教育

Stokols（2014）观察到，科研团队普遍采用在线资源或提供专门培训的方式以解决跨学科或超学科研究过程中出现的沟通与协调难题。基于对美国悠久跨学科教育历史的审视以及对近期团队科学课程和项目的反思，作者提出，必须实施长期教育策略，以培养能够应对跨学科或超学科合作研究中复杂科学和社会挑战的学者。

自20世纪60年代起，健康科学领域开始实施跨学科项目（Lavin et al.，2001），研究人员随即面临了在现有教育体系下沟通与团队协作能力的挑战（Hohle et al.，1969）。这一现象催生了跨学科实习及相应奖学金项目的出现，旨在培养学生跨学科交流的能力（Lupella，1972），同时进一步凸显了在团队环境中培养协作技能研究与培训的紧迫性（Jacobson，1974）。尽管跨学科教育在过去数十年间有所进展，但关于如何促进协作与团队合作技能发展的理论知识仍相对停滞（Fiore，2008）。尽管跨学科教育在过去数十年间持续发展，但针对团队协作技能的研究进展仍然缓慢（Fiore，2008）。

跨学科教育在过去40年间经历了迅猛的发展（Lattuca et al.，2013）。1975~2000年，美国高校中跨学科专业数量激增250%，而同期学生入学率仅增长了18%。然而，高校机构在制定相关政策和措施以促进跨学科教育发展方面却进展缓慢。Klein（1996）呼吁高校应支持教师在跨学科教学领域的专业发展，并保护教师免受单一学科规范的限制，如在职位评审过程中，避免对教师从事跨学科工作不予认可甚至受到惩罚。作者认为，为团队协作和跨学科培训提供适当的指导与实践机会，将有助于形成新的跨学科规范。Klein（2010）进一步指出，为了维系跨学科教育的持续发展，相关教育机构必须从本质上提供配合与支持，并将其融入大学的文化建设之中。

## 定义团队科学的能力

在跨学科与超学科教育领域，旨在促进学生团队科学能力发展的教学实践中，一个核心议题是学习目标在概念上的界定不够明确。众多学者建议将多样化的团队科学能力纳入跨学科教育的关键学习目标范畴，该方面的内容将在下文进行详细探讨，相关能力的具体内容已在表5-2中进行汇总。此外，另一个重要问题在于，目前针对学习成果的评估研究相对匮乏，这主要是因为该类研究在很大程度上依赖于调查、访谈及档案分析等方法。

表 5-2　高效参与团队科学所需的能力

| | 能力 | 示例 | 参考文献 |
|---|---|---|---|
| 价值观、态度和与其他信仰相关的能力 | 重视跨学科合作 | 对他人整合不同学科知识的态度<br>认为跨学科合作是必需的且会带来好的结果 | Nash 等（2003）；Klein 等（2006）；Nash（2008）；Fiore（2013）；Stokols（2014）；Vogel 等（2014）|
| | 社会和全球性视角 | 认为复杂问题应从更广泛、多维的角度来处理 | Borrego 和 Newsander（2010）；Stokols（2014）|
| | 合作意向 | 包容多元观点的价值观 | Klein 等（2006）；Hall 等（2008）；Fiore（2013）；Stokols（2014）|
| 基于知识的能力 | 了解其他学科 | 了解其他学科的核心理论与方法 | Nash 等（2003）；Nash（2008）|
| | 学科意识与交流 | 了解从事学科的基本假设，积极与其他学科同事交流<br>跨学科思考和整合不同概念与理论的技能和知识 | Schnapp 等（2012）；Holt（2013）；Lattuca 等（2013）；Stokols（2014）|
| | 整合过程与统筹能力 | 制定共同的跨学科发展愿景，根据个体特质分配工作 | Marks 等（2002）；Borrego 和 Newsander（2010）；Salazar 等（2012）；Holt（2013）|
| | 学科基础 | 在一个或多个学科中有深厚的知识基础 | Borrego 和 Newsander（2010）|
| 基于技能人际关系的能力 | 跨学科科学技能 | 能够运用多个学科的理论和方法 | Gebbie 等（2007）；Vogel 等（2012）|
| | 方法论 | 采用多元化方法 | Nash 等（2003）；Nash（2008）|
| | 团队合作与任务 | 掌握有助于团队工作与任务执行的资源和战略 | McCann 等（2000）；Salas 等（2008）；Smith-Jentsch 等（2008）；van Ginkel 等（2009）；Borrego 和 Newsander（2010）；Gorman 等（2010）；Holt（2013）|
| | 跨学科研究管理 | 培养有助于增强团队结构与活力的团队技能 | Holt（2013）|
| | 领导力 | 善于沟通、冲突管理、信任队友 | Bennett 和 Gadlin（2012）；Holt（2013）；Ekmekci 等（2014）|
| | 成就 | 在跨学科会议上展示研究成果，与其他学科成员合作制订研究计划 | Holt（2013）|
| | 跨学科交流 | 积极倾听、良好的口头和书面表达、自信沟通<br>定期与其他学科的学者交流 | Klein 等（2006）；Gebbie 等（2007）；Borrego 和 Newsander（2010）；Fiore（2013）|
| | 与他人互动 | 吸引其他学科同事加入 | Gebbie 等（2007）；Vogel 等（2014）|
| | 协调 | 灵活有效地应对环境和团队内部挑战的能力 | Entin 和 Serfaty（1999）；Klein 等（2006）；Gorman 等（2010）；Fiore（2013）|
| | 跨学科技能 | 从其他学科视角思考与解决问题的能力 | Lattuca 等（2013）|

续表

| | 能力 | 示例 | 参考文献 |
|---|---|---|---|
| 基于个人的能力 | 超学科行为 | 支持观点整合，鼓励与本学科外成员合作 | Stokols（2014） |
| | 智力与自我意识 | 求知欲强，对个人在跨学科研究中的优势和不足有清晰认知 | Hall 等（2008）；Holt（2013） |
| | 反思行为 | 能够认识到何时需要改变总体思路或解决某一问题的具体方法 | Lattuca 等（2013）；Stokols（2014） |
| | 批判性思维 | 在协作情境中，对自己可能存在的学科偏见有批判性认识 | Borrego 和 Newsander（2010）；Hall 等（2012a）；Vogel 等（2014） |

基于 Stokols 等（2003）所构建的理论框架，Nash 等（2003）进一步界定了跨学科研究学者所需具备的三大核心能力：①态度；②知识；③技能。作者认为，上述能力均可通过研究生教育体系进行培育。具体而言，可采取联合本学科与跨学科教师共同设计课程、组织研讨会及工作坊，实施多学科导师的协同指导研究，通过期刊俱乐部等平台促进跨学科学员间的小组合作，以及营造开放的跨学科机构文化等措施。

在综合多位专家意见的基础上，Holt（2013）构建了一份团队科学情境下与卓越绩效相关的能力清单，并建议通过跨学科课程、研讨会以及团队研究项目的方式，在研究生教育中培养这些能力。Borrego 和 Newsander（2010）在 NSF 研究生综合教育和研究培训计划（Integrative Graduate Education and Research Traineeship Program，IGERT）中进行了一项旨在推动跨学科团队科学论者培训的研究，该研究将 130 个成功获得资助的提案中所阐述的学习成果进行了分类，并将之归纳为以下几组。

● 学科基础：尽管获得资助的项目从定义上来说是跨学科的，但 50% 的提案认为，研究生可以从项目中获得某一学科的基础知识。

● 团队合作：41% 的提案提到最明确的成果是在团队中营造一种团队合作的文化氛围。

● 知识融合：30% 的提案提出他们的研究生培养将鼓励学生融合其他相关学科的概念。

● 社会和全球性视角：24% 的提案指出要鼓励学生思考社会和全球性问题。

● 跨学科交流：24%的提案提出要强调跨学科交流的重要性。

Borrego 和 Newsander（2010）研究发现，科学家、工程师以及人文学者在"融合"概念认识上的差异性。具体而言，科学家与工程师倾向于将"团队合作"视为"融合"的核心要素，而人文学者则强调"批判性思维"的重要性。作者认为，对学科差异性及其局限性的批判性反思构成了处理跨学科复杂问题的独特优势。因此，科学家与工程师亦应将批判性思维纳入跨学科教育的核心目标之中。

工程系学生通常被分配到跨学科团队中参与工作，Lattuca 等（2013）构建了一套工程学跨学科能力自我评估工具，该工具由三个量表构成：跨学科技能量表、反思行为量表以及学科认识量表。特别指出的是，这些量表并未涵盖团队协作或人际交往技能的评估维度。Lattuca 等（2013）亦强调，这些量表尚处于初步开发阶段，其结构效度（即量表与目标能力之间的关联性）仍需进一步验证。他们指出，目前尚缺乏直接衡量跨学科知识与技能的标准化指标。

Gebbie 等（2007）明确了健康领域跨学科研究需要具备的能力。作者通过德尔菲法从几组跨学科研究和教育领域的专家中获取了信息，据此总结出 17 条陈述，揭示了训练有素的科研人员在参与跨学科研究时应该具备的能力。这些陈述大致可分为三类：研究能力、沟通能力、与他人互动能力。

如上所述，Cannon-Bowers 等（1995）认为应将"团队通用能力"作为教育的重点，以培养可以应用于不同任务和团队的能力。以此为基础，进一步借鉴 Klein 等（2006）提出的人际交往技能框架，Fiore（2013）提出了团队科学的通用人际交往能力框架，该框架涵盖了积极倾听、口头书面交流、关系管理、合作协调、跨学科认可和合作导向等一系列有助于促进高效科学合作的方式。同时，作者建议将这些能力整合为跨学科教育的学习目标，从而促进团队科学的发展。

Stokols（2014）对跨学科团队科学所必需的广泛智力取向进行了概念化，涵盖价值观、态度、信念、技能与知识、行为等多个维度（表 5-2）。Stokols（2014）以及 Misra 等（2011a）均强调了导师在研究生教育中的关键作用，导师的鼓励能够促进学生广泛地获取并整合理论知识，这对于学生掌握跨学科工作所需的基本技能与态度至关重要。Stokols（2014）亦指出，当学生在校接受培训时，若能参与解决现实世界问题的团队科学研究活动，将有助于他们有效规避传统学术部门中普遍存在的学科本位主义（disciplinary chauvinism）和民族中心主义（ethnocentrism）所引发的概念偏见。

综上所述，诸多学者针对团队科学发展的多种能力及其教育策略提出了各自的见解，其中不乏观点上的交集。然而，迄今为止，尚无研究确立一套普遍认可的能力体系，并将之作为教育或专业发展课程设计的统一目标。

## 团队科学教育干预措施的相关研究

关于旨在针对团队科学培养人才的相关教育策略的实证分析还比较少。教育策略形式多样，既涵盖在特定学校内部开展的项目，也包括由政府资助的更为宏观的教育项目。此外，目前尚缺乏探讨通过团队科学教育所培养的能力如何促进科研团队效能的提升方面的研究。

### 团队科学的研究生教育

加州大学欧文分校社会生态学院特设博士生研讨会，旨在促进学生对更广泛学科知识的接触。为评估该研讨会的实际效用与影响，Mitrany 和 Stokols（2005）对该校博士论文进行了内容分析研究。研究结果表明，论文中呈现出显著的跨学科特征，这主要体现在由多学科背景教师组成的指导委员会、研究主题的跨学科性质、概念框架的综合运用以及分析方法的跨学科融合等方面。

Carney 和 Neishi（2010）通过对比参与 IGERT 项目的毕业生与未参与该项目的相似学术背景毕业生，对 IGERT 项目进行了评估。结果显示，相较于未参与 IGERT 项目的毕业生，参与该项目的毕业生在研究论文中融合了至少两个学科知识的比例更高，并且在较短的时间内完成了博士学位的获取（得益于项目提供的资金支持）。与 Nash（2008）等学者先前提出的跨学科博士生可能在以学科专业化为特征的就业市场中遭遇挑战的观点相悖，参与 IGERT 项目的毕业生认为，他们所接受的跨学科研究培训以及项目提供的专业网络，使他们在就业市场上具备了更强的竞争优势。与未参与 IGERT 项目的毕业生相比，他们获取首份工作的难度更小，并且在职业发展中，他们更有可能从事需要融合两个或以上学科知识的研究工作或讲授相关的跨学科课程。

在另一项关于 IGERT 项目的研究中，Borrego 等（2014）尝试通过采访少数机构的教师和管理人员来评估培训对主办大学和受训者的长期影响。受访者表示，他们成功地克服了跨学科博士生培养过程中所面临的若干阻碍。例如，通过调整导师选拔的资格标准，来自不同院系的教师均能担任该项目的博士生导师；此外，部分部门调整了相关政策，对在本学科外提供咨询的教师给予奖励；一些机构亦放宽了奖学金的申请条件，使得跨学科项目的学生亦能参与竞争相关奖项。此外，众多研究项目还开设了跨学科课程或组织相关研讨会，并要求学生参与团队研究，参加不同学科的实验课程。

美国国家癌症研究所关于"能量与癌症的超学科研究"（Transdisciplinary Research on Energetics and CancerⅠ，TRECⅠ）项目旨在培养研究生具备三种能力（Vogel et al., 2012）。

● 科学能力，涵盖两个或以上学科的教育背景，以及跨学科方法整合应用的能力；

● 个人能力，包括对跨学科方法的积极态度、价值观和信念，以及对不同学科相对优势和局限的批判性认识（即跨学科倾向）；

● 跨学科协作与沟通的人际交往能力，如运用类比、隐喻和通俗语言替代学科专业术语的能力，以及持续学习的意愿。

四个 TREC 研究中心开展了各种培训活动来帮助成员培养这些能力，包括跨学科研究课程、期刊俱乐部以及有助于提升协作撰写与研究能力的写作交流会等。许多中心还提供了共同指导和多学科指导帮助受训者接触不同学科观点，并成立专门的跨中心工作小组组织开展其他多样化的培训活动。

四个 TREC 研究中心积极开展了系列培训活动来培养成员的跨学科研究能力。这些活动包括跨学科研究课程、期刊俱乐部以及旨在提升协作撰写与研究能力的写作交流会等。此外，诸多中心还提供了共同指导和多学科指导帮助受训者接触不同学科观点，并成立专门的跨中心工作小组以组织开展其他多样化培训活动。

多导师制在培养上述三类能力方面发挥关键性作用。该制度允许学生从多位导师处学习到各自专业领域的概念、理论和方法论，从而促进学生在跨学科研究领域内的人际交往技能的提升，并为学生的职业生涯发展提供必要的指导与支持（例如，导师可为学生提供学术交流的机会并给予具体指导）。此外，多导师制亦能为学生提供社会支持并树立积极的榜样。然而，由于各 TREC 中心都可以自主制订培训计划，导致多导师制尚未得到广泛实施。研究显示，仅有约 60%的学员能够享受到两位或以上导师的指导。

经过对上述培训活动的深入分析后发现，参与者的跨学科工作态度、跨学科工作能力以及科学技能等三个维度的能力均在培训过程中得到了显著提升。更为关键的是，受训者的学术产出亦呈现出增长态势，具体表现为论文和报告的撰写次数增加以及合作者数量的增加。此外，多学科指导的经历与参与者展现出的跨学科倾向性增强以及对研究中心的积极态度之间存在一定的正相关关系（Vogel et al.，2012）。

团队科学的本科生教育

在团队科学领域，针对本科生参与跨学科项目的目标与成效的研究相对稀缺。以加利福尼亚大学欧文分校实施的一项跨学科暑期研究实习项目为例，该项目旨在增强学生对多元知识与方法整合的能力。Misra 等（2009）通过研究一组参与者的课程策略（包括参与团队项目、研究或期刊俱乐部会议）、跨学科过程（涉及学生在团队项目中的实际参与）以及学生成果（完成的项目、撰写的论文和课程成绩），揭示了项目结束后，参与者对跨学科研究持有更为积极的态度，并且更频繁地参与此类研究活动。相较于参与未包含跨学科培训项目的另一组学生，两组在成果产出上未见显著差异，然而，参与该项目的成员在跨学科合作研究中的参与度显著提高。此外，这些变化与项目是否注重团队合作密切相关。

Borrego 和 Newsander（2010）认为，在自然科学与工程领域的跨学科合作中，批判性思维扮演着至关重要的角色。基于此理论框架，Lattuca 等（2013）重点关注了批判性思维能力，并通过长期追踪研究约 200 名学生，比较了仅接受传统学科课程教育的学生与参与跨学科课程的学生在批判性思维、认知需求及学习态度三个维度上的差异。然而，可能由于项目专业或课程结构方面的潜在问题，这两组学生在上述能力方面并未表现出显著差别。

## 团队科学中的指导效用

尽管上述研究普遍认同指导在团队科学跨学科教育中发挥重要作用，但目前仅有少数项目专注于指导议题。NIH 特别设立了"女性健康跨学科研究职业发展规划"项目，旨在为有志于推动女性健康研究的青年教师构建专门的指导团队，提供科学与职业发展多维度的指导。Nagel 等（2013）的研究成果显示，参与该项目的多数学者在培训结束后均提交了竞争性资助申请，其中约半数学者成功获得了资助（Nagel et al.，2013）。

2010 年，NSF 通过了一项新政策，要求在博士后研究员的基金项目申请中必须包含具体的指导计划。出台这一政策的部分原因是为了推进 NSF 的两大核心战略的顺利实施，即促进教育与研究融合、加大科学领域中弱势团体和机构的参与力度。计划书中必须描述具体的指导活动，如职业咨询、项目申请与论文发表等方面的培训，以及"关于如何与来自不同背景和学科领域的研究人员开展高效合作的指导"（National Science Foundation，2014b）。尽管最近的报告具有轶事性质，但 NSF 的项目评审人员可能会更加重视这一要求（Flaherty，2014）。

然而，当前学生与学者普遍面临指导不足的问题，特别是跨学科指导方面。Friesenhahn 和 Beaudry（2014）在针对"全球年轻科学家状况"的调查中的发现，指导缺失是年轻科学家面临的职业障碍之一。调查结果揭示，年轻科学家并没有被明确教导如何培训和指导学生与博士后研究员，但他们有望通过经验进行学习。

## 应对团队科学面临的七大挑战性特征

本节主要聚焦以上研究如何帮助指导科研团队的专业发展、培训或教育，以应对团队科学面临的挑战的关键特征，从而解决沟通和协调方面的问题。

### 成员构成的多样性

团队成员构成的多样性所带来的沟通与人际互动方面的挑战，可通过实施交叉培训及针对团队特定能力的培训项目予以应对。此类培训项目有助于增进团队成员对彼此背景知识与角色的理解。同时，通过举办跨学科教育研讨会，如科赫研究所所组织的活动，或采用文中提及的"工具箱"项目等结构化培训干预措施，可促进团队成员与不同学科学者的交流。此外，科研团队的专业发展或教育亦可着重于培养"积极倾听"等关键人际交往技能，以确保团队成员能够充分理解并吸纳来自不同学科的意见。

### 知识的高度融合性

如第一章所述，追求深度知识融合，突破个体目标、克服假设及语言障碍的科研团队与组织，常常遇到沟通与协调方面的难题。致力于组织每位成员对知识的共同理解的专业发展活动，如交叉培训、共同知识培训、协调培训等，对于团队应对这些挑战具有积极作用。旨在揭示各学科间更广泛联系（包括概念与方法层面）的教育或专业发展活动，亦能有效促进知识融合。

### 团队规模的扩张化

尽管通过提升团队成员的共通知识与技能水平对于应对大规模团队所面临的沟通与协调难题具有积极作用，但此类培训方式存在一定的局限性。例如，交叉培训主要关注于岗位职责的明确性（即对其他成员角色的认知），而非深入掌握其他成员的知识、技能及任务细节。这种现象的产生，一方面源于团队成员数量众多，另一方面则是因为在实际操作中难以迅速深化对陌生学科知识的理解。鉴于此，大型组织的领导者应当考虑聘请专业的培训专家，以协助确定实现团队整体协调所必需的"跨岗位知识"的数量。

## 团队间目标的异质性

团队间目标不一致可能部分是由于团队成员缺乏对共同目标的认识，部分是由于超出团队培训范围的组织因素。团队培训及专业发展活动对于增进团队成员对共同目标的理解，以及不同子团队目标与共同目标之间的关联性具有积极作用。此外，通过反思性培训这一策略，团队能够对过往表现进行回顾，从而识别出与其他子团队目标一致或不一致的时刻，以及这些时刻如何影响团队间的互动与表现。小组活动中的教育干预措施，如基于问题的学习和团队学习，亦可融入"目标对齐"概念，以指导学员学习如何处理不同团队间频繁出现的目标冲突。

## 团队边界的可渗透性

团队边界的渗透性产生了对情境驱动、团队依存、任务依存、通用式能力的需求，如表5-1所示。在情境需求方面，新加入项目的团队成员必须接受关于该项目科学与转化目标的培训。从任务视角来看，新成员必须接受特定研究或分析方法培训以完成具体研究任务；从团队角度来看，成员流动会造成团队特定知识的缺失，因为新成员可能不了解其他团队成员的专业知识和角色。当然，这一问题可以通过交叉培训或知识发展培训来解决。

## 地域分布的分散性

地域分散的团队成员需通过培训来增进对彼此专业知识、角色以及情境驱动和团队依赖能力的认识。交叉培训或知识发展培训可能有助于深化这种认识，进而促进团队协调。然而，由于地域分布的分散性可能妨碍获得这种认识，因此，专注于提升团队凝聚力或团队自我效能的培训亦可能具有积极效果。此外，反思性训练亦可作为一种工具，用于辨识地理邻近性在特定情境下可能引发的问题。

### 任务间的高度相互依存性

科研团队内部的任务间的高度相互依存性增加了对情境特定知识和团队特定知识的需求。部分专业知识（例如统计分析）可能仅由一个或多个团队成员所掌握，因此，对团队成员专业知识的了解能够有效促进团队协调，从而提升团队效能（Kozlowski and Ilgen，2006）。为了培养特定情境下的能力，培训应聚焦于特定任务的知识和技能。团队特定知识则可以通过反思培训来获得。这两种培训策略均有助于团队成员在实现项目科学或转化目标的过程中进行深度知识融合。

## 总结、结论与建议

在科研领域之外的多样化情境中，团队研究已被广泛运用于培训策略的制定，并被证实有助于优化团队流程及提升团队效能。基于相关研究的培训策略，能够协助团队应对成员构成的多样性、团队规模的扩张化、任务间的高度相互依存性以及其他团队科学特征所带来的挑战。这些策略在增强科研团队的沟通、协调和知识融合能力方面，展现出重要的应用前景。转化并应用这些策略，以建立科研团队的专业发展项目，有助于提升团队效能。团队科学的专业发展项目正逐步兴起，这些项目将从在非科研情境下已被证实能提升团队效能的策略转化与应用中获益。

结论：科研领域外不同情境下的研究表明，几种类型的团队专业培训干预措施（例如，旨在强化个人知识共享和促进问题解决的知识拓展培训）有助于优化团队过程和提升团队效能。

建议2：团队培训相关研究者、高校和科研团队的领导者应协同合作，共同推进其他情境下可以提升团队效能的培训策略的转化、应用与评估，为科研团队创造更多的专业发展机会。

TeamSTEPPS项目采纳了团队科学论委员会建议的有助于改善科研团队培训和绩效的相关方法，该项目将航空领域中提升团队效能的研究成果转化为适用于提高健康医疗绩效的团队培训实践。TeamSTEPPS项目是针对医学研究所（Institute of Medicine，1999）发布的报告《人孰无病：建立更安全的医疗体系》（To Err Is Human：Building a Safer Healthcare System）所提出的建议而开发的。该报告指出，需要增强医疗环境中的团队效能，以减少医疗错误并提升医疗质量。Alonso等（2006）指出，该项目的发起者对过去20余年关于团队和团队效能的研究进行了回顾，明确了高效团队合作所需的关键能力，并将其应用于健康医疗领域。这些关键能力被进一步构建为培训团队技能的框架，相应的培训策略被制定出来以强化这些技能。

研究表明，对既有团队成员进行培训能够提升团队效能。然而，针对未来团队科学发展而设计的教育项目，由于其发展较晚，目前尚未经过系统评估。未来研究亟待对团队科学研究所需能力进行界定，并开发相应的评估方法；同时，明确学习目标以增强学习成效。目前，尚缺乏关于哪些教育活动在培养特定能力方面最为有效，以及这些能力是否以及在何种程度上能够促进科研团队效能提升的实证性评估。

结论：高校正积极推广跨学科课程，旨在培养学生在团队科学领域的相关能力。然而，关于此类课程对学生能力提升程度的实证研究相对匮乏。迄今为止，尚无研究明确指出，通过这些课程所获得的能力是否有助于提升科研团队的效能。

# 第六章 团队科学的领导

本章节首先对领导的概念及其与管理的区别进行了探讨，随后对非科研领域的团队与组织领导文献进行了系统梳理。通过对现有领导理论、领导模型以及领导行为的深入分析与总结，本章节辨识了与科研团队相关的、在其他研究中已被证实能够提升团队与组织效能的策略。继而，在对科研团队领导相关研究进行归纳总结的基础上，进一步探讨了科研团队领导者提升专业领导力的途径，并基于现有研究的结论，讨论了如何运用领导策略来应对第一章中提出的由团队科学的七大特征所引发的挑战。在得出本章节的结论之后，亦对未来科研团队与组织领导力的提升提出了意见与建议。

## ◉ 领导与管理的定义

本节将重点探讨不同管理方法与领导风格对科研团队效能的影响。当前研究已从多个维度对管理与领导的区别进行了界定。例如，Kotter（2001）提出，领导与管理是"两个具有独特特征且相互补充的行为系统"，领导的主要职能在于设定方向、协调人员、激发和鼓舞员工，而管理的核心职能则在于制订具体工作计划、合理分配资源、制订组织结构与人员配置方案、监督成果，并在必要时制定解决问题的策略。然而，Drath 等（2008）指出，领导与管理的职能并非完全独立："人员协调通常是通过组织结构调整来实现的，团队工作的许多方面经常被视为管理的范畴，如建立计划、预算、监督控制、绩效管理和奖励制度。"因此，严格区分领导与管理存在一定的困难，本节亦不打算将二者职能完全割裂。因此，尽管本章主要聚焦于领导，但在讨论的研究中也会涵盖管理的某些方面（基于相关学者的定义）。关于科研团队的组织管理将在第八章中进行深入探讨。

半个多世纪以来，领导力研究主要聚焦于领导个体、领导团队以及领导组织机构之间的差异性和复杂性。部分领导者天生具备引导追随者的技能与能力，而大多数领导者则需通过后天教育与实践积累相关经验。大型组织的领导者未必能成功领导小型团队；一些领导者天赋异禀，在人群中具有显著的吸引力，而另一些领导者则擅长通过一对一的交流方式获得追随者的信任与尊重。简而言之，领导力并非个体所拥有或缺乏的单一属性，亦不存在一种适用于所有情境的领导风格。相反，领导力是多维度的，涵盖了不同领导者所展现的多样化领导方式以及不同情境下的领导风格。领导者对待团队或组织成员的方式可能会因团队任务和目标的性质以及团队的构成而有所差异。在某些情境下，需要采取指令性的、任务导向型领导方式，而在其他情境下，领导者亦需努力支持团队成员的想法和创新，鼓励成员发现问题，并提出解决方案。

本节旨在对现有文献中所关注的领导领域进行综合性的梳理与分析，涵盖具体的领导者行为、领导者与追随者之间的互动关系，以及特定情境下影响领导者效能的权变因素等方面。

一般领导理论及其相关研究对团队领导这一新兴领域具有重要的借鉴意义，但需要说明的是，领导效能的衡量与评估存在一定的困难；在现有研究中，衡量领导效能的常用标准是下属对领导效能的评价，而非直接对团队效能进行评估。尽管如此，基于大量文献的荟萃分析结果仍然揭示了领导在提升团队效能方面的重要作用与价值（Kozlowski and Ilgen，2006）。本节主要回顾了不同类型的领导方式对领导产生影响的相关研究，这些类型包括行为型、关系型、变革型、交易型、权变型与情境型等，重点强调了情境型领导。每种类型都要求领导者采取不同的行为（有一种情况，即关系型领导也强调追随者的行为），但它们并不一定互相排斥，并且一个领导者可以采取多种行为。

## 行为型领导

在 20 世纪 50 年代,美国俄亥俄州立大学进行了一项具有深远影响的研究,该研究揭示了行为型领导的两个总体特性:关怀(consideration)(即鼓励性、以人为本的领导方式)和引导(initiating structure)(即指令性、任务导向的领导方式)(Day and Zaccaro,2007)。研究结果表明,这两个特性与团队绩效之间存在显著的相关性,从而证实了行为方法在团队领导领域的适用性(Judge et al.,2004)。行为型领导理论的一个显著优势在于其关注点在于可观察到的领导者行为,而非领导者个人特质,这使得该理论的诸多核心要素能够与其他领导理论相结合,特别是下文将要探讨的变革型领导(Bass and Riggio,2006)。

## 关系型领导

关系型领导,即领导者-成员交换理论(leader-member exchange theory,LMX),阐述了领导与追随者或下属之间的二元关系。研究表明,与领导者维持高质量互动的下属,往往能够享受到更为积极的工作氛围,并取得更为丰硕的工作成果(Gerstner and Day,1997;Erdogan and Bauer,2010;Wu et al.,2010)。基于该观点,团队领导者在塑造团队成员对工作环境和团队关系的感知方面显得尤为重要(Kozlowski and Doherty,1989;Hofmann et al.,2003)。

## 变革型领导

变革型领导是过去 10 年最为主流的领导范式之一,它侧重于阐述引导追随者为实现更大的集体利益而放弃个人利益的领导风格或行为(Kozlowski and Ilgen,2006;Day and Antonakis,2012)。变革型领导主要包括魅力、感召力、智能激发和个性化关怀四个行为方面。

尽管变革型领导与团队紧密相关,但目前大多数研究主要集中在个体层面,探讨变革型领导者如何影响追随者及其成果产出①,而对变革型领

---

① 领导者的影响作用发挥必须建立在追随者服从的基础上(Uhl-Bien and Pillai,2007)。关于追随理论及追随者的相关研究讨论可以参考 Uhl-Bien 等(2014)。

导在团队层面整体成果产出的影响关注得较少。在为数不多的针对团队的研究中，Lim 和 Ployhart（2004）发现，在最佳绩效情境下，变革型领导与绩效的相关性较常规绩效情境更强，这进一步证实了变革型领导有助于增强下属的工作动机和提升工作积极性的观点。也有研究将变革型领导与团队集体特质以及团队效能或盈利能力联系起来（Hofmann and Jones，2005）。Chen 等（2013）进行的一项与科研团队直接相关的研究表明，变革型领导对创新团队的效能具有多层次，甚至跨层次的影响效果。在另一项类似的研究中，Schaubroeck 等（2012）发现，上级领导通常通过自身的示范作用、塑造团队文化等不同方式来影响下级领导和团队。

## 交易型领导

交易型领导（Bass，1985）指的是领导者与下属建立协商互惠互利交换关系而实行的领导行为。该理论具体涵盖了以下几个方面：权变奖励的实施（明确预期奖励与产出之间的关联）、主动例外管理（即领导者主动监控并及时纠正下属的行为）以及被动例外管理（在问题出现后采取的应对管理）。

## 权变型与情境型领导

权变理论强调将领导者行为与特定情境相结合，以最大化产出与提升领导效能。该理论所强调的"情境"与执行复杂任务的科研团队等组织紧密相关（Dust and Zeigert，2012；Hoch and Duleborhn，2013）。尽管权变理论已不再是当前研究的焦点，但其后续发展的情境理论与之有着密切的联系。顾名思义，情境理论更侧重于情境视角，强调在特定情境下，通过综合运用多种方法来满足领导需求（Hannah et al.，2009；Simonton，2013；Hannah and Parry，2014）。例如，在特定团队的情境中，可能需要共享领导，即领导者与团队成员共享领导角色、职能和行为。共享领导模式可以在工作开始时正式确立，也可以在活动过程中自然形成（Mann，1959；Judge et al.，2002）。领导的出现，一方面体现在个人在多大程度上被群体中的其他人视为领导者（Lord et al.，1986；Hogan et al.，1994；

Judge et al., 2002), 另一方面也体现在个人对他人施加影响的程度 (Hollander, 1964)。

情境型领导不能被单纯地视为等级式领导或共享式领导。相反，研究表明，将等级式领导与共享式领导相结合的团队在提升团队效能方面表现出色（Pearce and Sims, 2002; Pearce, 2004; Ensley et al., 2006）。如何更好地将传统的等级式领导与参与性、共享性或其他新兴领导方式相结合，对于科研团队的有效领导至关重要。例如，Hackett（2005）基于广泛且深入的访谈发现，顶尖研究型大学中知名微生物实验室的主任通常会运用指令式、等级式的领导方式，同时也注重共享式、参与式的领导方式。此外，在项目不同阶段或不同时期所需的专业知识发生变化时，科研团队领导层如何更好地适应这些变化，并以最适宜的方式应对，同样十分重要。

## 团队领导的研究梳理

上文讨论的一般领导理论为提升团队效能提供了有益但相对间接的启示（Kozlowski and Ilgen, 2006）。部分原因是一般领导理论着眼于一系列广泛适用于各种情境、任务和团队的领导行为，而忽略了特定团队任务执行过程中的独特性，以及团队成员在发展、融合和同步其知识、技能与努力，以实现团队协同作用的动态过程（Kozlowski et al., 2009）。

### 领导与主要团队过程

如第三章所述，团队过程与团队效能之间的关联性已得到证实。现有研究揭示，领导对团队过程的作用主要体现在以下几个维度：团队心智模式、团队氛围、心理安全、团队凝聚力、团队效能感以及团队冲突。本节将探讨能够通过作用于上述团队过程以提升团队效能的领导行为，并在表6-1中予以归纳总结。

多种领导行为可以影响团队心智模式的发展。Marks等（2000）发现，领导者事先为成员阐述执行团队任务的适用策略会对团队心智模式、团队过程和团队效能都产生积极影响。进一步的研究指出，领导者在任务执行前进行战略规划的讨论和预测，以及任务执行后进行询问或反馈收集，均会对团队心智模式的发展产生影响（Smith-Jentsch et al.，1998；Stout et al.，1999）。

表 6-1 受领导者行为影响的团队过程

| 过程 | 影响团队过程的领导行为 |
| --- | --- |
| 团队心智模式 | ● 提供关于执行团队任务的适用策略和其他规划战略的事前说明<br>● 事后总结汇报与反馈 |
| 团队氛围 | ● 界定团队任务、目标和工具方法<br>● 在与团队成员的沟通中注重强调团队氛围的重要性 |
| 心理安全 | ● 培训<br>● 缩小权力差异<br>● 鼓励兼容并包 |
| 团队凝聚力 | ● 明确界定社会结构<br>● 促进开放沟通交流<br>● 鼓励自我剖析 |
| 团队效能感 | ● 总结帮助团队成员建立个人自我效能感的成功经验，并引导成员将关注重点转向团队效能感<br>● 提供任务指导和社会情感支持 |
| 团队冲突 | ● 提前预测冲突，并通过建立合作规范、章程或其他结构引导团队成员在过程中解决冲突（预防法）<br>● 引导团队成员通过以下策略来解决工作中的冲突：明确分歧的本质并鼓励团队成员自行制订解决问题的方案，培养成员求同存异、开放包容、随机应变的意识（应变法） |

领导力对团队氛围同样具有显著影响。界定团队任务、目标和工具方法的领导行为有助于营造团队氛围（James and Jones，1974）。而团队领导者与成员的沟通，尤其是领导者向团队成员强调的内容，同样也会影响团队氛围（Kozlowski and Doherty，1989；Zohar，2000，2002；Zohar and Luria，2004；Schaubroeck et al.，2012）。

心理安全是团队氛围的一个方面，团队领导者可以通过心理辅导、缩小权力差异、鼓励兼容并包来帮助成员营造有助于心理安全的团队氛围（Edmondson et al.，2001；Edmondson，2003；Nembhard and Edmondson，2006）。

虽然关于团队凝聚力的影响因素研究十分有限，但有理论研究表明，团队领导者的努力（如，Kozlowski et al.，1996，2009）对于团队的形成和维系有很大的影响。新加入团队的成员往往会"积极响应领导者在传达社会知识、提升包容性、鼓励开放沟通方面付出的努力"(Kozlowski et al., 1996; Major and Kozlowski, 1991)。Kozlowski 等（1996）提出了几种有助于提升团队凝聚力的领导者行为，如明确界定社会结构、促进开放沟通交流、鼓励自我剖析等。

Kozlowski 和 Ilgen（2006）识别了几种可以提升团队效能的领导行为，其中一种便是总结可以帮助团队成员建立个人自我效能感的成功经验，并引导成员将关注点转向团队效能感。与任务指导和社会情感支持相关的领导行为也被证实可以提升团队效能（Chen and Bliese, 2002; 转引自 Kozlowski and Ilgen, 2006）。

如第三章所述，团队冲突或许是不可避免的，尤其是在诸如跨学科或超学科这样的多元化科研团队中。领导者可以通过积极主动地运用冲突管理策略将冲突对团队效能的影响降至最低。Marks 等（2001）明确了两种冲突管理方法：预防法和应变法。预防法指的是领导提前预判冲突，并通过建立合作规范、章程或其他结构来引导团队成员在过程中解决冲突。Mathieu 和 Rapp（2009）通过对由 32 个研究生组成的团队进行研究后发现，团队章程的质量同样对团队效能有重要影响。应变法则是引导团队成员通过以下策略来解决工作中的冲突：明确分歧的本质并鼓励团队成员自行制订解决问题的方案；培养成员求同存异、开放包容、随机应变的意识 (Kozlowski and Ilgen, 2006)。

Bennett 和 Gadlin（2012）基于对成功和失败科研团队成员的深度访谈分析结果，并参考早期的一项团队科学研究（Bennett et al., 2010），建议采用预防法来管理冲突。具体而言，该研究建议团队领导者和成员在研究项目开始时就制定明确的合作协议，阐明决策如何制定、数据如何共享、出版物如何署名等事项。此类计划的制订过程要求成员事先就可能产生分歧的问题进行讨论并达成共识，从而在团队内部建立信任。

## 领导是一个动态过程

团队领导需要具备的能力包括：指导和协调团队成员的活动；评估团队效能；分配任务；提升团队知识、技能和能力；激励团队成员；计划与组织；营造积极的团队氛围（Salas et al., 2005）。这与提出通过功能性方法理解团队领导结构和过程的研究是一致的（Morgeson et al., 2010），都是从团队需求、满意度和目标实现方面来概念化团队效能（Kozlowski and Ilgen, 2006）。

功能性方法将团队领导视作一个动态的过程，强调领导者的行为需要根据具体情境进行适当调整，而非遵循一套固定不变的通用行为准则。这意味着领导者必须具备高度的敏感性，能够及时识别领导职能转变的关键节点，并提升相关技能，从而帮助团队更好地适应不断变化的任务环境，有效应对相应的挑战。动态领导被视为一个过程而非终极目标，即动态领导者需认识到必须持续调整自身行为以满足项目进展中不断变化的需求。鉴于科学研究本身的动态特性，若科研团队和组织的领导者能够采取动态或功能性的领导方式，展现出思维的敏捷性，并能够根据个体差异采取适当且多样化的沟通策略，与不同年龄、背景和学科的人员进行交流，那么他们可能会取得更大的成功。

创新领导力研究中心的科研人员提出了一种有效结合等级制领导和共享式领导的形式，有望在相互依存的科研团队中发挥重要作用（Drath et al., 2008）。研究指出，明确方向、形成一致性和建立承诺是多人协作任务中至关重要的三个方面，任何有助于实现以上三个要素的行为都是领导力的来源，这一来源可以是个人、集体、任务本身或者外部环境。这种领导方式的一个优点是，它并未提供详尽的领导职能与行为（或能力）清单，而是将重点置于三项核心领导任务之上，即明确方向、形成一致性以及建立承诺。

上述三项核心领导任务与团队紧密相关，有助于揭示团队过程的动态本质。Kozlowski 和 Ilgen（2006）提出，当团队过程与环境驱动型任务相匹配时，团队效能将得到相应增强。核心领导任务与团队效能动态化概念的一致性得以体现。从这个意义上说，团队领导涵盖了提升团队效能的各个环节。随着任务需求的持续变化，此类领导方式通常会在团队的全生命周期中不断演变。

团队领导的动态模式主要聚焦于两个方面：一是任务周期或阶段；二是团队技能的获取与发展过程。通过利用团队任务周期的周期性变化来调整目标设定、监控/干预、诊断和反馈等管理过程，领导者能够引导团队成员发展有针对性的知识和技能——有助于提升团队效能的认知能力、动机/情感能力及行为能力。动态领导方式的有效性也得到了相关研究的证实，Burke 等（2006）通过对团队领导与团队效能的 131 项研究进行荟萃分析发现，团队效能产出与以任务为中心的领导方式和以人为中心的领导方式均相关。具体来讲，以任务为中心的领导方式对感知团队效能（$r=0.33$）和团队生产力/数量（$r=0.20$）均有中等程度的正向影响，而以人为中心的领导方式则对感知团队效能几乎没有影响（$r=0.036$），对团队生产力/数量有中等程度的正向影响（$r=0.28$），对团队学习有较强的正向影响（$r=0.56$）。此外，任务依存度已被证实是一个重要的调节变量，当任务依存度较高时，领导产生的影响更为显著。该研究结果揭示，团队领导力主要通过塑造团队成员处理核心任务的方式，以及关注团队成员的社会情感需求来影响团队效能产出。

Kozlowski 等（2009）提出的动态团队领导理论详细阐述了正式领导者在团队发展过程中的重要作用，通过培养团队的适应性能力帮助团队从稚嫩走向成熟。在团队发展的后期阶段，团队更加注重自身的学习、领导和绩效责任，在这种情况下，垂直式领导和共享领导被相继采用，由一位正式领导者帮助团队做好承担领导和学习核心职能的准备。因此，培养团队适应性能力和集体领导能力（Day et al., 2004）是团队领导所面临的一大重要挑战。

Tannenbaum 等（2012）提出，协作式领导的持续发展反映了团队及其运行环境的不断变化。随着团队规模的日益扩大，领导者必须合理分配领导任务，赋予团队成员更多的自我管理能力，并为成员创造良好的学习机会。

现有研究表明，合理的组织架构（Hempel et al., 2012）、团队层面的优质培训、制定激励性人力资源政策（Adler and Chen, 2011）以及团队层面的外部强化型领导者的存在（Kirkman and Rosen, 1999）均对团队赋权具有促进作用。Chen 和 Tesluk（2012）对团队赋权的影响因素进行了识别，这些因素涵盖个人、团队和组织三个层面。在个人层面，影响因素主要包括自我观念、自我效能感水平、成就需求以及职位特征（例如工作职责的模糊程度和单位规模）、与上级主管和同事的关系质量；在团队层面，领导行为、团队氛围和团队工作特征是主要影响因素；而在组织层面，组织氛围和人力资源管理实践，如员工晋升体系和团队中的奖励与培训，被认为是团队赋权的潜在影响因素（Chen and Tesluk，2012）。

最后，团队任务执行的目标导向活动本质上呈现出周期性和动态性特征（Marks et al.，2001）。基于团队任务的阶段性视角，可将团队运行划分为执行阶段和过渡阶段。前者侧重于任务参与，后者侧重于任务准备和后续反思。这一区分对于领导实践具有重要的理论和实践意义。具体而言，它揭示了在团队过程中，存在以管理团队为目标的过渡阶段过程或行为（例如任务分析、目标确立、战略制定与规划），以任务执行为目标的阶段过程或行为（例如任务进度监测、系统监测、团队监测和备案、协调），以及与过渡与执行两个阶段都相关的其他过程或行为（例如冲突管理、激励和信任机制建立、情感管理）。鉴于团队运行的不同阶段需要采取不同的行为或具备不同的领导职能，团队领导的动态模式可以被概念化为权变领导理论或情境领导理论。与这一观点类似，Hall 等（2012b）也提出了一种包含四个不同阶段的超学科团队研究模型。

## 领导与团队断层

团队断层（team faultlines）是与团队领导职能高效发挥密切相关的一个研究领域。如第四章所述，断层指的是团队内部各小组之间形成的、有损团队整体效能的边界。由于断层会加剧组织冲突（Thatcher and Patel，2012），因此，从共享式领导的结构视角来看，团队断层的管理对于团队的良好运作至关重要。此外，团队冲突亦可能通过促进不同观点的交流而提升创新。

领导者可以用来缓解各小组间冲突、提升团队创新的一种策略是建立更高层级的团队认同和目标（Bezrukova et al.，2009；Jehn and Bezrukova，2010；Rico et al.，2012）。团队认同感和团队成员之间的依赖度有助于将成员紧密结合在一起，从而形成一个强大的心理实体（Ashforth and Mael，1989；Chao and Moon，2005；van der Vegt and Bunderson，2005）。实证研究表明，当团队认同感较高时，各小组的表现会更好（Bezrukova et al.，2009）。领导者可以通过建立共同的目标、规范或文化价值观来增强团队认同感。各小组价值观与较高层级部门价值观之间的文化错位对团队效能有负面影响（Bezrukova et al., 2012）。多元文化团队相对来说更容易受团队断层的影响。Fussell 和 Setlock（2012）探讨了文化差异的分类及其对团队协作的影响，并基于此为文化多样性团队的领导者提出了一系列应对策略。这些策略包括为团队成员提供特定文化及文化多样性意识的培训、制定旨在解决特定文化问题的团队互动策略（例如，在团队中某些成员的文化背景不鼓励公开表达与领导意见相悖的观点时，采用匿名方式开展团队讨论），以及采用适当的协作工具。

缓解子群体之间冲突的方法是创建一种"横切"策略，如增加群体的奖励或重新进行任务角色分配（Homan et al., 2008；Rico et al., 2012）。以科研团队为例，工程师与科学家可能分别组成小组，针对同一原型的不同方面进行研究。通过加深对共同任务的"横切"性理解，预期能够消除偏见，并通过缩短工程师与科学家之间的心理距离，从而进行高效沟通。

寻求共同点乃团队领导者用以缓解团队内部冲突的策略之一。在此策略中，团队成员团结一致，共同应对外部挑战（Tajfel，1982；Brewer，1999）。此方法有助于团队成员更深刻地认识到团队效能感、自主性及其关联性，从而提升团队的积极性和自我调节能力（Ommundsen et al.，2010）。

## 群际领导

与领导科研团队相关的一个企业和政府界的领导研究领域是群际领导（intergroup leadership）。正如 Pittinsky 和 Simon（2007）所述，领导者在努力促进下级团队之间建立友好关系时，可能会面临不同程度的挑战。团队凝聚力的提升对团队的产出有着积极的影响，但却会损害与其他团队之间的关系，最终会对团队、企业或政府组织绩效产生负面影响，这与下文所述多团队系统领导面临的挑战类似。Pittinsky 和 Simon（2007）探讨了五种促进组织间关系的领导策略，具体包括以下内容：①促进跨团队的沟通交流；②主动协调资源分配及团队间的相互依赖关系；③增强更高层次的组织认同感；④强化双重身份感；⑤塑造积极的群际态度。Hogg 等（2012）的研究亦强调了群际领导的重要性，并指出领导者在促进"群际关系认同"方面的能力对于构建良好的组织间关系至关重要。

## 科研团队领导的研究梳理

本节中将重点关注有关科研团队的研究文献，并对科研团队中领导面临的挑战进行深入讨论。

### 科研团队领导模式

鉴于科研团队与其他情境下的团队在诸多特征上存在共性，科研团队的领导者可借鉴表 6-1 所列的其他情境下通过优化团队过程以增强团队效能的策略，这样做有助于提升科研团队的效能。在科研领域，相关研究与理论亦揭示了促进团队过程的领导行为对提升团队效能的积极作用。例如，Gray（2008）指出，超学科团队所需的领导职能包括：在团队成员间构建共享的心智模型或理念（即认知性任务，参见 O'Donnell and Derry, 2005），在管理团队内部以及团队与外部主体之间的协调和信息交流方面，关注团队的基础结构需求（即结构性任务），并注重构建高效的团队内部动态过程（即程序性任务）。

Gray（2008）所提出的协作式团队科学领导的观点与前述共享式领导的概念具有高度相似性。基于此，我们可能会轻易得出结论：在科研团队中，通过构建协作式和共享式领导模式，可以更有效地提升领导效能。然而，这一推论可能过于草率。如前文所述，Hackett（2005）研究发现，顶尖研究型大学知名微生物实验室的领导者通常结合使用指令式、等级式和共享式、参与式的领导方式。有些科研团队的领导者采用宽松的参与式领导风格，允许学生和同事自主学习探索研究方法；另一些领导者则在研究方向上更加强势，为成员制定清晰的研究路线。上述两种截然不同的领导方式揭示了一个事实：从提升团队效能的角度来看，并不存在一种普遍适用的最优领导模式。Hackett（2005）提出，不同的领导风格体现在实验室主任扮演了科学家、领导者、授课教师和导师等多重角色。当主任将大量精力投入到实验室管理中时，虽然可能会提升其对相关技术及下属科学家的管理能力，但相应地，其在撰写能够保障实验室资金的项目申请书以及巩固实验室在科学界地位的学术论文方面的时间投入将会减少。随时间推移，许多主任可能会逐渐丧失其在科学领域的尖端技能，转而更多地依赖于下属的科研成果，这亦可能陷入新的领导方面的困境。

研究表明，领导者同样可以从领导技能和行为的提升中受益，根据团队需求的变化，领导者在综合运采用指令式、参与式、协作式或共同式领导风格的过程中得到了进一步的锻炼。这与上文所阐述的动态领导过程理念相吻合。

与其他情境下关于领导者行为、团队过程、团队效能之间的关系研究类似，欧洲一项针对科研团队的研究发现，领导者行为、团队氛围（团队过程的一种）和科研绩效之间存在显著的正向关系（Knorr et al.，1979）。对下属的满意度调查来衡量领导质量，具体包括领导者的规划能力（如对研究项目质量的满意度、对人事政策的满意度）和整合能力（如对团队氛围的满意度、对研究单位的归属感）。在管理质量与团队氛围整体的正向关系中，领导者的规划能力和综合能力也是两个非常重要的中介变量。

在应对科研团队或组织工作复杂性方面，一种行之有效的方法是激发团队成员共同参与到团队章程的制定中来，为任务的完成和团队合作的顺利进行提供书面协议支持。该策略在非科研领域已被实证研究证明能够显著提升团队效能（Mathieu and Rapp，2009）。

## 新兴科研团队模拟及其对领导的启示

第三章所阐述的两种科研团队模型，涵盖了本章探讨的"领导"概念的诸多方面，从而凸显了科研团队领导者职业发展的重要价值与深远意义。

Salazar 等（2012）提出了领导者综合能力模型，该模型认为，跨学科或超学科团队的领导者可以通过灵活运用不同的领导风格和行为来提升团队深度知识融合的能力（第一章提到的关键特征之一）。例如，善于授权的领导者可以有效提升团队智力资源的利用效率（Kumpfer et al.，1993），同时有助于缩小团队成员之间的地位和权力差异，促进平等对话（Ridgeway，1991；Bacharach et al.，1993）。通过体验式学习、鉴赏性探究等团队发展策略形成团队共识的领导方式有助于团队成员围绕目标和问题达成共识，最终促进知识融合与创造（Stokols，2006）。能够倾听不同意见的领导者在促进跨地域知识交流方面较具优势（Olson and Olson，2000）。此外，冲突管理（减少团队分歧，如"领域与团队断层"部分所述）和情感管理（增强团队成员之间的相互信任）同样是促进团队协作和知识创造的有效途径（Csikszentmihalyi，1994；Gray，2008；Salazar et al.，2012）。

综合能力模型对团队科学领导相关研究具有重要意义。该模型的提出者深入研究了跨地域领导行为与干预措施对团队综合能力提升及其知识产出的影响。该研究提出了将多学科团队整合能力与新知识创造关联的理论构想，以美国多所高校40多个跨学科团队为例，通过开发相应的结构测度方法，并进行实证检验以验证这一构想，相关研究结论填补了现有研究领域的空白。

Hall 等（2012b）提出的四阶段模型为促进跨学科研究发展、管理和评价提供了详细的路线（方框 3-2）。该模型包括四个相对独立的阶段，即开发阶段、概念阶段、执行阶段与转化阶段，并为每个阶段的目标实现提供了相应的工具方法建议，如开发阶段的研究网络工具（第四章）、概念阶段的"工具箱"研讨会（第五章），以及执行阶段的冲突管理工具等。四阶段模型表明，领导者在团队发展的各个阶段通过提供适宜的工具，确保团队成员使用这些工具并从中有所受益，可以在团队发展中发挥重要作用。

## 科学专长的作用

大多数科研团队领导者的任命或推选都是依据其科学专长（Bozeman

and Boardman，2013），同时相关研究表明，科研团队成员对领导者素质评价的主要依据也是其具备的专业知识（Knorr et al.，1979；Hackett，2005）。Gray（2008）认为，在跨学科团队中，相关科学专业知识对于团队管理和规划等领导行为至关重要。

> 领导者管理团队的意义在于，向团队成员介绍团队预期目标以及实现目标的方法，同时激发团队成员的创造力……在跨学科研究中，团队的愿景和规划是领导认知任务的重要组成部分……愿景这一团队过程被变革型领导研究者称为智力激发，包括培养成员发散性思维、敢于冒险、敢于挑战既定方法等领导行为。跨学科团队的领导者必须具备预见不同学科之间如何以建设性方式交叉融合的能力，以便在特定研究问题上实现新的科学突破。领导者需深刻理解将团队愿景传递给潜在合作者、构建良好合作氛围的重要性，这是领导行为的关键组成部分（2008 年，第 S125-S126 页）。

同时，Bennett 和 Gadlin（2012）也提出，优秀科研团队的领导者能够以一种允许每位成员都意识到各自价值的方式向学界和所在机构阐明其项目愿景。部分大型科研机构的负责人倡导设立跨学科行政科学家（interdisciplinary executive scientist）这一新职位，该职位应由那些掌握至少一个领域跨学科工作所需的专业知识，并且具备项目管理技能的个体来担任[①]。

## 多团队系统的领导

多团队系统（multiteam system）是一个为实现单一团队难以完成的远大目标而建立的复杂团队系统（Zaccaro and DeChurch，2012）。该系统可能由多种不同类型的团队构成，并可能涉及不同的领导结构（Marks et al.，2001）。在科研领域，多团队系统通常适用于旨在实现不同学科和视角深度融合的跨学科或超学科研究项目（第一章介绍的团队科学七大关

---

① 有关该职位的详细讨论可参考 https://www.teamsciencetoolkit.cancer.gov/Public/expertBlog.aspx?tid=4&rid=1838[April 2015]。

键特征之一）。项目团队的领导者与成员均可能面临对项目所涉学科知识或视角认识不足的挑战。

与团队科学面临的七大挑战性特征直接相关，一些被认为对促使形成不同形式的多团队领导至关重要的因素包括多团队系统的总体规模、多样性的数量与种类、地域分散、各组成团队之间的相互依赖程度以及不同团队的权力分配。

有研究表明，与不太成熟的多团队系统相比，成熟的多团队系统表现出更高的共享领导水平，这也不难理解，因为共享领导的发展需要时间（DeRue，2011）。方框 6-1 以瑞士大型强子对撞机项目为例，介绍了在一个由物理学家、工程师和计算机科学家组成的大型多团队系统中共享领导的发展过程。在以"社区文化"著称的粒子物理领域，由于大型设施所需的资金水平不允许在多个地点资助类似的项目，因此，共享领导的形成成为必然。从多团队系统的发展来看，粒子物理以外的其他学科同样可以从案例的相关理念和领导行为中受益。

---

**方框 6-1　　欧洲核子研究中心：多团队系统领导的成功案例**

2012 年 7 月 4 日，总部位于瑞士日内瓦的欧洲核子研究中心（European Organization for Nuclear Research，CERN）宣布，该中心发现了一种与希格斯玻色子（Higgs boson）相一致的新亚原子粒子。希格斯玻色子在物理学中被称为"上帝粒子"，相关理论认为，这一粒子可以帮助人们理解物质质量的来源，在理解宇宙的本质中发挥着重要作用。CERN 实验室成立于 1954 年，拥有专门为研究希格斯机制而建设的大型强子对撞机和探测器。希格斯玻色子由来自世界各地的数千名物理学家、工程师、计算机科学家和技术人员组成的两个小组共同发现（ATLAS Collaboration，2012；CMS Collaboration，2012）。现有相关研究表明，这一重大科学突破得益于粒子物理学独特的组织结构（Shrum et al.，2007）和文化（Traweek，1988；Knorr-Cetina，1999）。

二战后，物理学逐渐发展为一个重要的研究领域，研究人员开发了越来越庞大且功能强大的粒子加速器和探测器来观测粒子活动。CERN 根据探测器的人员配置组成了不同的半自主式研究小组，不同小组之间通过信息交换、学生与博士后研究员流动，以及技术交流等方式相互关联（Traweek，1988）。CERN 发现希格斯玻色子的两个小组被称为"实验"，并以其各自研究的重点——大型强子对撞机内的紧凑 μ 子线圈（compact muon solenoid，CMS）和 ATLAS 探测器[①]——命名。在 CERN 系统中，每个实验都是一个庞大的组织，由不同层级的小组和子团队构成。这种组织结构对应了 DeChurch 和 Zaccaro（2013）的多团队系统模型——由多个团队构成的组织，各团队的工作目标有所不同，但至少有一个共同的总体系统目标。

DeChurch 和 Zaccaro（2013）认为，多团队系统的成功需要掌握好融合力与对抗力之间的平衡。融合力指的是通过加强团队内部和团队间的协调等方式来融合不同团队的力量，以便共同提高整体团队系统的绩效。相比之下，对抗力则是指团队内部和团队之间以相反的方式运作，从而削弱了整体团队系统的绩效。例如，团队强凝聚力和强烈的"独特"团队认同感有助于提升团队效能，但同时也会阻碍不同团队之间的信息共享。

CMS 实验（Incandela，2013）由来自 42 个国家、190 个机构的约 4300 名科学家、工程师和技术人员组成。参与者在数百个子团队中工作，这些子团队整体可以分为两大类：服务类和物理类。服务类包括管理 34 个国家的 10 万多台计算机的计算团队、负责软件更新与分析的线下团队等。这些团队收集与分析的数据通常是 PB 级（petabytes，1PB=1024TB）（2011 年 22PB，2012 年 30PB）的，此外团队还负责监督网络和计算资源以实现分布式访问，即网格。物理类同样包括多个团队，如由约 700 名物理学家组成的希格斯小组被分为五个子团队（Incandela，2013）。

无论是采用扁平式还是等级式的结构，该实验都由物理学家们在共同的个人兴趣和 CERN 及实验领导者建立的正式目标与决策两个方面的共识来领导和推动。最高层是所有合作国家研究机构代表组成的委员会，以及一名实验执行负责人，他也是当选的团队发言人。子团队或小

---

[①] ATLAS，即超导环场探测器（A Toroidal LHC ApparatuS）。

组过强的认同感可能会在多团队系统中形成对抗力,这一问题通常由于子团队的领导者过于自负,不能很好地与其他子团队展开合作造成。为了解决这一问题,委员会通常每两年更换一次子团队负责人,并同时任命两个联合负责人。此外,如果出现了可能危及整个实验或系统层面的潜在风险,委员会可能会作为最后的干预手段,来替换有问题的子团队负责人。消解对抗力的另一个常用方法是从团队内部任命子团队负责人。如果他们表现出色,重新回归团队后他们可能会有更大的影响力或者可能会得到提拔,这些可能性会激励他们更好地保持与其他子团队间的凝聚力,追求CMS更高目标的实现。

为了增强融合力,CMS领导者之间保持着密集、持续且透明的沟通,每周召开一次协作会议,共同讨论团队相关进展、挑战、策略与计划。几乎所有的会议都对全部成员开放(可以线下出席,也可以线上参与),团队战略重大调整的开放讨论有助于激励所有子团队重点关注整个实验系统的目标。

同时,CERN领导者也一直在努力缓解两个实验团体内部及其之间的冲突或对抗力。例如,在ATLAS的早期发展中,领导者们采用渐进式协商的方式避免潜在参与团队之间的冲突。通过广泛磋商,领导者们能够打破既定的、往往处于竞争关系的研究小组之间的壁垒,并将成员纳入具体的项目当中。此外,领导者们也将曾经参与设计与规划超导超级对撞机(Superconducting Super Collider,SSC)项目的美国物理学家纳入其中,该项目于1993年被美国国会叫停。

粒子物理学领域有一种独特的"社群主义"文化,其中语言交流非常重要,研究人员经常参加各种大大小小的会议,并借此快速实现信息的相互传播(Knorr-Cetina,1999)。这种文化有效促进了科学家们基于共同利益开展联合研究工作。例如,宣布发现希格斯玻色子的两篇论文便是由ATLAS实验和CMS实验共同署名的。在线附录按字母顺序列出了CMS论文的2891名合作者,包括所有参与设计、构建、操作或分析实验数据的研究人员。这些出版物反映了一个既定规则,即所有成果归合作成员共同所有。在完成实验团体内部的常规审查和批准程序,以及CERN出版委员会的审核之前,个体成员不能擅自发表相关研究结果。鉴于内部审查程序的全面彻底，期刊在没有进一步审查的情况下也愿意相信结果的准确性。这一全面的审查过程是一个非常实用的解决方案，因为大多数具有专业技能的期刊评审专家都与该实验有所关联。

注：由于 CERN 实验的大部分资金由成员机构及各个国家掌控，而不是该中心直接支配，因此实验室领导者在很大程度上需要依赖与各成员机构达成共识来实现自身目标（Hofer et al., 2008）。

在多团队系统中，领导者可以通过让成员参与制定团队章程来形成团队之间相互沟通和领导过程的有效规范（Asencio et al., 2012）。在创建章程的过程中，也可以趁机在每个团队中选出有意向参与多团队系统领导的代表，以协助协调多元团队系统的行动，并在不同团队间实现信息的传递。

迄今为止，关于多团队系统中领导力的实证研究相对较少。其中一项研究涉及对灾难救援系统等关键任务多团队环境中的关键事件进行分析（DeChurch et al., 2011）。根据分析结果，作者确定了一系列领导行为（包括制定总体战略和协调各组成团队的活动），这些行为有利于形成积极的团队内与团队间过程，提高了多团队系统的效能。DeChurch 和 Marks（2006）以某一实验室为案例，验证了领导力在多团队系统协调中的重要作用。该研究通过量化领导者的战略制定和协调能力，评估了其对功能性领导、团队间协调和多团队系统绩效的影响，研究结果进一步佐证了多团队系统的多层次模型（即团队与多团队系统），该模型认为，领导者培训对功能性领导有积极影响，有助于加强团队间的协调，最终实现多团队系统绩效的提升。

## 科研团队领导者的领导力培养

科研团队效能的提升依赖于领导者与团队成员所具备的技能与知识，这不仅包括与研究议题紧密相关的科学知识与技能，还包括能够优化团队过程、进而增进团队效能的相关知识与技能。本书第五章已探讨了团队成员教育及专业发展的相关内容，本章则着重于阐述培养高效领导科研团队所需技能与知识的策略。

非科研领域的研究成果显示，正式的领导能力培养干预措施可以帮助领导者培养促进积极的团队和组织过程的能力，从而提升团队效能（Avolio et al.，2009；Collins and Holton，2004）。例如，Avolio 等（2009）在一项关于领导力和团队效能的荟萃分析研究中发现，37 项领导培训和培养干预措施中，二者之间的校正效应量（$d$）为 0.60。研究人员进一步对研究中所涉及的领导力培训干预措施的投资回报率进行了深入分析。研究结果表明，对于与团队效能中度及以上相关联的干预措施进行投资，不仅能够提升绩效，还能产生其他正面效应。具体而言，对于中层领导者而言，中等相关性的培养干预措施的投资回报率为 36%（采用在线培训的方式）~169%（采用现场培训的方式）。此外，DeChurch 和 Marks（2006）在针对某实验室多团队系统领导力的研究中发现，领导力培训对功能性领导的积极影响不仅限于提升个体领导效能，还能够加强团队间的协调性，进而提高多团队系统的整体绩效。

领导力成长轨迹不仅可以通过正式培训和领导力发展项目培养，同时还可以通过担任领导职务积累经验。Day（2010）指出，刻意练习同样是领导力培养的一种重要方式，它还有助于培养领导者的身份认同感，进而使领导者对学习与提升领导知识和能力产生更大的兴趣（Day et al.，2004；Day and Harrison，2007；Day，2011；Day and Sin，2011）。在正式培训和经验学习以外，自主学习或自我提升在领导力发展中同样发挥重要作用［参考 Boyce 等（2010）关于领导者自我提升倾向的调查］。正式的领导培训干预措施可以通过培养参与者作为领导者的认同感来改进领导风格和行为，从而促进领导者的经验学习和自主学习。

科学界已经开始认识到正式的职业发展培养对团队领导者的重要作用，现有研究也正在努力将领导相关研究在科研情境下进行扩展与应用，以下简要列出了一些案例。

**科研管理教育**

为了改善科研管理单位的行政人员经常通过在工作中反复试错、而非从组织科学相关知识中获得管理技能的情况，NSF专门设立了一个培训项目。与企业管理一样，科研管理同样需要掌握组织管理、创新管理、资源配置、资源分配、员工培训、减少人员流失、流程改进、战略领导等方面的专业知识。然而，考虑到其中重要的情境因素，如企业关注的是打造有行业竞争力的产业，而非竞争前端的基础研究，因此企业的管理培训模式通常不能直接被应用于科技领域。科研管理行政人员越来越需要平衡长期目标与短期目标、临时项目与常设组织、预设计划与随机行为、标准化与灵活技术创新等。因此，缺乏科研管理专业知识已经成为良好协调与合作发展的"绊脚石"。

为了解决这个问题，借鉴组织管理、虚拟团队、分布式团队协作、创新管理等与组织学习和记忆相关的研究，科研管理教育项目应运而生。该项目的核心在于将企业领导力中的项目管理理念巧妙地应用到科研管理教育中，助力科研团队更高效地运作与创新（Cummings and Kiesler，2007，2011；Karasti et al.，2010；Claggett and Berente 2012；Rubleske and Berente，2012）。科研管理教育主要包括以下四个方面：资金来源和用途的长期匹配、向不同群体宣传研究机构的附加价值、吸引并留住核心人才，以及更好地处理社会-技术系统中的"社会性"问题。

## 项目科学研讨会

项目科学研讨会旨在培养大型科研项目领导者的项目管理技能，目前已持续开展了11年。该研讨会由天文学家加里·桑德斯（Gary Sanders）在NSF的支持下发起，每年举办一次，通过口头报告和案例研究的形式为一系列项目管理可能面临的挑战提供解决思路，包括复杂项目的设计及其管理所需的工具[①]。研讨会的主题包括：大规模合作科学研究、建立科学的组织结构与伙伴关系，以及专用大型研究设备的选取、维护与管理。2012年的研讨会吸引了许多来自不同大型项目的科学家，例如伊利诺伊大学厄巴纳-香槟分校（University of Illinois at Urbana-Champaign）"蓝水"（Blue Waters）超级计算机项目、格陵兰峰会营（summit station）项

---

① 更多信息，详见http://www.projectscience.org/[April 2015]。

目、致力于为植物生物学创建网络基础设施和工具的 iPlant 合作项目，以及在加利福尼亚帕萨迪纳市（Pasadena）建立 30 米望远镜的跨学科团队项目等。

### 创新型科研团队的领导

科罗拉多州临床与转化应用科学研究所（The Colorado Clinical and Translational Sciences Institut，CCTSI）于 2008 年制定了创新型科研团队领导（Leadership for Innovative Team Science，LITeS）培训项目来帮助提升参与者的领导水平，并通过建立一个相互支持的研究人员网络来促进科研团队的发展，同时增加研究人员跨学科合作的机会。该项目每年向科罗拉多大学（University of Colorado）从事临床与转化研究的高级和初级领导者提供培训，培训活动为期一年，培训人员需要参与具体的小组项目和与科研团队领导相关的各类主题研讨会，以及个体反馈与辅导（Colorado Clinical and Translational Sciences Institute，2014）。研究所网站的项目介绍显示，LITeS 项目"旨在解决团队领导的三大难题"：①了解个人领导风格与行为相关知识；②掌握领导、管理与合作相关的人际交往和团队技能；③学习提升科研团队领导质量和效率的过程能力。

## 应对团队科学面临的七大挑战性特征

关于领导力、团队领导力等一般主题的研究以及针对科研团队的专门性研究发现都为应对科研团队面临的挑战提供了独特的方式。这些研究的一致结论是，科研团队的有效领导和管理不能依靠某一种单一的领导风格或行为，而是需要多种方式的组合。潜在的领导模式组合包括共享领导与等级式领导、权变领导与动态领导等，这些模式有助于团队在发展与演变过程中识别周期性与临时性需求、维持团队目标的一致性，并有效应对团队内部及团队间的潜在冲突，特别是那些能够促进团队创新的正向冲突。进一步地，新的研究揭示了科研团队领导者在外部力量辅助下，能够获得相关领导行为与管理技能的提升。表 6-2 概括了本章探讨的研究成果如何应用于应对可能给团队科学带来沟通与协调挑战的七大特征。

表 6-2　应对团队科学面临的七大挑战性特征

| 特征 | 应对七大挑战性特征的领导力相关研究 |
| --- | --- |
| 成员构成的多样性 | ● 动态的团队领导。正式领导者在团队发展过程中发挥着关键作用，能够带领团队随着时间推移承担更多的责任（Kozlowski et al., 2009）<br>● 采用团队效能周期的观点。全面了解四阶段模型并熟悉每个阶段的领导方式（Hall et al., 2012b）<br>● 管理团队断层（Bezrukova et al., 2009） |
| 知识的高度融合性 | ● 明确方向，形成一致性，做出承诺（Drath et al., 2008） |
| 团队规模的扩张化 | ● 共享领导中的团队授权（Tannenbaum et al., 2012） |
| 团队间目标的异质性 | ● 方向、一致性、承诺<br>● 制定团队章程<br>● 领导力培训，培养综合能力（Salazar et al., 2012）：<br>（1）授权型领导风格（Kumpfer et al., 1993）<br>（2）达成共识（Stokols, 2006）<br>（3）善于倾听，消除误解（Olson and Olson, 2000）<br>（4）冲突与影响管理（Csikszentmihalyi, 1994；Gray, 2008） |
| 团队边界的可渗透性 | ● 权变领导与四阶段模型（Hall et al., 2012b）<br>● 在团队成员间建立共享心智模式或思维方式（认知性任务）；满足跨学科和超学科团队发展网络中的基本结构需求（结构性任务）；注重构建高效的团队内部动态过程（程序性任务）Gray, 2008）<br>● 领导者和团队成员的行为目标是通过连接分散的网络来提升知识创造和整合能力（Salazar et al., 2012） |
| 地域分布的分散性 | ● 见第七章 |
| 任务间的高度相互依存性 | ● 以任务为中心领导。<br>当任务相互依赖性较高时，领导力非常重要。领导力可以塑造团队成员处理核心任务的方式，并关注团队的社会情感需求（Burke et al., 2006） |

## 总结、结论与建议

目前，大多数科研团队的领导者的任命都是基于其科学专业知识，而缺乏正式的领导培训。与此同时，大量非科研情境下的组织与团队领导相关研究显示，科学、适当的领导风格与行为有助于促进团队内部积极的人际交往过程，从而提高组织和团队效能。将以上研究进行扩展和转化可以为设立针对科研团队领导者的领导力培训项目提供重要借鉴与参考。团队科学论委员会期望相关培训项目能有效增强科研团队领导者在指导和优化团队过程方面的能力，从而提升团队效能。

结论：在过去的半个世纪中，科研领域之外的其他领域对于团队与组织领导力的深入研究，为科研团队领导力的专业发展奠定了坚实的基础。

建议 3：领导力研究学者、高校以及科研项目负责人应加强协作，致力于将领导力研究的理论成果拓展至科研管理领域，从而更加有效地辅助科研团队领导者及资助机构的工作人员开发和评价科研团队领导力的发展策略。

# 第七章 支持虚拟协作

随着科学问题的复杂性日益增加，不同地区、机构乃至国家的研究人员共同参与科研活动的可能性持续增加。正如第一章所阐述的，越来越多的科学出版物是由跨机构团队或大型研究团体共同撰写的（Jones et al., 2008）。地域分布的分散性是团队科学面临的七大挑战性特征之一，它特别对团队的沟通与协调提出了挑战。本章旨在首先探讨地域分散所带来的挑战，随后依次梳理和阐释现有文献中关于地域分散的团队成员、团队领导者以及致力于推动远程协作的组织如何应对这些挑战的研究成果。

由于成员间地理距离所带来的许多问题通常可以通过多种技术来解决，因此本章首先将介绍一系列支持远程协作的技术。随后，本章将总结技术应用策略，以应对地域分散带来的挑战。本章的核心关注点为科研团队面临的单一特征——地域分散性，因此不同于第四至六章对团队科学挑战的七个特征的独立探讨。本章最后给出了结论和建议。

本章梳理了许多关于地域分散的团队和组织[①]的案例研究，并辅以重点实验、大规模调查和公共记录分析。例如，20世纪90年代，NSF开始资助开发一种新的科研合作组织形式，称为"协同实验室"（collaboratory）（Wulf, 1993；Finholt and Olson, 1997）——一个没有围墙的实验室。在欧洲，这一运动被称为"数字化科学"（eScience）或者"数字化研究"（eResearch）（Jankowski, 2009）。为了解决日益庞大和复杂的科学问题，协同实验室联合了多所大学的专家。因此，它们通常分布于不同的地域，面临本章或先前章节所述的地域分散问题。至2014年，科研协同实验室数据库（Olson and Olson, 2014）已记录超过717个此类协同实验室，这

---

① 如第一章所述，一个组织通常包含明细的分工和协调组织内个人与团队工作的完备结构。

些实验室主要分布在自然科学与技术领域，但也存在于人文和社会科学领域。此外，该数据库还涵盖了协同实验室的研究主题、参与者以及共享仪器（如大型强子对撞机）的信息，此外有的还包含了资助信息，并根据预设类型对各协同实验室进行了分类。

## 地域分散团队面临的特殊挑战

地域分散的团队所面临的挑战包括："看不见的伙伴"，即成员间缺乏深入了解、无法进行面对面的沟通，时区差异，机构差异，国家差异，文化差异，团队成员地域分散不均。

### "看不见的合作伙伴"

对于远距离办公的人来说，他们很难与其他同事进行面对面交流，因此往往对其他人的动向和情况一无所知（Bell and Kozlowski, 2002）。此外，当人们与远程合作伙伴进行虚拟协作时，他们往往不太了解其他同事的一些工作细节（Martins et al., 2004）。研究表明，面对面的交流有利于提升团队效能（Pentland, 2012）。如果没有坦率的沟通（Olson and Olson, 2000），或者定期互访的机会，远程办公的同事之间就很难了解到彼此的近期动向、彼此正面临的障碍和挑战，以及他们应该如何帮助他人或得到他人的帮助（Cramton, 2001）。而诸如本章接下来所述的，这些技术解决方案将可以有效促使团队成员树立合作意识，但前提是必须确保团队成员能够真正使用这些工具。换而言之，团队成员需要付出额外的努力，利用电子邮件、视频会议、电话会议或其他电子媒介，向远程的其他伙伴汇报自己正在做的工作、遇到的问题，以及当前的工作背景。

除工作细节难以知晓外，地域分散的团队还要面对工作环境存在差异的问题。例如，一个经理可能在不知情的情况下，将会议安排在一个预测有暴风雪的偏远地区，或者跨越国界，将会议安排在其他人正常工作周以外的时间（例如，法国人通常每周工作35小时，从周五下午开始休假）。

相比而言，处在同一地区的团队成员可能有很多共同话题，如天气、政治以及当地人熟悉的体育运动等，但对于那些相隔甚远的团队成员而言，寻找这些共同话题并不容易（Haines et al., 2013）。最后，开展虚拟协作的人们可能很难建立工作规范，而加入一个现有的虚拟团队的新成员可能也难以学习和遵循已建立起的规范。

## 时区差异

安排一场包含世界各地参会者的国际会议是一大挑战，因为参会者之间会有明显的时差。可选的会议时间可能仅有一个小时，甚至是成员间的正常工作时间完全没有重叠（Kirkman and Mathieu, 2005）。这些限制给团队成员带来了诸多不便，如他们需要精确计算和记录其他成员所在的时区。另外，一些团队成员可能不得不做出妥协，调整自己的时间安排，例如在正常上班时间之外的清晨、午餐时间或者深夜开会（Massey et al., 2003；Cummings et al., 2009）。根据少数服从多数的原则，这种妥协总是由团队中的小部分成员做出（处于地球另一端的个体），而这很可能会导致产生一些抱怨或者倦怠。

## 机构差异

越来越多的科研团队逐渐跨越机构的界限。但学术机构通常有着不同的教学时间表（有些机构采用季度制，有些采用学期制，还有的采用 8 周集中授课制）。同时，不同的机构对人类受试者的使用规则或知识产权归属的规定也有不同的解释（Cummings and Kiesler, 2005, 2007）。此外，不同机构使用的技术手段也会有所差异。

## 国家差异

国家间知识产权方面的法律和规章的差异可能会给跨国合作带来一些挑战。特别是在人类医学领域，不同国家对于科学标本的使用规范存在显著差异。知识产权的法律体系不仅在发明人所有权方面表现出差异性，而且在借鉴他人观点和著作内容方面也有不同规定，这反映在版权和剽窃的不同界定上（Snow et al., 1996）。此外，在人类研究对象的隐私保护（例如，是否要求个人签署知情同意书）、数据和软件使用（有无许可证），以及数据管理与共享等方面，各国的立场可能也存在差异。

## 文化差异

除了知识产权的法律规章方面的显性差异，更为微妙的是工作中的潜规则、各种术语的定义，以及工作风格的期望等隐性差异（Kirkman et al., 2012）。例如，在美国，通常先由一个高级领导小组做出决策，然后将其公之于众，以便其他人知晓并遵守。在日本和印度，决策过程则更具协商性，决策在小组内达成一致，以获得认同，之后再正式向整个组织宣布（Gibson and Gibbs, 2006）。此外，关于谈话风格等微观要素也可能不同。例如，在一些文化中，谈话的停顿时间很长，允许人们有时间思考并尊重演讲者刚刚所说的内容；相对地，在其他文化中，尤其是美国文化，对话节奏迅速，往往一方话语刚落，另一方即刻开始回应。在涉及这两种文化背景的谈话者之间的交流中，一方可能会感受到其发言未得到应有的尊重，而另一方则可能认为对方缺乏交流兴趣。此外，在跨国工作环境中，众多文化差异的存在对团队沟通效率及最终成果会产生重要影响（Fussell and Setlock, 2012）。一些大规模的分布式研究组织（如 CERN，见方框 6-1）会有专门应对此类挑战的培训，但有些国际团队则要靠自我摸索，依靠团队成员自己的力量来应对这些挑战。

## 团队成员地域分散不均

通常情况下，分布式团队中的团队成员在各地区中并不是均匀分布的（O'Leary and Cummings, 2007）。其通常有一个参与人数最多的"总部"，以及一些由一两个成员组成的分部，这通常被称为中心辐射型分布模式。由于总部的文化和沟通方式通常占据主导地位，因此其他地区的团队成员可能会处于相对弱势地位，因而他们的需求及项目进展往往会被其他人忽略（Koehne et al., 2012）。

如果各地区参与人数分布更为均衡，则权力与注意力就会被更加均匀地分配，尽管这本身也存在挑战。如第五章所阐述，Polzer 等（2006）的研究表明，基于地理的分组可能会引发更多冲突，并且建立信任的难度较大，特别是在两个不同地域的团队成员人数大致相等时（例如，一半成员位于一国，另一半位于另一国），团队内部的冲突程度最高，信任水平最低。同样，O'Leary 和 Mortensen（2010）研究发现，当多个地域的成员数量达到某一临界值时，成员之间存在形成"内群"与"外群"的倾向，"内群"成员可能会不喜欢甚至贬低"外群"。

## 基于个体特质应对挑战

如第四章所述，具备社交技能的人，如性格外向者，更有可能观察到并恰当地回应团队内其他成员的行为和情绪（McCrae and Costa, 1999）。鉴于在分布式团队中，成员需要定期并明确地交流各自的工作进展，因此社交技能的价值可能更为突出[①]。另一个可能有价值的个人特征是值得信赖（Forsyth, 2010）。信任是所有小组或团队的重要黏合剂，尤其是当成员之间不经常接触，很少有机会直接面对面交流时，建立信任关系就显得尤为重要（Jarvenpaa et al., 1998）。

正如本章随后会详细讨论的那样，在分布式小组中工作，需要通过协作技术进行沟通和协调，这些技术包括电子邮件和音频/视频会议，以及用于安排时间和分享文件或数据的更复杂的系统工具。因此，另一个突出的个体特质是技术学习能力——乐于学习新技术，并欣然接受培训，以快速掌握技术。成员还需要具备勇于探索新工作方式的开放性，这将使得成员间可以更为明确、快速地了解彼此的工作细节，减轻沟通压力（Blackburn et al., 2003）。此外，团队成员需具备持续学习新技术的意识，并在将技术应用于工作实践的过程中，愿意积极分享。

由于远程合作者无法面对面的交流和互动，并且需要解决双方存在的

---

[①] 如第五章所述，个体成员可以通过培训来培养社交技能。

差异问题，他们通常需要掌握新的工作模式，其中大部分依赖于技术工具的运用。例如，除了培养良好的电子邮件使用习惯（例如，即便无法即时完整回复邮件，也应通知对方邮件已接收），团队成员必须学会明确地向他人通报自身的工作状态，以便于其他成员能够掌握当前的工作进度和了解其所遇到的难题（Cramton，2001）。

## 基于领导力策略应对挑战

越来越多的证据表明，有效的领导力可以帮助科研团队应对远距离合作的挑战。例如，Hoch 和 Kozlowski（2014）对 101 个虚拟团队进行了研究，发现当团队性质更加虚拟时，传统的等级式领导与团队效能没有显著关系，而共享式领导（在第六章中讨论过）则与绩效显著相关。这一结果是在意料之中的，因为虚拟团队中缺乏面对面的接触机会，并且电子通信往往具有迟滞性，这会使得团队领导者很难直接激励团队成员和了解团队动态。研究人员还发现，对于这些团队而言，相较于等级式领导，结构性支持更有利于提升团队效能。因为结构性支持具有稳定性，减少了模糊性，这或许可以减少虚拟环境中的不确定性。而这种结构性支持通常包括为虚拟团队工作提供公平、透明的奖励；在管理信息流的同时，保持持续、透明的沟通。接下来将讨论所有可以帮助提高虚拟科研团队效能的领导力策略。

### 领导虚拟团队或团体

在分布式团队中，领导者最重要的工作之一就是组织会议。会议之所以会成为一个挑战，是因为音频/视频会议可能会出现突发状况，而且难以知晓接下来谁想发言，以及人们对所讲内容的反应。领导者必须明确地征求每个人的意见和贡献，甚至要发起全员投票（Duarte and Snyder，1999）。这不仅能保证听取了所需的信息和意见，还有利于通过问询意见的方式，使得那些处于规模较小、距离较远的地区的成员感到被尊重。此外，安排不同时区的成员开会时，领导者必须公平地分配在正常工作时间之外参加实时会议所带来的不便（Tang et al.，2011）。

另外，领导者必须积极主动地了解团队或小组成员的工作动态（Duarte and Snyder，1999）。当团队成员都处于同一地点办公时，领导者可以通过非正式的日常巡视来了解成员情况。但在分布式团队中，领导者就需要通过与所有成员保持定期联系来实现。除了通过正式的进度报告进行沟通外，电子邮件、语音或视频通信等也是维系团队成员间频繁交流的重要补充手段。这种联系方式有助于增强团队成员作为合作重要组成部分的归属感。

## 管理团队动态

### 共同经历

相较于成员同处一地的情况，分布在不同地域的成员的个人经历可能差距更大。如第三章所述，共同经历有利于人际交往过程的发展——共享式心智模式（对目标、任务和责任的共同理解）和交互记忆（对每个团队成员专长的了解），且这两个人际交往过程已被证明可以提高团队效能（Kozlowski and Ilgen，2006）。此外，团队成员间的直接互动形成了团队氛围（对战略要务的共同理解）——这是另一个被证明可以提高团队效能的过程。由此来看，如果虚拟团队能够积极参与旨在形成共同语言和工作风格的活动，以弥补共同经历的不足，那么他们成功的可能性将显著提高（Olson and Olson，2014）。尤其当团队成员来自不同机构或具有不同文化背景时，启动会议显得尤为重要。该会议可作为平台，可以使成员明确工作评估习惯和目标，讨论并消除分歧，进而提升合作成功的概率（Duarte and Snyder，1999）。

### 加强协作准备

为了加强协作准备，领导者们可以与成员多接触，培养内在动机，创造外在动机，发展信任和尊重，从而提高团队合作效能。人际关系和需要他人的专业知识协作才能取得成功的意识是分布式团队中个体成员愿意与他人协作的内在（内部）动机。这两种行为都能够体现出个人对另一方的尊重；而当人们觉得自己被尊重时，则更有可能被激励而做出贡献（Olson and Olson，2014）。如果这些条件都不能满足，那么领导者们可能需要创造一些外在的（外部）激励，包括团体奖励和个人奖励，以反映出个人为团体所做的贡献（在第八章中将进一步讨论）。

旨在构建信任关系并增强团队自我效能感的活动——这两个因素已被证实能在非科研领域提升团队绩效——可能有助于提高科研团队的成功率。一方面，由于在分布式团体中建立信任的过程缓慢（成员们难以判断他人的可信度，充分了解和熟悉他人的机会较少），领导者们可以提供一些训练或活动来培养信任感。例如，召开虚拟聊天会议，鼓励成员谈论他们的业余生活，分享他们内心的痛点，这些都已被证明可以促进建立信任关系（Zheng et al.，2002）。另一方面，尽管虚拟会议在某些方面具有显著价值，但其在促进信任关系建立方面仍无法完全取代线下会议的作用。这正是众多团队在项目启动阶段坚持进行面对面交流的核心原因之一。此外，邀请参与者参与团队的专业发展活动，也是促进团队凝聚力和信任感形成的有效途径（见第五章）。

第二个有助于确保合作成功的人际交往过程是团队或团体的自我效能感——一种"我们能做到"的态度（Carroll et al.，2005；进一步讨论见第三章）。这种态度可以激励人们承担额外的工作，或在出现问题时积极寻求解决方案。同样地，团队建设活动也可以帮助培养这种态度。与信任一样，团队的自我效能感同样既可以提高本地团队效能，也可以提升异地团队效能，但在异地团队中，信任感和团队自我效能感通常更难以建立和维持。

工作性质

当工作内容为常规性工作时，例如在汽车装配线上，大多数人都知道该做什么，以及别人在做什么，则易于协调他们的工作。当工作很复杂时，跟踪需要做的事情以及谁正在执行哪些任务就更具挑战性。当工作很复杂，远距离合作就更为困难——在科研团队中就是如此（Olson and Olson，2000）。例如，Cummings 等（2009）在对 120 个高度复杂的软件和硬件开发项目进行研究时，发现空间界限（在不同城市工作）和时间界限（跨时区工作）都与协调延迟有关。在该研究中，协调延迟被界定为在团队成员间沟通时出现的响应迟缓现象，表现为成员间沟通不畅，频繁需要对观点进行澄清，甚至导致成员不得不返工。

面对管理远距离复杂工作的挑战，一种有效的策略是将任务细分为多个模块，从而实现大部分协调工作和讨论在同地成员间进行，有效减少跨区域沟通的关键需求（Herbsleb and Grinter，1999）。鉴于地理距离对团队成员的认知、沟通及工作协调产生的影响，工作安排与计划显得尤为关键（Malone and Crowston，1994）。此外，认知性任务分析在工作分配中可能发挥着重要作用（参见第四章）。若工作安排与计划无法调整，团队或团体成员将不得不投入大量精力以协调其研究任务。

## 支持虚拟协作的组织条件

分布式科研团队通常由来自不同组织（如高校）的成员组成。这些组织的文化和激励机制影响着跨组织的团队的协作准备工作。具体而言，机构文化潜在地影响了成员的竞争倾向与竞争态势。同时，机构内部成员会致力于遵循机构激励机制所倡导的行为模式。然而，由于激励机制往往以个人成就为导向而非团队整体表现，或更侧重于知识创新而非产品产出，这种激励错位可能导致成员在参与团队科研活动时面临困难，从而影响其科研成果的产出。

在学术界，各学科的竞争力各不相同。例如，一些从事获得性免疫缺陷综合征（Acquired Immune Deficiency Syndrome，AIDS）研究的科学家之间，如遗传学家、免疫学家和药剂师，可能存在着激烈的竞争，因为找到治愈方法会带来大量的金钱和极高的声誉。再比如，在美国生物防御中心——一个由国家过敏与传染病研究所资助的美国东北部的组织联盟，科学家们最初没有分享他们的数据，因为担心他们的原始数据会被他人"挖走"，并抢先发表出研究成果。如果一个学科领域中有共享和合作的文化，那么分布式工作的协调会相对容易些（Knorr-Cetina，1999；Shrum et al., 2007; Bos, 2008）。

在要求科学家个人向共享资源库提交数据的项目中，可能需要奖励机制来激励科学家们分享他们的数据（例如，基于其他人对数据的使用情况）（Bos et al., 2008）。GenBank 是 NIH 的一个基因序列数据库，它就要求将基因组数据输入该数据库，并将之作为发表的前提条件。此外还有，细胞信号联盟与著名期刊《自然》合作，开发了一个新的程序来审查和发布分子信号（molecule pages）数据库（Li et al., 2002）。而数据库中包含的这些数据集是科学家们辛勤工作得出的标准化的、格式化的产出成果，与传统的出版物有所差异。当年轻教授带着此类出版物去申请终身教职时，《自然》的编辑会对该审查过程进行认证。在 2010 年，共计发布 606 个数据集，同时有 88 个数据集正处于审查阶段，另有 203 个数据集正在筹备之中（详见第八章，该章节对作者身份、晋升及终身职称进行了深入探讨）。

竞争也可以在科学研究中发挥作用。它不仅是一个有效的激励因素，也是确证和纠错的最直接来源。例如，粒子物理学中常常建立平行团队。如方框 6-1 所述，当两个独立的团队分别在大型强子对撞机上建造并运行不同的探测器，以寻找和检验希格斯粒子时，如果这两个大型国际团体独立进行该实验，并最终得出两套大体一致的研究结果，那么该实验结果将会得到学界的高度认可。

分布式科研团队的领导者常常受到组织层面（如高校）决策的影响。例如，激励机制通常由组织制定，合作与竞争的文化亦深受整个组织乃至行业的影响。组织可能会规定研究项目的设计或指定每个工作地点的人力配置，这将影响任务间的相互依赖性，进而增加沟通协调成本。同时，项目预算最终受资助机构或组织的控制，这决定了可用于技术性能开发和技术支持的资金规模。尽管领导者能够阐述技术组合、技术支持与培训对于远程协作的重要性，但资金分配的最终决策权往往掌握在资助方手中。

在多个组织共同参与的协作环境中，如远程协作的典型场景，将面临诸多挑战。为确保协作的顺利进行，各组织间的研究目标需达成一致，而具体目标则应由组织内部的二级机构负责制定。此外，还需对法律和财务相关事宜进行深入讨论，如不同国家间项目资金的分配机制。在规模庞大的科研项目中，成果归属问题尤为突出，这不仅包括出版物的归属，还涉及组织归属、资助奖励归属以及知识产权归属等多个层面。

尽管许多组织试图通过更扁平的组织结构来提升灵活性和创造性，但这种方法对同地办公的团队更有效，因为成员间更容易沟通和分享信息。而对于大型的分布式团队来说，至少需要确立权威领导者以及明确的成员角色与职责，以促进工作的顺畅进行（Hinds and McGrath，2006；Shrum et al.，2007）。一项近期的研究亦揭示，实行共享式领导，并提供结构性支持（例如，为虚拟团队的工作建立公正且透明的奖励机制，以及管理信息流）能够提升分布式团队的工作效能（Hoch and Kozlowski，2014）。

组织和团体领导者或许可以从在线评估工具——"合作成功向导"中得到启发，见 http://hana.ics.uci.edu/wizard/[May 2015]。该评估工具要求参与科学项目团队的成员回答约 50 个问题，内容涵盖工作性质、动机、共同点、管理以及项目中的技术需求与技术应用。参与者可即时获取反馈，以识别团队的优势与劣势，并且能够学习如何解决这些问题。完成调查后，项目负责人将获得一份详尽的总结报告，该报告将重新呈现团队的优势、劣势以及应对策略，鉴于在某些情况下，不同的个体或小组可能对自身工作持有不同的观点。

## ◉ 支持虚拟协作的技术条件

在本节中，我们将首先回顾可用于支持远程协作的各种技术，值得注意的是，不同类型的工作得益于不同的技术组合。团队科学论委员会的技术框架采纳了 Sarma 等（2010）的想法，将技术归类为通信工具、协调工具和信息存储，以及计算基础设施（方框 7-1）。虽然我们提到了具体的技术，但我们的重点不在于推荐当前的具体技术，因为它可能会很快被新版本所取代。我们更希望强调哪些类型的技术是有用的，并阐释其原因。随后，我们提出了一个分析方案，用于指导人们根据各自的工作性质来选择正确的技术组合。

## 协作技术类型

通信工具

1）电子邮件和短信

电子邮件已经被广泛使用，许多专家将其称为第一个成功的协作技术（Sproull and Kiesler，1991；Satzinger and Olfman，1992；Grudin，1994；Whittaker et al.，2005）。其成功之处在于，对用于发送和接收的设备或应用没有特定限制，并且可以通过使用附件功能，使得任何形式的文件都可以分享给接收者。此外，如同其他技术一样，电子邮件还具备一些其他功能，人们也可以用它来管理时间、提醒待完成事项和记录工作流程（Mackay，1988；Carley and Wendt，1991；Whittaker and Sidner，1996；Whittaker et al.，2005）。

---

**方框 7-1　　支持远程协作的技术分类**

通信工具
- 电子邮件和短信
- 语音和视频会议
- 聊天室、论坛、博客和维基百科
- 虚拟世界

协调工具
- 共同的日历
- 认知工具
- 会议支持
- 大型视觉显示器
- 工作流程和资源调度

信息存储
- 数据库
- 共同的文件夹
- 实验笔记（在线）

> 计算基础设施
> - 系统架构
> - 网络
> - 大规模计算资源
> - 人本计算
>
> 资料来源：Olson 和 Olson（2014），经许可转载

短信，例如即时通信（instant messaging，IM）已经在组织中得到了广泛应用，它是指与另一个人或者团体分享的简单的文本信息。在一些情境下，它已经取代了电子邮件、电话，甚至是采取了面对面的沟通方式（Muller et al.，2003；Cameron and Webster，2005）。有证据表明，它偶尔还被用于复杂的工作讨论，而非只是简单地来回讨论日常事务（Isaacs et al.，2002）。此外，它还被用于快速提问、安排日程、组织社交活动，以及与他人保持联系等活动中（Nardi et al.，2000）。除了电子邮件的附件（可以包括精心设计的图像、图表和录像），以上列出的技术都是基于文本的，短信亦是如此。因此，与拥有音调、面部表情和身体语言等信息的面对面交流相比，文字仍然是一种信息传达较少的媒介。

2）会议工具：语音和视频

在当今世界，除文字沟通之外，还存在许多其他的沟通方式，而且很多都得到了广泛使用。例如，与文字相比，电话能够更准确地传达说话人的语气，且能得到更及时的回应。然而，语音和视频传输过程中的技术中断所造成的延迟会严重影响谈话的流畅性，即在双方轮流发言时，可能会不可避免地出现卡顿现象（Börner et al.，2010）。

电话的高普及率使得人们至少可以在小范围内召开电话会议。同时各组织还经常用心筹划，以促成大规模的电话会议。而实现电话通信的关键在于，电话是全双工线路还是半双工线路。半双工线路一次只能传输单向信息。例如，在我们日常对话中，经常出现类似"嗯哼""嗯"和其他评论词的"反馈语"，以表达接收者是否同意或理解；但使用半双工线路时，就无法收到对方的回应。在此种情况下，说话者往往会因为不确定对方是否能够理解而表述得更为冗长（Doherty-Sneedon et al.，1997）。此

外，对话中的轮流发言往往是由想发言的人在当前发言者说话时，以发出声音来进行示意的（Gibson and Gibbs，2006），然而在半双工线路中却无法实现，这就造成了不知道谁将发言的尴尬局面。虽然语音、语调可以增加语言表达的信息量，但是面部表情和肢体语言对于信息传达的作用更为突出。在大型会议中，视频有助于在没有明确点名的情况下传达与会者情况，并可以通过眼神接触和表情，传达出所有出席会议者（即使现在未发言）对会议内容的关注度。同时人们不仅可以看到出席者，还可以感受到当前的会议氛围与情境。

然而，语音和视频的丰富性可能会给来自不同文化的人之间的交流带来障碍。如前所述，在西方和东方文化中，对话中的停顿习惯是不同的，这经常会造成误解。例如，西方人习惯于较短的停顿结构，所以他们常会在对话中占据主导地位（Hinnant et al.，2012）。同样，当视频显示出面部表情和眼神交流信息时，由于各种表达方式在不同文化中可能有不同的内涵，因此人们可能会对他人的想法产生误解。

为了发挥出最大的效能，视频连接应当尽量模拟现实情境。在沟通交流中，眼神接触和凝视是沟通的关键语言和社交媒介（Kendon，1967；Argyle and Cook，1976）。在视频中，仿若在现实生活中一样，人们倾向于关注交谈者的面部表情，并试图通过注视对方的眼睛来进行眼神交流。遗憾的是，要在视频中出现眼神交流，需要人们不直接看屏幕上的对方的眼睛，而是要去看摄像头。因此，为了进行眼神接触，人们需要付出额外的努力，将远程视频窗口尽可能地靠近摄像头。如果没有这种仔细的调整，会议参与者就会显得好像是在侧目或者俯视他人，而这两种情况都会被理解为对他人的谈话不感兴趣（Grayson and Monk，2003）。

对话常常伴随着指向物体、文件、数据或视觉图像的手势。如 GoToMeeting、Google Hangout 和 Skype 屏幕共享等复杂工具可以让与会者共享其计算机桌面或者特定窗口，从而自主控制向他人呈现的内容，并可以通过鼠标/光标来牵引听众的注意力。

3）博客、论坛与维基百科

参与人数众多的持续性沟通交流通常需要通过聊天室、博客、论坛和维基百科等平台进行。一般来说，平时的沟通交流基本上是实时的，而博客、论坛和维基百科平台上的沟通则有一定的时间间隔。当分布式科研团队运用这些平台进行交流时，交流内容通常只限于内部特定的工作小组，而不是向社会公众开放的。

参与高层大气研究合作实验室和空间物理与航空学研究合作实验室项目的大批空间物理学家通常会在太阳活动影响高层大气的时期，广泛使用聊天工具进行讨论。同时自动保存的聊天记录可以让学者们快速了解谈话内容（通过翻阅聊天记录来了解谈话动态），帮助他们"跟上"谈话内容，弥补由于时区差异而无法"实时"参与谈话的缺陷。事实上，这些对话形式理论上可以与面对面沟通所起到的效果相提并论（McDaniel et al.，1996）。

维基百科同样也是开放对话的一种方式，但在组织形式上，没有其他平台那么结构化。论坛通常适用于问题讨论，而维基百科可以被应用于多种情况，并采取多元化的形式。例如，参加生物医学信息研究合作实验室的大型科学家群体广泛使用维基百科来分享测试方案、技巧、常见问题、新软件工具的测评结果以及感兴趣的文章（Olson and Olson，2014）。

4）虚拟世界

虚拟世界是物理空间的图形化、三维化的呈现，目前已经引起了工业界和学术界的极大关注（Bainbridge，2007）。它们通常是通过虚拟形象让人们体验真实的环境。虚拟形象可以用于探索空间、操纵物体，并在联网的情况下，与其他人进行互动。例如，计算天体物理学元研究所就是一个完全基于虚拟世界的合作机构。该研究机构在游戏《第二人生》（*Second Life*）[①]中提供了举办专业研讨会、热门讲座和其他公共宣传活动的平台（Djorgovski et al.，2010）。

这种对真实世界的模拟演示早已在军事训练中得到了普遍使用（Johnson and Valente，2009）。此外，尽管如《魔兽世界》（*World of Warcraft*）[②]这样的多人游戏也已允许玩家之间进行多元互动，但据 Brown 和 Thomas（2006）推测，真正的领导技能可能也需要通过这样的游戏来学习，因为它涉及广泛的与大量玩家一起协作的任务。

---

① 更多关于《第二人生》的信息，详见 http://www.secondlife.com[May 2015]。
② 更多关于《魔兽世界》的信息，详见 http://us.battle.net/wow/en/us.battle.net/wow/[May 2015]。

**协调支持**

协调支持技术具体可分为两类：一类技术可用于帮助合作者寻找同步工作的时间；另一类技术可用于协助合作者在同步工作时间中进行任务协调。

1）日程表共享

尽管最初引入团体日程表时遇到了很多阻力，但许多组织逐渐看到了其使用价值（Grudin，1994；Grudin and Palen，1995）。日程表可以协调会议安排，以找到一个所有重要参与者都能参加的时间。

团体日程表也可以发挥通知栏作用。当同事没有像往常一样及时回复信息时，人们可以查看同事的日程表，确认其是否在出差或者在开会中。这些信息还可以帮助规划与他人联系的时间点（例如，在某人的会场外进行"伏击"，以及时获得其签字）。共享日程表对于时区不同的分布式团队尤其有价值，它可以使团队成员知晓对方目前是否在工作时间内。

2）成员状态通知工具

如今，成员状态信息是通过 IM 系统的状态指示器传达的。通过 IM 系统，用户可以决定向他人传达怎样的状态指标，但用户必须记住如何设置状态以及去实际设置状态。相较而言，接收状态信息则更为简便。许多 IM 客户端会以图标的形式在屏幕一侧展示其他同事的状态信息，但这一前提是其他同事设置了公开状态。

IM 可以体现用户当前的状态，其他人可以从中推断出该用户目前是否可以被打扰，但并不清楚他具体在做什么。软件工程是科学进步的一种重要形式，在软件工程领域，细节工作的协调至关重要，但工作几乎是无形的。开发人员创建并广泛采用多种系统来"检出和检入"他们正在工作的部分代码。例如，Assembla[①]是一个工具集，用于跟踪开放性问题，并监测负责解决相关问题的责任人，此外还设立有代码数据库，当代码被分配给某一个人处理时，其他人则会被锁定而暂时无法编辑。这类协调工具的功能很强大，但目前还没有推广到软件工程以外的领域。

谷歌文档中出现了一个更具有普适性的系统，其可以建立共享文档，

---

① 更多关于 Assembla 的信息，详见 https://www.assembla.com/home[May 2015]。

记录人们已经完成或正在进行的工作。具体来看，目前正在编辑文档的其他人的名字会显示在文档的顶部，同时，他们正在编辑的位置上会出现带有他们名字的光标。此外，该系统还储存了历史修订记录，并详细标注了参与文档编辑的每个作者的修订记录（每个作者的贡献会使用不同的颜色突出显示）。这种共享文档适用于由多个作者同时或者异步编辑一个文档的情境，文档中的不同标记和颜色有助于了解各成员在一个共同编辑文档中的具体贡献。

3）会议支持工具

无论是面对面会议还是远程会议，对会议的协调支持都可以分为正式型和非正式型。在 20 世纪 90 年代，开发者和用户就测试了团体决策支持系统。在该系统中，参与者在会议主持人的带领下开展一些基于计算机的活动，如产生想法、以各种方式评估新想法、进行利益相关者分析、确定备选方案的优先级（Nunamaker et al.，1991，1996/1997）。但这些系统由于其管理开销和成本较高而逐渐被放弃。

非正式会议支持工具通常采取简单的互动媒介形式，如 Word 大纲或谷歌文档。大纲将会议议程列在顶部；在会议期间，由专人做会议记录，所有人都可以查看和审查会议记录。随着议程项目的完成，大纲格式允许项目被折叠，从而直观地展现会议的进程。而谷歌等允许多人编写共享文档的应用程序，其功能甚至更为强大。当只有一个会议记录员时，其通常非常忙碌，以至于难以在会议讨论中贡献有益的个人观点。如果有多人同时承担会议记录工作，当其中一人交谈时，其他人可以无缝地接管会议记录工作，记录正在进行的谈话内容。此外，这些记录工具在包含英语不是其母语的成员的团队中得到了非常有效的使用。因为这些实时可见的笔记类似于会议的"隐藏式字幕"。

4）工作流程和资源调度

建立结构化的数字工作流程系统有助于执行多人协作的常规性任务。目前有许多有效的在线系统提供此类流程。例如，已有一个非常完备的工作流程系统，该系统可以支持国家科学基金资助申请的提交、评议、讨论和决策过程。它可以在恰当的时间通知各环节涉及的参与者，并给他们提供所需的工具和信息，记录他们的活动，然后进入下一个环节。虽然这些系统存在缺陷，只能画地而趋，不知变通，有时限制了它们的应用，但其中一些系统已算是相当成功了（Grinter，2000）。

在一些科研工作中，特别是在自然科学领域，研究人员需要共享造价高昂的大型设备，因此人们已建立了一些系统，以合理分配设备的使用时间。例如，使用望远镜的时间分配是通过软件来进行管理的，开发这些软件的目标都是平等对待所有申请使用设备的人员，同时实现设备利用率的最大化。竞标机制已被探索用于解决一些复杂的分配问题（Takeuchi et al.，2010）。当前，各种形式的竞标机制都被测试过，以创造一种公平的时间分配方式，并防止人们"玩弄"系统（Chen and Sönmez，2006）。

信息存储

无论是地域集中还是分散的科研团队，它们往往都需要组织和管理共享信息。将编辑好的文件作为附件发送给大家的非正式合作模式很常见，但也充满了挑战。例如，其存在文件的版本控制和变化协调问题。一个更好的解决方案是建立一个共享文件的空间，让所有作者都可以访问。例如，微软提供的 Sharepoint 就是一套为文件共享而生的综合工具。它包括网站收集工具，以及合作和信息管理工具（包括对文件的权限和类型进行标记的工具以及内容自动分类工具）。它还允许通过内容进行文件搜索。然而，到目前为止，该系统还没有被研究型大学广泛使用，不同的大学正在使用一系列不同的协作工具。

Google Apps 和 Google Drive 是另一个用于编辑、管理共享文档的系统，但形式更加流畅。Google Apps 中的应用（文档、演示文稿、电子表格、表单和图纸）都可以直接与他人共享，或放入一个文件夹中，并通过 Google Drive 共享。这套功能为用户带来了便利，但由于没有经过测评认定为"最佳方法"，所以还没有得到广泛的应用。此外，各类五花八门的文档共享"云技术"让用户们难以选择（Voida et al.，2013）。由于科学家们和研究机构使用的工具各不相同，缺乏互通性，有时这会迫使科学家回到以电子邮件的附件形式发送文件的这种不高效，但最大众化的方式（方框 7-2）。

| 方框 7-2 | **以用户为中心的协作技术设计** |

一些声称支持虚拟协作的技术实质上并没有发挥作用，甚至还给协作造成了阻碍（Crowston，2013）。只有设计得既符合用户需求，又易于学习和使用的技术才能真正支持协作。一个需要大量培训、使用难度大、与协作活动不配套或与其他技术兼容性差的协作工具，很可能会干扰协作而最终被弃用。以用户为中心的设计可以让技术去配合用户，而不是让用户去适应技术。

开发适合用户需求的技术需要仔细分析用户的任务、基础设施、文化和整个工作环境。Beyer 和 Holtzblatt（1998）概述了这种分析的步骤，以确保技术功能正常。具体而言，他们考虑了如下几个方面的内容。

（1）沟通流程；

（2）工作中各步骤发生的顺序；

（3）工作中生产和使用的工件；

（4）文化，包括权力和影响力；

（5）物理布局。

一旦这些明确了，受命于选择使用哪套协作技术（无论是购买的还是创造的）的决策者就可以集思广益，然后设计出最终的解决方案。

在为套件中的各种技术设计用户界面时，Norman（2013）提出了六个原则。

（1）一致性。类似的技术应该以类似的方式运行；用户不必为使用新软件而学习新的程序。

（2）可见性。控件应该有明显的标志，不能让用户找不到。

（3）可供性。技术的形式和其他可见属性应该直观地展现其功能（例如，应突出显示界面的可点击元素）。

（4）映射。控件和预期效果之间应该存在清晰明显的关系（例如，当滑杆向上或向右移动时，音量会增加）。

（5）反馈。用户操作后应立刻且清晰地呈现出效果。

（6）约束。当用户选项不可用或不合适时，应对其进行限制（例如，不允许时变灰）。

> Whittaker（2013）指出，技术的成功使用往往依赖于遵循技术指南，但尚不清楚如何让用户学习这些技术指南。一个功能单一的系统很难满足一个小组或团队的所有需求：一方面，其需要一个工作流程和日程安排系统，另一方面需要一个信息存储与信息共享系统。但系统间的互通问题比比皆是，尤其是使用不同的数据共享工具进行类似的工作时，由于一些用户对系统组件不够熟悉，由此而产生的挫折感会使他们退回到使用不高效但大众化的技术，如电子邮件或电子表格。
>
> 针对团队科学领域中协作技术的设计，尚需深入研究与优化。该设计应整合人类系统整合方法论中的核心理念，即将人的因素置于核心地位（National Research Council，2007a）。

相较于共享文件，科学家们在共享数据时面临一系列额外挑战，包括数据质量、数据共享以及数据库管理等问题。当数据由单一科学团队或大型研究机构收集时，团队成员需在数据质量标准上达成共识。众多大型科学组织的目标之一是实现跨站点的数据共享。例如，在生物信息学研究会（The Biomedical Informatics Research Network，BIRN）的早期发展中，参与者认为，了解精神分裂症的发展情况需要获取大量的包括患者和正常人在执行各种认知任务时的磁共振（magnetic resonance imaging，MRI）图像样本。他们花了大量的精力来确保受试者所执行的认知任务的标准化，而且对各种成像机器都进行了校准。在另一组大型科学家群体中，人们非常注重开发一个共同的医学术语词表，以便来自不同地区、不同医疗部门的患者数据可以汇总到一起（Haines et al.，2013）。

在某些科学领域中，实验室笔记本是记录和审核信息的关键工具。研究人员用笔记本来记录个人的日常活动，如进行的测试、收集的信息和观察到的实验结果。其中最重要的是，每条记录上都必须签名和注明日期，以记录重要的研究发现，为专利申请提供依据。考虑到存储和分享这些笔记本的价值，一些大型科学合作组织已经开发了电子笔记本。例如，太平洋西北国家实验室（Pacific Northwest National Laboratory，PNNL）的电子实验室笔记本（Electronic Laboratory Notebook，ELN）就设计得非常好，不仅在整个实验室中得到了广泛使用，还被其他不同领域的合作实验室所采用（Myers，2008）。

计算基础设施

1）系统结构

许多大型的科学家团体对于如何构建他们的系统没有选择权。大规模的计算技术要么存储在本地，要么是托管在安全机器的私有网格上，而在 NSF 资助中心，其庞大的数据通常是被存储在大规模服务器上。另外，基本上只有少数大型研究项目能够有能力创建自己的数据存储和共享系统，许多科学家仍然依赖于微软的 Excel 软件。

那些不需要存储或计算大量数据的科学家们可以选择购买应用程序，并将之安装在他们的机器上，或者选择在"云端"进行计算和存储。如果选择使用云盘，那么在需要实时的协作访问的情况下，连接性就很重要。尽管众多基于云平台的应用程序已经集成了一定的离线功能，但其在离线状态下无法实现程序版本的更新。对于部分用户而言，云计算面临的一个更为严峻的问题是其安全性。例如，临床医生、军事供应商、警察和消防部门、特定政府机构以及其他对信息泄露极为敏感的个体，对云计算在某些情境下持有一定的排斥态度。

有意思的是，不同的架构选择会衍生出各自的行为方式。当应用程序和文件都储存在私有机器上时，合作模式是交接、轮流修改：文件在修改时开启"跟踪修改"，并最后发送给编辑，他可以选择是否接受每个修改。此时，修改权力会集中在编辑身上。相比之下，如果文件和应用程序储存在"云端"，则由那些被指定为编辑的人去指定处进行修改。在这种模式下，对文档所有的修改似乎都被接受了；文档最终发生了改变。其他人可以查看修订历史并撤销修改，但至少在目前，恢复到早期版本会撤销所有的修改，而不能每次只撤销一个修改之处。因此目前，两种模式的效果都不理想。

从工作流程来看，这是两种完全不同的合作模式。就工作流程而言，这是两种完全不同的协作模式。协作者通常会默许决定谁有权进行更改、谁只能发表评论以及谁对接受所提议的更改有最终决定权。这两种模式的存在给参与这两种协作的用户带来了额外的挑战。他们必须记住某些东西存储在哪里、如何找到它,以及谁有权决定在一定情境下是否接受修改,这种情况被称为"云中雷"(Voida et al.,2013)。

2)网络

所有协作技术的基础是网络。简单来说,就是带宽必须足以支撑完成此类工作。大多数发达国家都有足够的带宽来用于完成包括视频在内的日常任务。需要大量带宽的特殊需求则需要专门的网络基础设施。许多大型科研项目不得不建立高性能的网络来处理其仪器产生的大量数据,以及配备专门的计算设备来计算这些大样本数据。例如,CERN 的 ATLAS 探测器每秒产生 23 拍字节(PB)的原始数据。巨大的数据流通过一系列的软件程序进行缩减,使得每秒存储约 100 MB 的数据,每年产生约 1 PB 的数据。通常这种大规模数据必须要有专门的基础设施来进行管理。

3)大规模计算资源

在许多领域,如先进的科学研究或商业数据挖掘,都需要大规模的计算资源。某些高级研究中心,如国家大气研究中心,通常都是在内部开发其先进的计算资源。然而,诸如 NSF 等机构,已经认识到其服务的众多领域对先进计算技术的迫切需求,因此开始支持基础设施建设,以推动先进计算的发展。其建成具有历史意义的超级计算机中心就是这种需求的体现。支持这种先进计算的一个典型基础设施就是网格,它是一个被广泛使用的复杂的计算基础设施(Foster and Kesselman,2004)。最近建设的一个新设施是 NanoHub[①],其是一个专门用于纳米科学和纳米技术领域的计算基础设施。

4)人本计算

人本计算是一种传统的计算范式,其核心在于通过聚合众人的智慧来完成复杂的计算任务。该方法亦被称为"众包",其历史可追溯至 17 世纪,但在近年来,随着互联网技术的发展,众包在多个领域中得到了新的应用与复兴(Howe,2008;Doan et al.,2011)。例如,在集体智慧(Malone et al.,2010)、群体智慧(Surowiecki,2005)以及公民科学(Bonney et al.,2009;Hand,2010)等领域,众包模式被广泛采用。其基

---

① 更多信息,详见 http://nanoHUB.org[May 2015]。

本理念在于，在众多领域内，通过汇集大量个体的小规模投入（即"微任务"），能够产生与专家判断相媲美的高质量成果，且这一过程所需时间显著减少。

总而言之，科研团队在进行交流与协调对话时，通常需要依赖技术支持。技术支持涵盖寻找适宜的对话时机以及协调对话参与者。在这一过程中，对话参与者、信息及数据的收集与管理必须遵循严格的标准，以确保其可访问性。所有这些活动的基础是架构、网络以及大规模计算能力，有时还需借助于聚合的人本计算。当团队成员能够轻松获取并适当运用所需工具时，合作效率将得到显著提升。

## 选择一个技术组合来满足用户的需求

新技术往往不能达到其预期效果。尽管技术成功的影响因素可能包括多个——积极的领导、战略部署，以及特定工具如何适应整体工具组合，但是目前还不太清楚某些技术成功的基础究竟是什么（Whittaker，2013）。因此，为一个特定的科研团队或小组选择哪些技术，以及如何管理这些技术，都会对合作的成功产生影响。而在为一个虚拟团队或小组选择技术组合时，必须考虑以下因素（Olson and Olson，2014）。

➢ 响应速度，影响对话和数据理解的即时性；
➢ 信息/数据的大小或计算量大小，影响所需的计算资源和网络；
➢ 安全性，影响架构的选择；
➢ 隐私性，影响架构的选择；
➢ 可访问性，影响可访问群体；
➢ 传输内容的丰富性，影响对话和数据理解；
➢ 易用性，影响采用率；
➢ 环境信息，影响到各站点之间的协调；
➢ 成本，影响任务完成度；
➢ 兼容性，影响使用度。

选择适当的技术组合来支持一个科研团队或小组的发展并不容易。技术的特性不仅影响其应用方式，而且通常决定了其适用的社会环境。尽管我们尚未构建一个决策树以指导如何选择"正确"的技术集合，但我们提供了一份协作技术分类清单，并强调了在选择应用每类技术时需审慎考虑的关键技术特征。例如，在远程合作的情境中，必须综合考量合作过程中的通信、协调、信息存储以及计算基础设施等多方面的因素。

## 技术与社会实践如何应对虚拟协作挑战

接下来，我们将用实例阐释技术和某些社会实践应该如何应对已识别出的远程协作的挑战。

### "看不见的合作伙伴"

视频会议技术与认知工具的运用能够显著提升团队成员的可见性，并展示各成员的工作成果。明确阐述工作性质以及共享工作背景信息对于团队协作至关重要。视频会议技术为此类信息交流提供了有效的平台，它能够为远程团队成员营造一种在场感，并通过肢体语言、语言提示等多种方式加强虚拟团队成员间的沟通互动。此外，状态指示器（例如即时通讯IM）或对文件变更进行颜色标注的认知工具（如 Google Docs）亦有助于推动虚拟团队成员间的交流。然而，这些工具的有效性依赖于团队成员的积极参与，即成员需开启视频功能，设置状态标记以反映其当前状态，并能够有效利用问题跟踪系统。

### 时区差异

无论间隔数小时还是跨越整个工作日，跨时区的会议安排与工作协调均面临显著挑战。若虚拟团队成员间共享统一的日程表，则可显著减少安排电话会议及工作对话所需的时间。一方面，日程表能够为团队成员提供任务执行的时间规划提示；另一方面，它亦能标识出成员可用于工作交流的闲暇时段。此外，共享日程表亦可作为成员定期会晤的时间记录，特别是对于跨越时区的成员来说，有助于加强定期会议的规范化。对于工作日不重叠的成员安排会议，不可避免地需要部分成员做出让步。这是一个社会性问题，需由参与者及管理层共同应对解决。

## 机构差异

在由不同机构组成的团队中，成员通常需遵循各自的协议、数据库访问权限以及日程安排规则。由于需要兼顾各机构的优先级、政策和程序，团队成员在协调工作流程和资源分配方面的需求尤为显著。当来自两个不同机构的团队成员面对不同的学术日程、需获得各自机构审查委员会的批准或拥有不同级别的数据库访问权限时，协调工作将面临挑战。构建一个工作流程和资源调度系统，能够详细记录团队成员各自承担的任务、成员对信息资源的访问权限，以及审批工作安排的时间和内容，有助于明确并调和各机构间的差异。此外，一个能够使成员和领导追踪各机构的活动，并在必要时提供行动提醒通知的系统，将促进多机构研究团队的协调工作。对于这些差异，应采取的协调措施尚需进一步探讨。然而，成功的远程合作往往始于建立"沟通公约"，该公约概述了各机构间的差异，并确定了参与者共同商定的协调程序。

## 国家差异

了解不同国家的法律、规章及政策差异的关键途径之一是利用开放获取的信息库，如维基百科。此类信息库能够记录并追踪法规以及知识产权法的演变过程。由于团队成员皆可访问维基上发布的最新资讯，并且在需要时可进行添加、修正或移除信息的操作，因此成员们能够共同分担更新各国信息的任务。

## 文化差异

在当代国际社会中，英语已成为包括美国机构在内的全球科学合作的通用语。鉴于文化差异，团队成员在理解语言细节上可能存在障碍，尤其在大型团体远程交流时，这种差异可能导致沟通混乱和误解。通过电子邮件、短信以及"聊天室"等书面交流方式，团队成员能够明确表达自己的思想，而其他成员通过仔细阅读和反复审视信息内容，有助于深入理解信息的深层含义。因此，来自不同文化背景的成员可能会发现，基于文本的沟通方式相较于实时的、基于语音的交流更为高效。

此外，诸如 GlobeSmart 等综合工具能够辅助成员了解其合作者的文化背景和行为习惯，并促进不同文化间的相互理解。[1]例如，对于那些习惯于由管理者做出关键决策的文化环境中的个体而言，当其合作者质疑管理者的决策时，可能会感到意外。然而，在合作者的文化环境中，这种质疑是常态，因为在正式决策之前，管理者通常需要征询所有成员的意见。

## 团队成员地域分散不均

通过巧妙运用会议支持技术可以提升成员在决策过程中的参与度（例如，通过分发实时更新的议程）、构建公正的决策流程（例如，通过实施电子投票系统），并有效减小权力分布的不均衡性。在多数成员集中于总部，而少数成员分散于其他地域的情境下，远程成员易于产生被边缘化的感觉。会议支持技术的应用，如共享 Word 文档，其内容会根据会议进展实时更新并添加注释，确保了各地区成员的意见得到充分听取和记录。同时，制作一张详述决策投票流程的 PowerPoint 幻灯片，并明确标示会议主持人（可实行轮换制），有助于促进虚拟小组或团队达成共识。此外，利用 WebEx 等工具整合分布式团队会议的语音、文档、幻灯片及其他资料，有利于实现不同地域成员的平等参与。目前，这些工具已经被开发出来了，只待被利用；同时，需要一位对所有参与者贡献持开放态度的管理者，以有效运用这些工具。

---

[1] 更多信息，详见 http://www.globesmart.com/about_globesmart.cfm[May 2015]。

## 总结、结论与建议

当前无论是大型科学团体还是较小的科研团队，其成员往往分布于全球各地，这要求科研人员必须依赖于信息技术及网络基础设施以实现与异地成员的沟通交流。面对此类特殊挑战，科研团队必须具备高效的领导力和技术能力。

结论：通过对分布式团队与大型科学团体以及其他专业人员群体的深入研究，发现相较于传统面对面交流的团队和群体，分布式团队在沟通工作进展、面临的挑战、待解决的问题以及建立信任关系方面面临了更为严峻的挑战。尽管如此，对于团队成员及领导者而言，虚拟协作所固有的局限性可能并不显著。

建议 4：分布式科研团队的领导者应提供研究证明有助于所有成员知识增长的活动（例如，共享的术语和工作模式），包括促进知识共享的团队专业发展活动（参见前述建议 2）。此外，领导者亦应考虑将特定任务分配给各地区半独立单位的可行性，以降低对电子通信的依赖性。

结论：针对虚拟协作技术未能在设计阶段充分理解用户需求及其限制条件，即便存在一套适宜的技术体系，用户通常也难以全面掌握并有效运用其功能。而这些问题很可能会阻碍协作的有效进行。

建议 5：在选取技术以支撑虚拟科研团队或大规模团队协作过程中，领导者需审慎评估项目需求及团队成员对新技术的适应性。同时，各组织应积极倡导以人为本的协作技术，派遣技术专员，并通过持续的培训及技术支持手段来激励团队成员采纳并运用这些技术。

# 第八章 机构与组织对团队科学的支持

本章节探讨了机构与组织对团队科学的支持。在简短的引言之后,第一部分将从组织视角出发介绍团队科学。第二部分聚焦于研究型大学在促进团队科学发展过程中所扮演的角色。第三部分分析团队科学在不同组织环境下的运作模式。第四部分探讨物理空间设计对团队科学发展的潜在影响。最后一节将总结前述讨论,并得出相应的结论与提出建议。

组织和机构[①]层面的因素影响着科研团队的活力和效能,但目前对这些因素的研究成果有限。近来,一些学者强调了这些因素的重要性。例如,O'Rourke 等(2014)提出,"合作型的跨学科研究项目与其组织环境之间的关系是影响项目成功的关键因素"。Stokols 等(2008b)提出了若干可以激励科研团队成员的重要组织因素,包括强有力的激励措施以支持团队协作、促进团队自治的去等级制度,以及信息共享、团队成员间的相互信任和营造科学领导的团队氛围。Bennett 和 Gadlin(2014)借鉴社会认同理论(探讨个体在大型团体中的自我定位)和组织中的程序公正性理论,提出高效的跨学科合作需要在科研团队和他们所属的组织之间建立信任关系。作者认为,信任是阐明组织愿景、实施团队科学变革和管理冲突的基础。

然而,很少有人对这些组织因素进行研究,这使得它们与团队科学效能之间的关系尚不明确。一些研究人员指出,对科学研究的组织基础设施的实证研究很少(Luo et al., 2010)。Winter 和 Berente(2012)认为,如果不厘清项目目标与项目成员所在机构(例如学术界、医学界、法律界、

---

① 社会科学家将"机构"定义为推动社会互动而建立的有公认的、普遍的社会规则的持续性系统(Hodgson, 2006)。他们将"组织"定义为一种有既定边界、不同的分工,以及协调与控制综合结构的机构,如大学和商业公司。

商业界和工程界）的目标之间的关系，则难以准确把握团队科学项目的目标定位。尽管这些机构目标影响着项目成员的日常实践及其追求项目目标的动力，但研究人员"对团队运作的环境关注得甚少"（Winter and Berente，2012）。此外，Cummings 和 Kiesler（2011）指出，近年来科研组织结构经历了显著变革，他们倡导将组织理论应用于这些新变革，以深化对变革的理解，指导科学政策制定，完善相关理论。

## 组织视角

在对组织科学相关文献进行回顾的过程中，全面梳理组织与团队科学之间的关系是一项长期研究任务，难以在短期内完成。鉴于此，与前几章主要聚焦于个人与团队层面的大规模实证研究不同，本部分仅对以理论和案例研究为主的研究成果进行简要概述。

在组织科学领域，关于组织战略与组织结构之间关系的探讨一直备受关注（Hall and Saias，1980；Mintzberg，1990）。其中，一个重要议题是组织应如何通过研发活动来促进创新。例如，Burns 和 Stalker（1961）在早期研究中提出，对于发展较为平稳的行业，"机械式"的等级组织结构和管理方式更为适宜；而对于需要更多横向互动和开放性的"有机式"的等级组织结构和管理方式，则更适合于变化迅速的研究密集型行业。此外，Lawrence 和 Lorsch（1967）指出，成功的组织往往能够在保持职能部门（如生产、营销和研发）的差异性的同时，实现部门间整体性和协作性的平衡。以生产部门为例，由于其任务相对稳定，因此其组织结构倾向于等级化，而研发部门由于任务的多变性，则倾向于更为灵活的组织结构。

Shrum 等（2007）针对科学领域进行了深入研究，特别关注了空间科学、海洋学、粒子物理学以及地球物理学等领域的大型多机构合作的科学家群体。通过对这些群体组织结构的观察，他们鉴别出四种主要的组织类型：官僚型、无领导型、非专业型和参与型。此外，他们还提出，数据收集方法和研究活动的范围（即研究策略）能够在一定程度上揭示群体的组织结构类型。例如，在粒子物理学领域，由于粒子加速器的稀缺性，大多数科学家不得不通过共享仪器来收集数据，同时科学家之间还存在广泛的合作，因此该领域的群体结构表现为高度参与型组织特征。Shrum 等（2007）的研究还发现，适度的正式组织与管理机制对于促进包括参与型结构在内的四种组织结构的成功具有积极作用。值得注意的是，与科学界长期强调的个体自主性传统相悖，大型团体的成员更倾向于构建官僚式组织结构，以保障其数据获取与使用的权益，并防止任何单一单位或机构将自身利益凌驾于其他单位或机构之上。此类管理结构有助于高效处理仪器设备的批量采购事宜，从而使科学家们能够更加专注于数据收集与分析工作。此外，对于那些在创新技术开发或后勤管理方面存在困难的大型团体，可以通过聘请专业的项目经理来解决预算与规划问题。

另一个与团队科学相关的组织研究方向是如何利用管理来提高创新性。例如，Simons（1995）认为，传统的层级制管理体系已不再适应时代需求，为了激发创新活力并提高工作效率，管理者需掌握并运用以下四个"控制杠杆"。

（1）信念体系：领导者通过使命宣言、团队信条和愿景声明来传递核心价值观，促使员工将其内化为个人信念。

（2）边界体系：明确界定自由的范围，如行为规范和伦理章程。

（3）诊断控制体系：公司采用监控和调整经营绩效的通用系统，包括商务计划、预算以及财务和成本核算系统。

（4）交互控制体系：提供战略性反馈和指导，如通过竞争分析和市场反馈报告，以更新和调整战略。

O'Reilly 和 Tushman（2004）亦阐述了一种"双管齐下"的管理策略，该策略可以同步提升公司的创新能力和效率。Adler 和 Chen（2011）亦提出，大型创新合作组织应助力成员应对双重挑战：成员需展现其创新才能，同时接受正式管理，以确保其创新活动与他人协同一致。这表明，科研团队组织（例如研究中心、国家实验室、高校、企业）不仅需协助科学家在具体研究项目上进行创造性思考，还需引导他们协调与其他成员间的关系，以实现组织的总体目标。

在对研发及创新活动管理相关文献进行综述的基础上，结合对激励理论与认同理论的深入探讨，Adler 和 Chen（2012）指出，创新活动发展过程中，内在动机与认同动机是两种至关重要的动机类型。内在动机涉及个体在完成任务时，出于心理上的愉悦与满足感，而自发地参与任务的倾向（Murayama et al., 2010）。认同动机则体现了个体对团体或组织的归属感，促使个体为实现集体目标而努力。此外，作者提出，组织能够通过实施人力资源政策，吸引并保留那些具有强烈内在动机或流动动机（愿意接受组织影响）的个体，并可运用 Simons（1995）所总结的四个杠杆来进一步强化这些动机。

鉴于团队奖励已被证实能激发团队创造力，因此，致力于培养团队协作创新能力的组织应采取个人与团队奖励相结合的激励措施（Teasley and Robinson, 2005; Toubia, 2006）。同时，Chen 等（2012）通过实验揭示了团队奖励能提升成员的创造性表现，增强团队凝聚力，促进团队协作，并提升团队成员对团体目标的认同感。

前述理论与研究综述对科研团队及其隶属机构具有潜在的指导意义。这些研究深入探讨了在快速变化的环境中如何管理任务的不确定性，而任务的不确定性恰是科学研究工作，尤其是在研究项目初期阶段工作的显著特征。此外，众多学者还强调了管理团队间相互依赖的必要性，这在科研团队中，尤其是跨学科与超学科团队中显得尤为重要（Fiore, 2008）。然而，为了更明确地阐释组织理论与科学研究以及团队科学之间的联系，尚需进一步探究。

## 高校政策与实践

高等教育研究专家认为，高校是由众多松散且彼此间存在关联的子系统构成的复杂组织结构（Austin, 2011）。教职员工在不同的背景和文化环境中进行工作，这些环境包括系、学院、整个机构乃至外部团体（例如学科协会和认证协会），它们均可被视为高校组织结构中的"层次"。这些多元化的背景和文化对教师在研究、教学和服务方面的态度及选择产生深远影响，同样也影响着他们对团队科学的态度和选择。在这些复杂的系统中，影响教师行为的关键因素涵盖了评估与奖励机制、任务分配、职业发展机会以及领导力水平等多个维度。同时，系统内不同层级的多元因素共同作用于教师群体的选择与行为模式。进一步地，鉴于高校的极端复杂性，若要实现真正的变革，则必须综合实施"自上而下"与"自下而上"的策略，全面考量不同工作背景中影响教师工作的多重因素，并战略性地考虑多种变革因素（Austin，2011）。基于此，下文将探讨高校如何支持团队科学发展。

## 高校对跨学科团队科学发展的推动作用

众多学者指出，现行高等教育政策及基于学科的组织架构阻碍了跨学科团队科学的发展。Klein 等（2013）提出，在整个学术体系中，跨学科团队面临重重困难，需要应对组织结构与管理、规章制度、政策导向、资源与基础设施、认知差异、奖励机制等多方面的挑战。Klein（2010）还呼吁，研究型大学应采取全面的、全校性的策略，以突破根深蒂固的学科组织文化对教职员工的限制，从而促进跨学科研究与教学活动的开展。

与以上观点不同的是，美国国内各地的高校近期都在大力推动跨学科团队科学的发展（Duderstadt，2000；Frodeman et al.，2010；Klein，2010；Altbach et al.，2011；Repko，2012；O'Rourke et al.，2014）。高校的领导者们创建了许多新的科研团队、大型科学团体，以及研究中心。在这一过程中，他们不仅面对团队成员构成的多样化及知识深度整合所带来的新情况，同时亦需应对如何确保新组建团队与其他团队目标协同一致的新课题。其中，亚利桑那州立大学（Arizona State University）就是一个例子。过去的 10 年中，在校长迈克尔·克罗（Michael Crow）的领导下，亚利桑那州立大学进行了机构重组，这大大地推动了该校跨学科团队研究和教学的发展，该校也由此成为全国高校的典范（Crow and Dabars，2014；Martinez，2013；另见 http://newamericanuniversity.asu.edu）。具体来看，该校"自上而下"地对组织机构进行了重新设计和编排，建立了新的跨学科学院和研究中心，包括生物设计学院、可持续发展学院、人类进化和社会改革学院，以及一个管理中心。这些变革不仅为学校带来了丰富的研究资金，同时也吸引了众多学子及优质师资。然而，随着组织结构的频繁调整，亦不可避免地引发了一些问题。

相较之下，南加利福尼亚大学（University of Southern California）采取了一种自下而上的方法来支持团队科学发展，其创建了一个基金会，来为教师委员会遴选出的跨学科项目提供种子基金，并在教师的参与下，修订了教师晋升与终身教职政策（后面将进一步讨论）。而南加利福尼亚大学和亚利桑那州立大学所采取的不同政策的长期效果究竟如何？二者在推动学术文化改革方面孰优孰劣？这些问题的答案非常令人期待。此外，我们也需要审视这两所学术机构所实施的变革是否不仅对团队科学研究产生直接影响，同时亦对学生培养产生影响。正如 Austin（2011）所指出的，在培养未来教育工作者的过程中，博士生导师所倡导的"博士生社会化"过程将对下一代教育工作者的教学观和研究观产生深远影响，其中包括如何看待团队科学。爱达荷大学校长杜安·奈利斯（Duane Nellis）则提倡采取多元化的策略，他认为推动跨学科研究的开展"必须由高层的行政人员和基层的广大教师共同领导"（Nellis，2014）。然而，他也提醒我们，由于受到传统的部门界限、学科界限以及机构文化和学科文化的影响，且目前跨部门研究工作的资助（例如，以研究助理的形式）尚不充分，因此行政政策和程序的实施效果难以评估。

在美国，还有许多其他高校也在努力促进跨学科团队科学的发展。美国西北大学就是其中一个典型的案例。早在亨利·比嫩（Henry Bienen）任校长的时候，他就着手加强了该校与阿贡国家实验室，以及与芝加哥生物医学界的联系，同时不断激励和支持校内跨学科团队科学的发展。此外，罗格斯大学的校长罗伯特·巴奇（Robert Barchi）也在鼓励跨学科研究的发展，他在全校范围内设置了几个"新型岗位"，其中包括在分管研究的副校长办公室内设立了一个新职位——研究发展主任（Murphy，2013）。同时他还将两所医学院（一所护理学校和一所应用卫生专业学校）合并到罗格斯主校区，以促进教师之间的交流和合作，不断推动跨学科团队科学工作的开展。

## 晋升与终身教职聘用评审与团队科学

尽管激发科学家进行研究的因素众多，包括声望及个人研究兴趣的追求（Furman and Gaule，2013）等，但金钱激励作为其中的关键因素不容忽视。因此，高校在促进团队科学发展方面，可采取一种重要策略，即在授予教员终身教职时，对个人在团队中的贡献予以认可并给予奖励。晋升与终身教职的决策通常由学科部门的教师委员会提出初步建议，随后由学院院长及更高级别的行政管理层进行审核与批准。此外，这些决策亦会受到现行趋势及传统科学规范的影响。

此外，当前还有一个重要趋势，美国联邦和州政府对科学研究的资助正在减少（National Research Council，2012a）。以生物医学为例，高校普遍预期生物医学研究资金能够持续增长，因此设立了大量依赖于临时资金支持（通常称为"软资金"）的研究岗位。然而，现实情况是，联邦资金支持正在不断减少（且无法满足所有研究开支），科研人员在申请资助方面的竞争愈发激烈，同时他们还需投入大量资金和时间来响应联邦和州政府的监管与报告要求（National Research Council，2012a；Alberts et al.，2014）。这些由财政问题引发的挑战导致大学机构对提供终身教职的意愿显著下降。

另一个与此相关的趋势就是终身教职在不断减少。当前，提供终身聘用的学位授予机构已经从 1993～1994 年的 63%下降到了 2011～2012 学年的 45%（U.S.Department of Education，2013）。1969 年，共有 78%的教职员工获得了终身教职或者预备终身教职职位；但到 2009 年，这一比例下降到了 34%（Kezar and Maxey，2013）。同时，即使在只有全职教员的队伍中，终身聘用率也有所下降——从 1993～1994 年的 56%下降到 2011～2012 年的 49%（U.S. Department of Education，2013）。取而代之的则是"兼职"职位的增加，受聘的教员可能只签了一年的聘用合同，或者直接按课时计算报酬（Kezar and Maxey，2013）。

当以上两种趋势在减少年轻科学家获得终身教职机会的同时，传统的科学规范可能也正对寻求团队科学职位的科学家们带来特殊的挑战。

在 Merto（1968，1988）对"马太效应"的经典研究中，他发现，在团队合著的成果中，相对于那些不知名的研究人员，声名显赫的科学家通常获得了更多的荣誉。而在负面影响方面，马太效应也仍旧显著。此外，Jin等（2014）通过调查撤稿（因错误而被撤回的论文）对作者先前出版物信誉的影响，其中该信誉由作者先前出版物所获得的他引数量来衡量，发现科研不端行为对知名共同作者造成的负面影响相对较小，而不太知名的共同作者则需面对引文量显著下降的后果。

总的来说，马太效应揭示了在评价作者对共同撰写的论文贡献时，学术界倾向于默认知名合作者应获得主要荣誉，而其他合作者则往往被视作次要贡献者。Merto进一步指出，这种普遍存在的荣誉分配机制很可能对科学家的职业发展以及参与团队合作的积极性产生影响。

拥有终身教职决策权的教职员工同样受到了当前趋势和传统规范的影响。由于终身教职评审委员会的工作量繁重，加之教师们需承担相应的研究与教学职责，他们可能难以深入审视候选人的全部学术成果，因此往往倾向于采取简便的评估方法，依据某些简易指标来评判候选人的学术贡献与价值（Tscharntke et al.，2007）。例如，他们可能主要关注候选人是否在相关领域内的顶级期刊上发表过文章，或者关注候选人出版物的"影响力"（出版物获得的他引数量）。当要求评估候选人对团队研究所做出的贡献时，如在合著的出版物中评估候选人的贡献，委员会成员则面临着额外的挑战，其中就包括可能由马太效应（Merton，1968）导致的偏见。因此，根据作者署名顺序来分配荣誉的学科规范可能无助于跨学科出版物的荣誉分配。此外，Tscharntke等（2007）还指出，在合著的出版物中，除了公认的第一作者应获得最多荣誉的规则外，其他荣誉分配规则在不同的研究领域或国家中也存在很大差异。

团队科学在晋升与终身教职中的现状

目前还缺乏系统的数据来阐明团队科学对申请人是否能成功获得终身教职的影响。然而，一项早期的美国国家科学院的调查发现，晋升与终身教职的评审标准被认为是影响跨学科研究发展的五大关键因素之首（National Academy of Sciences et al.，2005）。后来，美国韦恩州立大学的朱莉·T. 克莱恩（Julie T. Klein）教授还对影响跨学科团队科学晋升与终身聘用的政策与实践的相关文献进行了系统梳理（Klein et al., 2013），并为团队科学论委员会提供了信息。

当前，各高校的状况呈现出多样性，不同领域和研究机构所面临的挑战各异。尽管在高校内部，跨学科团队在科研活动中的案例、规范和模式日益增多，但个体研究者仍处于相对弱势的地位。传统的观点"终身教职优先，跨学科性次之"依然对个体研究者的晋升与终身教职获取构成限制，而团队科学领域亦遵循"个体声誉优先，团队合作次之"的原则。

出于类似的担忧，英国医学科学院最近发起了一项关于参与团队科学的激励和抑制因素的研究（Academy of Medical Sciences and Ridley，2016）。综合来看，这些报告的研究结果表明，团队科学项目中的贡献评估不公，已成为阻碍候选人获得终身教职的重要因素。

**高校在终身教职和晋升评审中支持团队科学的政策**

为推动晋升与终身教职评审委员会认可团队科学，高校可能制定了相关的支持性政策，但目前还没有关于这些政策的系统性、全国性的数据统计。然而，Hall 等（2013）最近的一项调查为此提供了一些参考性的证据。该研究选取了 60 个获得过 NIH 临床与转化科学基金（Clinical and Transitional Science Award，CTSA）项目支持的机构，对其终身教职及晋升政策进行了深入分析。尽管研究人员承认，由于 CTSA 基金旨在支持转化型团队科学，因此样本存在选择性偏差，受资助机构更倾向于在其政策中体现团队科学的价值。然而，在接受调查的 42 个机构中，有 10 个明确表示其晋升与终身教职评审标准中未包含任何专门针对合作、跨学科研究或团队科学的条款；其余 32 个机构虽声称有相关条款，但其指导文件大多仅对传统晋升与终身教职评审标准进行了轻微调整，主要关注作者署名问题（例如，建议对发表文献进行注释以阐明作者贡献）。仅有少数机构建立了新的标准来评估候选人对团队科学的贡献，但这些标准往往含糊不清，缺乏明确的评价指标和标准，且评价过程主要依赖于候选人及其合作者提交的书面材料。基于此，研究人员呼吁进一步研究和制定具有操作性的标准，以准确评估个人对团队科学的贡献。同时，研究人员也提倡通过研究更全面地理解科学家除作者身份外，通过各种行动和角色对科学研究的贡献。

根据调查结果，相较于以往，当前在评价参与跨学科及团队科研活动的科学家时，一些高校向各学院院长以及晋升与终身教职评审委员会提供了更为详尽的指导。在此过程中，高校往往面临双重挑战：一方面需制定宏观目标或政策，另一方面则需将这些目标内化至各部门乃至所有教师个体的文化之中，确保宏观目标与基层文化的一致性。例如，南加利福尼亚大学便采取了一种自下而上的新策略。

南加利福尼亚大学（University of Southern California，2011）制定了关于作者署名及研究贡献分配的指导原则，旨在为评估研究人员对学术研究及出版物贡献提供基础性原则与政策框架。该指导原则经由教师委员会历经六次针对合作与创新的研讨会讨论后形成（Berrett，2011），并获得了该校学术委员会的正式批准，为其他高校制定相关政策提供了重要的参考依据。

南加利福尼亚大学的这一指导方针（University of Southern California，2011）提出了四项重要原则。

> 确保在研究与创新活动中，对每位参与者的贡献进行公正且诚信的认定。
> 考虑到贡献认定的多样性，需认识到不同学科领域及传播媒介中贡献的差异性。
> 促进研究与创新成果的共享，以利于后续的开发或应用。
> 避免因贡献归属及所有权的争议，影响到重大且有影响力的研究和创意作品的创作与传播。

此外，该指导原则还进一步阐明了成员必须做出何种贡献方能具备参与作者署名的资格，同时考虑到不同学科领域中作者署名顺序的差异性，要求团队成员之间自行协商确定作者署名的顺序。

南加利福尼亚大学（University of Southern California，2011）所采纳的新政策并不普遍，多数现有证据显示，高校政策通常缺乏明确的标准来衡量个人对团队研究的贡献。为解决此问题，团队科学论委员会在本章末尾提出建议，高校及学科协会应制定更为广泛的准则和更为具体的标准，以便于终身教职评审委员会在评估个体在团队研究中的贡献时有所依据。此建议与NRC（2014）最近一份报告中关于超学科研究或"会聚"的建议相呼应。

**作者身份归属的研究进展**

近期，诸如《美国国家科学院院刊》《自然》以及公共科学图书馆系列期刊等主要学术出版物，已开始要求在论文中明确列出"作者贡献"部分。该部分旨在详尽阐述每位作者对研究成果的贡献，此举有助于学术界应对团队合作中贡献分配的复杂挑战。作者贡献声明的引入标志着一种潜在的学术进步，即逐渐避免单纯依赖学科惯例来判定作者对学术成果的贡献。Tscharntke等（2007）提出，在准备作者贡献声明时，论文作者应明确指出合作作者贡献分配惯例，如阐明作者的排列顺序是基于贡献大小，或是所有作者贡献等同。为了统一和规范对不同贡献的描述，Allen等（2014）开发了一套初步的贡献分类方法，该分类方法涵盖了从研究构思到资源提供等14种不同的贡献者角色。该分类体系亦可整合至投稿软件中，以便研究人员在撰写和提交论文时能够便捷地分配论文贡献者角色。目前，该分类体系的提出者已启动一个新项目，与出版商、资助机构、研究人员以及高校行政人员合作，致力于进一步开发、维护和实施该分类方法（CRediT，2015）。

另一种新兴的方法是基于科学家及其学术成果数据库的构建，如第四章所探讨的研究网络系统。此类数据库促进了科学家间的互动，形成了社交网络和兴趣小组，并允许对彼此的学术成果进行互评。此外，这些系统还引入了新功能，使得所有论文的合著者能够详细描述每位作者的贡献，从而确保每位作者能够验证其他人的贡献（Frische，2012）。若此类系统得到广泛采纳，将为科学期刊、资助机构以及高校晋升与终身教职评审委员会提供有益的参考依据。

**个人与团队奖励**

终身教职的授予只是庞大的学术奖励与激励系统中的一个组成部分。

在审视终身教职的评审过程中，个人在团队研究中的贡献认定问题引发了对团队贡献的认定与奖励机制的深入探讨。正如本章先前所述，近期的研究成果表明，团队奖励有助于提升团队的创造力。此外，Horstman 和 Chen（2012）的研究也探讨了通过团队奖励来表彰个体与集体在解决科学问题中的贡献，尽管如此，该领域仍需进一步地深入研究。

## 团队科学的组织环境

团队科学研究是在各种组织环境下进行的，它可以发生在研究型大学的校内、校外，或者跨越大学的边界。例如，政府-大学-企业构建的合作网络、研究中心或独立的研究所。在这里，我们简要讨论其中的一些组织环境。

### 研究中心

在过去的 20 年间，高校、企业以及公共与私人资助者纷纷建立了众多研究中心与研究所，以促进同一研究领域内多个相关项目的协同进行[①]。根据 2006 年的统计数据，美国境内约有 14 000 个非营利性研究中心（Gray，2008）。这些研究中心和研究所通常致力于跨学科或超学科的研究，并与产业界合作进行研究。例如，NRC（2014）近期开展了一项关于"会聚机构"的研究，这些机构的特点在于融合了生命科学、物理科学、工程学等多个学科，并与工业界建立合作伙伴关系以支持研究活动并加速研究成果的商业化。该研究对斯坦福大学的 Bio-X 研究所、科赫研究所等机构进行了深入分析，揭示了这些超学科研究中心普遍面临着成员构成的多样性、知识的高度融合性和团队规模的扩张化所带来的机遇与挑战。

尽管针对研究中心与研究所运作流程及其成果的研究尚显不足（Bozeman et al.，2012），现有文献已为评估联邦资助的研究中心提供了若干参考依据。例如，NSF 响应里根总统号召，于 1987 年推出的科技中心

---

① 第九章提供了有关 NSF 和 NIH 增加对研究中心的资助的数据。

（Science and Technology Centers，STC）综合伙伴关系计划，该计划每年提供 150 万～400 万美元的资助，最长资助期限为 10 年。近期，美国科学促进会（American Association for the Advancement of Science，AAAS）对该计划进行了评估，确认其为基金会应对科学技术领域重大挑战和新兴机遇的有效模式（Chubin et al.，2009）。通过对出版物数量、参与者调研等多维度分析，作者认为 STC 项目成功的关键在于：①将国家自然科学与工程领域的重点发展需求和自然科学与工程研究前沿相结合；②鼓励顶尖研究人员探索新领域；③整合跨学科知识；④促进基础研究科学家与应用研究科学家之间的合作。同时作者还发现，该计划对博士生培养产生了正面效应。各研究中心亦积极投身于"知识转化"活动，其主题广泛，涵盖了从发表学术文章、创办新期刊到通过技术创新促进区域经济发展的各类活动。

该研究也揭示了 STC 项目在管理方面存在的不足之处。首先，由于 STC 项目不属于 NSF 内部任一研究理事会或办公室，其在评审申报项目时不仅要与传统研究人员个人资助项目争夺资源，还需与理事会研究中心项目竞争。其次，所实行的矩阵管理模式在问责方面存在障碍，年度审查程序——NSF 用来监测绩效的关键工具——"审查小组的建议缺乏稳定性，评议人员意见不一，甚至出现相互矛盾的情况"（Chubin et al.，2009）。最后，审查结果还发现，现行的绩效数据收集与分析系统并不利于循证决策的实施，这一点也凸显了发展团队科学的必要性。

2006 年，NIH 启动了临床与转化科学基金（Clinical and Translational Science Awards，CTSA）项目，旨在"推进机构学术'家园'的组建，为开展原创性临床和转化科学研究提供综合的智力和物质资源"（Zerhouni，2005）。

该项目依托于 NIH 的临床研究中心计划——一个旨在为临床研究提供基础设施资金，并针对特定疾病的研究中心提供经费的资助计划。根据该计划，受资助的各研究中心需要签订 5 年的合作协议来获得每年 400 万～2300 万美元不等的项目经费。医学研究所（Institute of Medicine，IOM）等（2013）还发现，CTSA 项目推动了临床与转化科学非常重要的三个交叉领域的发展：培训和教育、社区参与以及儿童健康研究。IOM 建议该项目应持续将培训、指导及教育作为其核心组成部分，并致力于发展以团队科学为核心的创新模式。此外，IOM 还提出，该项目可以在网上提供高质量的课程资源，供 CTSA 中心及其他机构学习使用。若此建议得以落实，预期此类课程将促进第五章提及的团队科学的专业发展。

为了应对本章前面所讨论的晋升与终身教职评审问题，IOM 建议 CTSA "支持临床与转化科学领域中研究人员职业发展路径的重塑；让研究人员自主选择想进修的高级学位，并对此提供灵活和个性化的培训"。

与 AAAS 对 STC 项目的审查一样，IOM 对 CTSA 项目进行审查时也发现了管理方面存在的缺陷。具体来说，研究人员发现，项目领导层主要依赖项目核心实体（即受资助方）以及主要研究人员的个人努力来进行决策，这导致在规划后续步骤和整体管理策略时，决策结构和流程往往呈现出临时性特征。此外，研究人员还观察到，NIH 主要通过资助公告来提供指导方针，在不同的资助周期内，强调的焦点和优先级各有侧重。为应对上述问题，研究人员建议国家转化科学促进中心（National Center for Advancing Translational Sciences）应采取以下措施以强化对 CTSA 项目的领导：建立战略规划机制；与 NIH 下属的研究所及研究中心建立合作关系；进行全面的项目评估；提炼并广泛分享成功案例和相关经验。

为了明确大型跨学科研究中心的资助成效，美国国家癌症研究所资助了一项持续研究计划，旨在探究团队科学效能（Stokols et al., 2008a）。本书将深入探讨该研究计划所取得的成果。

## 产学研合作关系

本章的前几节讨论了高校在科研团队的构建、维系以及评估过程中面临的诸多挑战。而产学研合作则面临着新的问题，如在商业化产品开发过程中，产品所有权的归属以及利润驱动的动机问题。大学与企业在动机和组织结构上的差异，导致了双方合作关系的复杂性，Bozeman 和 Boardman（2013）[①]在其受 NRC 委托撰写的论文中，将此类合作定义为"跨越边界的研究合作"。

---

[①] 在向 NRC 提交了这篇论文后，作者随后又发表了一篇论文来继续谈论相关问题的解决方法，论文标题"研究合作与团队科学：最新进展及议程"（Research Collaboration and Team Science: A State-of-the-Art Review and Agenda），详见 http://www.springer.com/series/11653。

基于 Bozeman 等（2012）的前期工作，Bozeman 和 Boardman（2013）对有关产学研合作和产业间跨学科研究合作的海量文献进行了梳理。而通常来说，这两种类型的合作一般都经常出现在研究中心或研究所内。

Bozeman 和 Boardman（2013）还发现，多学科的产学研合作可以提高生产力，但也面临着激励和动机因素多样化的问题。为应对这些差异化的动机，多学科合作的组织架构相较于单一学科的组织架构，往往呈现出更为层级化和正式化的特点。综合分析表明，私交关系与信任是产学研合作成功的关键要素。在排除这些非正式因素的情况下，构建正式的组织架构和权力体系对于冲突管理及团队效能的提升显得尤为重要。然而，Garrett-Jones 等（2010）关于澳大利亚产学合作研究中心的研究指出，这些研究中心的正式法律合同鲜少得到执行，研究中心内的成员和组织主要依赖于非正式的社会机制，如信任机制和互惠机制来协调工作。在缺乏法律约束的环境中，一旦组织内的信任关系遭到破坏，研究人员的工作热情会相应降低，部分人员甚至选择退出研究中心。因此，该研究强调，在构建产学研合作关系时，必须重视建立健全正式组织架构和权力体系。

Bozeman 和 Boardman（2013）指出了现有产学合作研究中存在的三个缺点。首先，关于如何高效管理此类合作关系的研究尚显不足，先前的研究多聚焦于特定案例下的最优实践，然而这些实践在不同背景及情境下可能无法得到有效复制。此外，部分文献指出，产学研合作关系的管理实践存在"考虑不周全且缺乏系统性"的缺点（Bozeman and Boardman，2013）。其次，鲜有研究深入探讨跨学科研究合作中的"阴暗面"。现有研究很少对合作失败的原因进行分析，例如，在正式与非正式管理均显薄弱，或仅存在其一的情况下，最容易导致合作失败。最后，尽管部分研究指出，知识产权纠纷是导致产学研合作失败的重要原因，但针对此问题的实证研究却寥寥无几。目前，少数研究显示，严格监督合同执行有助于解决知识产权纠纷，但实际操作中这一监督措施往往未能得到充分实施（Garrett-Jones et al.，2010）。

Bozeman 和 Boardman（2013）在其研究中总结指出，产学研合作体系中尚存诸多不确定性。他们认为，对大型科学家群体的绩效进行评估存在较大困难，这不仅源于绩效衡量过程中的挑战（如第二章所探讨的），还由于缺乏具有可比性的绩效基准。研究人员强调，关于特定合作伙伴或参与中心协作的科学家相较于独立工作或无特定合作伙伴的科学家在科研生产力方面的优劣，目前尚无定论。正如第一章所述，Hall 等（2012b）已开始针对此问题进行研究，他们采用准实验方法，对两组科学家的科研生产力进行了对比分析，其中一组科学家参与了大型研究中心的合作研究，而另一组则以独立研究或不属于任何研究中心的小组合作形式进行。

Bozeman 和 Boardman（2013）提议，应该对以下几个方面进行更深入研究：首先，科学家、高校与企业之间如何选择研究伙伴；其次，产学研合作失败的潜在原因；再次，参与合作对科学家个人人力资本（包括其知识储备与社交网络）发展的具体影响；最后，如何实现对产学研合作关系的有效管理。为填补现有研究的空白，作者呼吁研究人员应从案例的描述性分析和分类分析，转向更为系统化的实地研究和准实验研究；同时，从关注个体影响力（如个人生产力）的研究，转向更加重视机构成果的研究。

毫无疑问，必须强化对产学研合作的管理，以及对以学术研究为主的研究中心和机构的管理，而这些均需进行进一步深入研究。一项研究（Gray，2008）指出，以改进为导向的评估方法是理解和改进研究中心管理的一种途径。例如，NSF 产学研合作项目采用了一种以改进为导向的方法，满足了一个重要的内部利益相关者——中心主任的需求。该方法在每个研究中心都安排了一名现场评估员，而这名现场评估员（通常为社会科学家）的身份比较特殊，他既是研究中心的参与者，也是发现潜在的问题、上报给中心主任的评估者。除了为中心主任提供咨询和开展持续的调研，现场评估员还负责总结优秀的案例，以供中心主任和公众在 NSF 的网站上进行查阅（Gray and Walters，1998）。这种使用持续的、以改进为导向的评估来提高研究中心或机构绩效的做法，与第三章中讨论的团队层面促进团队发展的策略有些相似。例如，采用生产力评估和提升系统（ProMES；Pritchard et al.，1988）进行绩效评估并获取结构化的反馈，该策略已被证明可以增强团队的自我调节能力，提升团队效能（Pritchard et al.，2008）。

正如第六章提及的建议，高校可以通过为领导者提供正式的领导技能培训来促进产学合作，以及与其他类型的研究中心的合作。高校还可以鼓励新成立的研究中心或研究所的领导人和参与者通过书面章程或合作协议的形式来阐明他们的预期目标（Bennett et al., 2010；Asencio et al., 2012）。同时，这些文件还应概述未来任务的执行方式、沟通机制、财务管理策略、数据共享协议以及出版物和专利荣誉的分配原则。

**企业间研究合作**

在多个企业间的研究合作中，可能采取多种合作模式，如建立研究园区、形成有正式合同的研发联盟以及成立合资企业等。Bozeman 和 Boardman（2013）通过文献综述发现，企业间研究合作与产学研合作面临诸多共同挑战。例如，在涉及多个企业的跨学科和超学科研究合作中，缺乏正式的权力组织结构可能会导致合作失败；严格监督合同的执行对于合作的成功至关重要，但合作各方并不总是能够严格执行。此外，作者还指出，在企业间研究合作的文献中存在研究空白，这与大学和产业研究合作的文献类似。

**研究网络**

正式与非正式研究网络在促进与支持团队科学发展方面扮演着至关重要的角色。例如，前述提及的，科学家的非正式网络往往建立在先前的熟人关系基础之上，这有利于迅速建立信任关系，进而提升科研团队的工作效率。Cummings 和 Kiesler（2008）的研究表明，科学家与曾经合作过的同事再次携手时，他们之间的虚拟协作关系更易于维系。尽管学科协会和跨学科科学协会通过举办各类会议和进行在线讨论，为科学家提供了与志同道合的学者相识的平台，但与跨学科学者相识并建立学术合作关系的机会仍然相对有限。

为促进跨学科研究项目的开展，研究资助机构积极倡导构建研究网络，如国家癌症研究所癌症生物行为途径网络（National Cancer Institute Network on Biobehavioral Pathways in Cancer）(National Cancer Institute, 2015）。再比如，麦克阿瑟基金会亦通过研究网络推动心理健康与积极心理学领域的跨学科研究。Kahn（1993）对网络的演进进行了阐述，其涵盖了由地域分散的研究参与者之间建立的紧密人际关系与学术联系。他报告了早期研究的积极成果，包括为全球研究人员开发的新数据库与资源，以及经过验证的评估工具。随后，麦克阿瑟基金会决定资助其他研究主题的网络（例如"成年过渡期"），此举也在一定程度上揭示了研究网络的广阔发展前景。

## 优化团队科学的物理环境

无论在哪里进行科学研究合作，都需要有支持性的物理环境。根据 Stokols（2013）的观点，团队环境既可以提升，也可以削弱团队成员在集中精力提升知识共享、建立有效沟通、培养积极情感方面的能力。

然而，尽管在直觉上，物理环境影响着团队科学似乎是显而易见的，但 Owen-Smith（2013）对相关研究进行回顾后发现，支持这种观点的实验证据却出乎意料的少。其中，在关于这一问题的研究中，Stokols 等（2008b）提到，Vinokur-Kaplan（1995）对医院的跨学科治疗小组进行了研究，发现"成员对工作的物理环境的评价，包括是否有安静和舒适的地方供小组开会……与跨学科合作水平呈正相关"。Kabo 等（2013，2014）的研究表明，在同一个建筑物内（以及特定楼层内），科学家之间的步行路径重叠也会促进合作。还有许多关于企业工作室设计的研究（例如，Steele，1986；Brill et al.，2001；Becker，2004；Doorley and Witthoff，2012），都说明了生产力与建筑设计之间的联系。然而，Owen-Smith（2013）认为，物理环境之外的许多其他环境因素，如组织奖励制度（如晋升与终身教职政策）也会影响科学家参与团队科学的动机，因此还需要进行更系统的研究，以得出确切结论。

据称，有利于科学家之间互动（包括定期交流和偶遇）的物理空间，似乎可以激发合作性思维和行动。例如，圣达菲研究所提供了很多拥有舒适座椅、沙发和白板的开放讨论空间；办公室的玻璃窗面向开放讨论空间；不同学科的学者在一起办公；研究所内有很多的玻璃墙和记号笔，科学家可以随时在玻璃上写下他们正在讨论的算法，而无需等到返回办公室后再整理想法；在公共空间内，大家可以随意享用午餐和茶水。而其他研究中心的主任也有类似的想法。例如，斯坦福大学的超学科 Bio-X 研究所的主任 Carla Schatz，在 NRC 主办的关于推动会聚的关键挑战的研讨会上，强调了为科研人员提供优良的餐饮服务和高品质咖啡，以及营造舒适的物理环境的重要性。她提出，Bio-X 研究所的建筑不仅是科研人员的聚集中心，同时也是吸引跨学科科研人员加入，共同致力于增进人类健康的有力招聘工具[①]。

然而，物理空间设计因素与团队科学成功之间的关联性仍停留在主观感知层面，缺乏严格的实证研究支持。近期，两项采用实验设计方法的研究与本研究需求高度契合。Catalini（2012）以巴黎皮埃尔和玛丽·居里大学（University of Pierre and Marie Curie，UPMC）多个学术部门因石棉拆除项目而需在 5 年内搬迁的实际情况为背景，探讨了地理位置对合作模式的影响。该研究过程的精确性和细致性使得地点对研究合作的潜在影响得以揭示：随机搬迁导致不同学科的科学家共处一地，从而促进了跨学科合作和创新思维的涌现。Boudreau 等（2012）亦开展了类似的创新性实验，通过随机安排研究人员工作位置的现场实验，研究地理位置在合作中的作用，研究结果表明：即使是短暂的同地办公，也显著增加了科学家之间合作的可能性。

迄今为止，通过探索物理空间设计因素与团队科学成功之间相关关系，我们主要得出了以下几个结论：①功能分区的空间设计强调能够促进科学家间步行路径的重叠（Kabo et al.，2014），从而促进科学家间的互动；②互动的增加有助于促进更深层次的合作；③此类合作对科学研究的成功具有积极影响。目前，已有越来越多的研究数据支持这种关联关系（Toker and Gray，2008；Rashid et al.，2009；Sailer and McCulloh，2012；Owen-Smith，2013），但将这些相关性结论转化为经证实的因果关系尚需进一步努力。因此在后续研究中，学者们尤其要将物理空间视为影响团队科学合作程度和质量的一个重要因素进行研究。

---

① 详见 https://www.youtube.com/watch?v=JysIA-4fcA4[May 2015]；National Research Council（2014）。

## 总结、结论与建议

科研团队和大型研究中心、研究所通常设立在高校内。而在这些复杂的组织中，教职员工是否以及何时参与团队科学的决定会受到各种环境和文化的影响，包括来自系、学院、整个机构以及外部团体（如学科协会）的影响。目前，反映这些不同文化的正式奖励和激励机制都倾向于关注个体的研究贡献。一批高校最近在试图促进跨学科团队科学的发展：合并学科部门以建立跨学科研究中心或学院、提供种子基金，以及与企业建立合作关系等。然而，这些措施可能产生的具体影响尚不明确。可以确定的是，缺乏对团队科学的认可与奖励机制，无疑会挫伤教职员工参与团队科学活动的积极性。

结论：多个研究型高校为推动跨学科团队科研活动的发展做出了诸多努力，包括但不限于学科部门的合并、跨学科研究中心或学院的建立。尽管如此，这些策略对团队科研产出的数量与质量所产生的影响仍有待系统地评估。

结论：高校的晋升与终身教职的评审政策往往缺乏全面且明确的评价标准，因此也无法衡量个人对团队科研贡献的价值。在不同高校乃至同一高校的不同院系之间，参与团队科研的研究人员所能获得的激励存在显著差异。因此，在缺乏明确且专门针对团队科研贡献的奖励机制的情况下，年轻教师可能对参与此类项目持保留态度。

在少数案例中，一些高校已经制定了关于团队科学中个体贡献分配的新政策。同时，已有研究开始对各种类型的个人贡献进行概述，并开发了相应的软件系统来识别每位作者在文章提交和发表过程中的贡献。展望未来，这项工作将为高校及学科协会在审查团队科学中个体贡献方面，提供有价值的参考。

建议6：大学和学科协会应该积极制定广泛适用的原则和更具体的标准来分配团队贡献，进而辅助终身教职及晋升评审委员会对候选人进行审慎评估。

本章对组织与团队科学关系的有限研究成果进行了阐述。在许多高校正努力促进跨学科和超学科团队科学发展的背景下，Jacobs（2014）认为，全盘脱离传统学科的做法同样潜藏着风险。他提出，随着研究的深入，专业化趋势是不可避免的。当前学科体系虽然广泛且处于不断演变之中，但跨学科研究往往呈现出更为专业化的特征。此外，Jacobs还指出，相较于目前在研究领域取得较大成就的高校，那些致力于发展跨学科研究的高校可能表现出更高的集权化倾向，创新力可能相对不足，并且可能出现更为严重的"巴尔干化"现象。这一观点强调了对当前大学推动团队科学发展的成效及其潜在影响进行深入研究的必要性。

未来研究需深入探讨不同组织架构、管理策略以及资金支持模式对研究中心及大型科研团队研究活动及成果的影响。此外，尚需深化相关性分析，探讨物理环境与奖励机制、时间压力等因素的交互作用，从而促进或抑制团队科学合作。

# 第九章 团队科学的资助与评估

资助和评估团队科学的组织面临着一系列独特的挑战，这些挑战与第一章中介绍的团队科学所具有的七个特征所带来的机遇和复杂性有关。对科研团队的资助不同于对个人的资助，尤其是在团队具有规模大、涉及跨学科或超学科项目的知识深度融合或者地域分散等特征时，其资助过程显得更为特殊。而对这种复杂团队和团体的所有评估阶段，从评估提案到评估受资助的团队的项目进展，都是一种挑战。因此，研究资助机构的领导者和工作人员需要了解团队是如何进行科学研究的，尽管他们可能缺乏相关的经验。

当前 NSF 已意识到了这个问题，并委托研究人员进行相关研究，使得基金会了解应该如何资助、评估和管理团队科学，也让科学界从中获取有益信息。美国国家癌症研究所也出于类似的原因支持了新兴研究领域——团队科学论的发展，以此阐明其对大型科学团体（如研究中心）的投资成果，并增进科学界对于应该如何更好地支持和管理科研团队的理解（Croyle，2008，2012）。此外，联邦跨机构合作与团队科学小组委员会[①]于 2013 年成立，其宗旨在于通过协助研究人员构建必需的基础设施与流程，以促进团队科学的顺利进行，进而推动科学事业的发展。本章节将依次对团队科学的资助机制与评估问题进行深入探讨，并在最后一节根据得出的结论提出建议。

---

[①] 该小组委员会是总统行政办公室下国家技术委员会的国家信息技术研究和发展计划中的信息技术的社会、经济和劳动力影响以及信息技术劳动力发展协调小组的一部分，详见 http://www.nitrd.gov/nitrdgroups/index.php?title=Social,_Economic,_and_Workforce_Implications_of_IT_and_IT_Workforce_Development_Coordinating_Group（SEW_CG）#title[2015 年 5 月].

## 团队科学的资助

许多类型的组织都曾资助过团队科学。其中，资助者包括联邦机构、私人基金会和个人慈善家、企业、提供种子资金或基础设施的学术机构，以及从私人捐助者/公众那里获得资金，并将其用于资助团队科学研究的非营利组织（例如，"勇敢地面对癌症"[①]）。在公共事业支出受限的情况下，替代性经费来源对于维持科学事业发展变得越来越重要。此外，多种经费来源可能有助于平衡基础研究与应用研究之间的紧张关系，例如，支持单个科学家在没有"附加条件"的情况下建立新的研究领域；专注于特定研究领域的、更有针对性的计划性资助（OECD，2011）。鉴于资助者的广泛性及其扮演角色的多样性，未来可以尝试探索出支持和促进团队科学发展的多种途径。本节将重点介绍资助者对团队研究的影响，包括对确定支持团队科学研究优先事项背景的讨论。

### 联邦政府对团队科学的资助

过去40年来，联邦政府对团队科学的资助大大增加。例如，各联邦机构越来越多地资助由一个以上的首席研究员（principal investigator，PI）负责的项目。在2003～2012财年，由NSF资助的、涉及多位首席研究员共同负责的项目数量呈现出增长趋势，与此同时，由单一首席研究员负责的项目数量则保持相对稳定（National Science Foundation，2013）。在NIH资助的项目中，多个首席研究员的项目资助数量从2006年的3个（第一年批准此类基金资助）增加到2013年的1098个，占所有项目资助的15%～20%（Stipelman et al.，2014）。同时各机构还加大了对相关研究中心的资助——这些研究中心大多包含了许多跨学科研究项目和涉及产业或其他利益相关者的研究项目。例如，自1985年一个名为工程研究中心的中心项目开始，随后在接下来的10年间NSF又相继建立了6个类似的中心项目。截至2011财年，NSF在这些中心项目上的总投资额达到了约

---

① 更多信息，详见 http://www.standup2cancer.org/what_is_su2c[May 2015]。

2.98 亿美元，资助了 107 个研究中心的科研项目，并吸引了大约 2200 所高校的科学家参与其中（National Science Foundation，2012）。相较之下，NIH 原先对研究中心的资助较少，但自 20 世纪 80 年代中期以来，NIH 对研究中心及其相关研究网络项目的资助项目数量保持稳定增长，如图 9-1 所示。

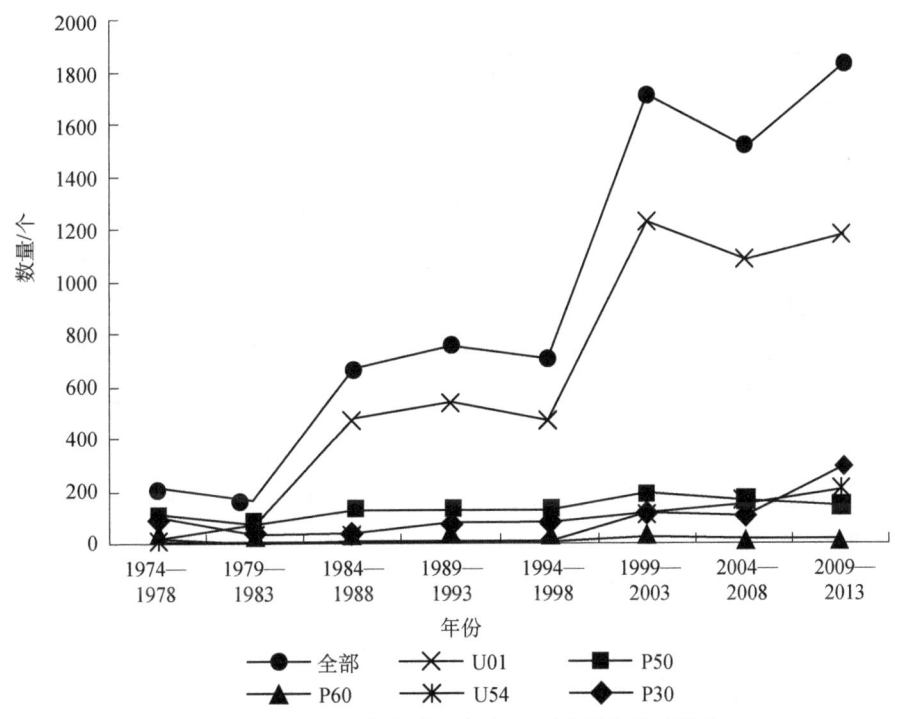

图 9-1 NIH 资助的各类研究中心/研究网络项目数量

P30=中心核心资助；P50=专门中心；P60=综合中心；U01=研究项目合作协议；U54=专门中心合作协议。

资料来源：NIH 提供的未发表数据

## 研究课题与方法的选择

公共和私人资助者应与学术界及政策制定者紧密协作，共同确定研究的优先领域和研究方法论。国家科研资助机构的领导与组成应由科研人员主导，并设立科学顾问委员会（例如，能源部的高能物理顾问小组），同时通过由科学家组成的同行评审委员会来分配研究资金。重大国家研究项目通常需要经过资助机构、学术界、政策制定者及其他利益相关者的长期参与和深入讨论。例如，1990 年美国国会授权的美国全球气候变化研究计划，是由科学家发起的一系列"自下而上"的研究项目所促成的（Shaman et al.，2013）。据 Braun（1998）所言，若研究计划具有战略性，那么"资助机构就能很好地平衡政治和科学两方面的需求"。

通过这种识别研究重点的合作过程，联邦机构近年来越来越多地采用了团队科学方法（详见下文）。然而，一些科学家也担心，增加对特定研究主题的大型科学团体的公共资助，会将研究主题、方法和目标的控制权从学术界转移到官僚机构中（Petsko，2009）。这种观点揭示了个体研究者及以学科为基础的专业团体在通过出版物、学术会议、年会及同行评审小组等传统方式制定研究议程中的关键作用。然而，在学科专业数量不断增长，以及公众与政策制定者日益寻求科学与社会问题解决方案的双重背景下，资助机构若能跨越学科界限或整合单一学科内的多项研究成果来识别研究需求与机遇时，将对科学发展产生重大积极影响。遗憾的是，针对现行科研经费分配中采用的同行评审机制过于保守这一批判性观点，若资助机构能够审慎考量是否需要通过制度创新来战略性引导新兴研究领域的发展诉求，将可能进一步凸显科研资助体系改革的潜在效益（National Institutes of Health，2007；Nature，2007；Alberts et al.，2014）。在特定情境下，若科研人员持续聚焦于已被深入研究、对现有科学知识体系贡献有限的问题或方法，资助机构可能需重新审视并确定新的研究方向与重点（Braun，1998）。此外，鉴于学术界与科学期刊长期致力于构建基于个人及学科的激励体系，资助机构宜考虑引入其他形式的激励措施。

## 日趋重要的私人资助者

慈善家与私人基金会正日益扮演着关键角色，他们不仅在科学议题的确定上施加影响，而且也积极参与到关于资助者应如何影响科学发展的持续性讨论之中。AAAS 的一位政策分析专家近期指出："不论其影响是积极还是消极，21 世纪的科学研究实践正逐渐摆脱国家优先事项或同行评议小组的制约，转而更多地受到拥有巨额资金的个人偏好所左右"（Broad，2014）。慈善资金通过诸如建立新的研究机构或为高校提供资金支持等方式，对科学研究产生深远影响。私人基金会与富人每年为美国大学的研究活动提供约 70 亿美元的资金支持，其中转化医学研究成为他们资助的焦点领域（Murray，2012）。他们通常针对特定的科学领域或解决特定的社会问题，以狭义而非广义的战略方式确定研究课题的优先次序。

然而，私人资助的增加亦为联邦政策制定者及研究资助机构带来了挑战。首先，若作为资助机构咨询小组或同行评议小组成员的科学家，同时接受具有特定研究议题的慈善家资助，这可能对联邦资助机构所设定的优先资助方向产生重大影响。其次，富人资助者可能忽略那些无法直接带来利益的重要科学领域。

### 资助模式、资助机制和组织结构

在资助个体或团队的研究过程中，一旦资助机构明确了研究需求与研究重点，他们将构建相应的资助模式与机制以满足既定需求。不同资助机构在资助模式与机制方面存在显著差异（Stokols et al.，2010）。具体而言，资助模式代表了资助科学研究的通用途径（例如，赠款、奖金、捐款），而资助机制则具体指向资助模式的目标。例如，NIH P50 是一种旨在支持研究中心发展的特定资助机制，而谷歌月球 X 大奖赛（Google Lunar X Prize）则是一场旨在邀请私人团队将机器人安全降落在月球表面的竞赛。此外，部分资助机构正探索构建"开放式"资助机制。例如，"开源科学项目（2008—2014）"通过基于网络的小额融资的方式支持个人或团队研究，而哈佛医学院则通过开放融资机制推进关于 1 型糖尿病的研究课题（Guinan et al.，2013）。

如前文所述，多样化的资助机制能够支撑从小型科研团队至跨国研究网络等不同规模的科学组织结构（Hall et al.，2012c）。而资助经费的多少通常决定了组织结构的规模，进而影响其复杂性；各类组织结构根据所需资源量的多少排列，由多至少依次为：跨国研究网络、高校研究中心、单一研究项目。此外，科研团队或大型团体可能获得来自公共及私人等多个资金来源的支持。例如，第八章所讨论的 NSF 资助的科技中心，其同时也得到了来自工业界和高校的资助；而科赫研究所作为国家癌症研究所指定的癌症研究中心，不仅获得了私人捐款和高校资助，同时也得到了联邦政府的资助。团队科学的资助模式多样，研究经费的使用方式亦然，其中一般性支出涵盖了学术薪酬、学生学费、设备购置费、材料费以及场地租赁费等多个方面。此外，预算中还包含了用于培训（例如跨学科团队的交叉培训）、核心部门（如行政或统计部门）的运营、可自由支配的发展项目（如小型试点项目）以及合作方的差旅和会议费用。这些经费的使用方式为资助团队科学提供了重要的启示，揭示了资助机构在支持团队科学时应考虑的策略和时机。

> 规划或会议拨款：用于团队科学的发展初期，为生成或推进新的跨学科想法提供一个孵化空间（National Research Council，2008；Hall et al.，2012a，2012c）。

> 差旅费：使分布式团队能够面对面交流，这可以加强沟通和增强信任（National Research Council，2008；Gehlert et al.，2014），如第七章所述。

> 发展性或试验性项目经费：为大型合作项目中出现的新的创新点或新的综合性想法提供可灵活支配的资金（Hall et al.，2012a；Vogel et al.，2014）。

> 专业发展基金：可用于促进合作的早期发展，促进可提高团队效能的团队流程优化（见第五章）。

> 团队科学项目的领导者提供灵活资金，使他们能够随着项目需求的变化对项目进行"实时"调整。例如，可以允许领导者在子项目之间调动资金，调整资助计划的时间，以及为成功的团队研究提供激励和奖励（National Cancer Institute，2012）。

各类机构经常采用公告的形式，例如"资助机会公告"（funding opportunity announcements，FOAs）、"项目招标"或"项目公告"等，来强调资助重点，并对这些关键项目的具体实施方式产生影响。此外，这些公告还规定了资助机制的类型，并描述了在该资助机制下预期的组织架构。在 FOAs 中，详细描述了旨在鼓励或规定开展科学研究的特定方法（如跨学科、超学科等）以及组织架构（如中心或团队；参见表 9-1）。

例如，NSF 的"可持续科学与工程的网络创新"（cyber-innovation for sustainability science and engineering，CyberSEES）计划的项目招标书中明确指出，"鉴于该项目的资助重点在于跨学科合作研究，因此要求至少有两名首席研究员"（National Science Foundation，2014a）。

然而，机构领导者与工作人员在遵循明确指导原则（可能过于僵化）与鼓励科学家依据其研究背景和能力进行灵活应对之间，存在紧张的关系。此外，资助机构的工作人员有时对团队科学过程及其成果的理解不足。因此，他们发布的公告中关于期望的合作类型、知识融合程度的描述往往比较模糊[①]（表 9-1）。进一步而言，此类公告在促进科研协同方面存在指导性不足的缺陷，如未能明确实体或虚拟会议的时序安排与频次要求，也可能忽略专业发展计划的整合性设计。若资助机构征集跨学科或跨领域的研究提案，由于缺乏明确的指导方针，这些公告可能无法有效促进所需深度知识融合的研究。

**表 9-1　支持团队科学的联邦研究资助公告示例**

| 机构 | FOA/项目编号 | 项目名称 | 机制类型 | 组织结构 | 资助资金 | 团队科学的相关表述 |
|---|---|---|---|---|---|---|
| NSF | NSF 07-558 | 工程学虚拟组织（Engineering Virtual Organization，EVO）基金 | 标准基金 | 用种子资金创建工程学的虚拟组织 | 小规模 共计 200 万美元 10～15 个资助 | EVO 超出了小型合作和个体部门或机构的范围，涵盖了广泛的、地域分散式的活动与团体 |
| DoE | DE-FOA-0000919 | 支持"绿色海洋亚马孙"（Green Ocean Amazon，GOAmazon）运动科学的协作研究 | 研究基金资助 | 项目与多边活动相关联。研究人员将与其他研究人员及大气辐射测量气候研究机构的代表进行协作 | 小规模 共计 230 万美元 6～8 个资助（每项资助金额为 5 万～35 万美元） | 强调合作；参与者在进行研究时，如确定目标、研究方法、工作计划过程中都必须切实协作 |
| NSF | NSF 13-500 | 可持续科学与工程的网络创新 | 标准基金 | 团队必须包括至少两名来自不同学科的首席研究员 | 中小型规模 共计 1200 万美元 12～20 个资助 | 团队的组成必须是协同的、跨学科的；注重跨学科合作研究；至少要有两名不同学科的首席研究员 |

---

① 正如第六章所建议的那样，为增进机构员工对团队科学的理解而进行的专业领导力发展，有助于提高团队科学的研究招标书中语言表达的清晰度。

续表

| 机构 | FOA/项目编号 | 项目名称 | 机制类型 | 组织结构 | 资助资金 | 团队科学的相关表述 |
|---|---|---|---|---|---|---|
| NSF | NSF 12-011 | 变革性跨学科创业创意研究奖 | 项目特定的新资助机制 | 所有NSF支持的主题领域；跨学科、高风险、新颖、有转化潜力 | 中等规模共计100万美元资助年限为5年 | 必须进行跨学科整合；提案必须明确并证明该项目的跨学科性；鼓励跨学科的科学研究；打破任何学科壁垒；提案必须体现跨学科性 |
| NIH | RFA-AG-14-004 | 罗伊巴尔老龄化问题转化研究中心 | P30 | 中心围绕主题领域来组织，包括转化研究活动、试点项目、核心和协调中心（可选项） | 中等规模8~12个资助 | 激励多个学术机构的科学家；特别感兴趣的是结合了行为学和社会科学的新兴跨学科研究方法的项目，具体包括行为经济学、社会学、行为学、认知和情感神经科学、神经经济学、行为遗传学和基因组学，以及社会网络分析 |
| NASA | NASA ROSES A.11, NNH13ZDA001NOVWST | 海洋风矢量科研团队 | 标准基金 | 研究需要利用快速散射计（quick scatermeter, QuikSCAT）与QuikSCAT/Midori-2联合提供的矢量风和后向散射测量的数据 | 450万美元/年预计25个左右的资助 | 海洋学、气象学、气候学的跨学科研究 |

注：DoE=U.S.Department of Energy（美国能源部）；NASA=National Aeronautics and Space Administration（美国国家航空航天局）；RFA=request for applications（申请要求）。

如果资助机构明确阐述其旨在发展团队科学的目标，那么便是向科学界及研究机构传递了明确的信号，从而会加快科学界文化变革的进程。例如，美国国家科学院早期的一份研究报告指出，众多科学家期望研究型大学能够对跨学科研究予以认可并给予奖励（National Academy of Sciences et al., 2005）。为了响应 NIH 的倡议，弗吉尼亚大学医学院将认可和奖励团队科学研究写入晋升与终身教职的评审准则中。该准则明确指出："NIH 所倡导的以患者为中心的研究路径肯定了团队科学的价值，并提出对建立跨学科研究与合作专业知识体系的期望"（Hall et al., 2013）。此表述反映了医学院正致力于调整其奖励与激励机制，使之与团队科学研究相适应，同时凸显了资助机构在科学发展过程中所扮演的重要角色。

## 团队科学的评估

资助机构需要在整个项目研究过程中,对科研团队进行评估。从审查研究提案时开始,持续到整个项目研究过程,直到资助期结束。

**研究提案的审查**

一旦资助机构建立了支持团队科学研究的机制,后续步骤则涉及征集研究提案,并推动对提交的提案进行评审。在某些情形下,评审流程可能包含项目专员的内部审查,但主要依赖于研究领域内的专家进行同行评议(Holbrook,2010)。在评审团队科学的相关提案时,特别是研究内容具有跨学科性质时,评审者将面临一系列挑战。具体而言,这些挑战包括如何确定评审小组的成员构成以及所需的科学专业知识等(Holbrook,2013)。因此,为了全面评审跨学科或超学科的研究提案,资助机构还需要确定并聘请提案中涉及的学科专家作为评审员(Perper,1989)。然而,仅仅具备与提案内容相关的具体专业知识是不够的,因为这些专家可能缺乏足够的知识广度或视角来评估跨学科提案在促进多学科或方法融合方面的潜在贡献。

这一点对于诸如 NIH 之类的评议员趋向年轻化的资助机构而言可能尤其重要(Alberts et al.,2014;Nature,2007)。对于这些经验不足的评审员,尤其需要提供明确的评议标准,包括评判的具体内容和对于高质量研究的界定(Holbrook and Frodeman,2011;National Science Foundation,2011)。Boudreau 等(2016)近期对一所顶尖研究型大学的研究提案评审流程进行了深入的实证分析,其研究结果为同行评审员可能存在的保守倾向提供了实证支持。具体而言,研究揭示了同行评审小组成员在对那些与其专业领域密切相关或具有显著创新性的研究提案进行评分时,往往给予较低的评价。基于此,该研究建议资助机构在评审流程启动之前,应向评审员提供有关创新性研究方法需求与价值的详细信息,以促进对创新性研究的支持。值得注意的是,部分学科的评审专家可能对跨学科研究持有偏见,这可能导致科学研究评价过程的复杂化(Holbrook,2013)。在 NSF

组织的系统性定性研究的跨学科标准研讨会上（Lamont and White，2005），部分研究人员提出了一种新的、具有广泛适用性的方法，旨在帮助构建跨学科研究审查的标准。此外，一些跨学科转化研究的评议小组，如专注于审查由国会资助的、以患者为中心的实效研究的小组，要求小组成员中必须包含非科学家评审员（每个评议小组至少两名）。这些利益相关者的参与是为了"确保研究……反映患者的利益和观点"（Patient-Centered Outcomes Research Institute，2014）。而该研究所的成立和利益相关者的参与也表明，代表患者权益的群体正在对生物医学研究和医疗保健实践产生影响（Epstein，2011）。

在对提案进行审核的过程中，可能会出现其他一些问题。例如，多个机构的共同参与可能会促进一个团队科学项目的成功（例如，可以为项目带来更多的资源或见解），但这也有可能会产生一种对多机构参与的研究项目的支持偏向。相较于仅有少数机构参与的研究提案，评审者可能会更偏向多机构合作的提案，而不是完全基于科学价值来进行评估（Cummings and Kiesler，2007）。此外，在某些情况下，为了避免利益冲突，当提案所属机构为评审者所在的机构时，其必须回避（例如，在NIH和NSF的评议小组中就是如此）。也就是说，提案涉及的科研团队越大，评议小组中的部分成员需要回避的可能性就越大。而这种复杂情况也会促使资助机构改变同行评议过程中管理利益冲突问题的政策。例如，NIH（2011）由于"生物医学和行为学研究中日趋显著的多学科性和合作性"，修订了其审查政策。

正如第八章所探讨的，规模庞大且结构复杂的项目在获得资金支持后，往往面临更为严峻的合作挑战。然而，在基金申请书中，通常缺乏专门针对项目管理和合作策略的详细描述。审查过程中的评价标准往往侧重于申请的技术和科学价值，而对团队合作潜力的考量则相对较少。鉴于此，联邦跨机构合作与团队科学小组委员会提出，在项目研究提案中应明确包含合作计划部分，以确保相关基础设施得到配备和流程得以顺利实施。该小组委员会亦通过参与一系列研讨会和项目实践，为以下利益相关者制定了指导方针：研究人员（制订合作/管理计划时需考虑的重点）、研究机构（包括项目专员在征求研究人员的合作计划或对研究人员进行指导时可能也需要考虑其使用的语言）和评审人员（包括评审人员对研究人员作为资助提案一部分提交的合作计划的评估标准。）。

团队章程通常详细阐述了团队的研究方向、任务以及运作流程，而协议或合同则明确了多方以口头或书面形式正式或非正式确定的具体条款。在现有文献中，已对利用团队章程和协议解决合作问题所涉及的方面进行了探讨，包括冲突、沟通和领导力等（Shrum et al.，2007；Bennett et al.，2010；Asencio et al.，2012；Bennett and Gadlin，2012；Kozlowski and Bell，2013）。值得注意的是，正如第七章所述，Mathieu 和 Rapp（2009）研究发现，团队章程的使用能够提升团队效能，因此团队章程的质量显得尤为重要。此外，Shrum 等（2007）的研究还表明，在大型多机构研究项目中，参与者、团队和组织机构的数量越多，使用正式合同的频率就越高。尽管在该研究案例中有 2/3 的合作都使用了某种形式的正式合同，但这些合同的使用场景往往非常特定（例如，规定角色和任务或设定内部/外部合作的规则），或者相关合同直到项目结束时才起草。

这里所探讨的合作计划虽然建立在章程与协议/合同基础之上，但也提供了一个更为全面的框架来帮助解决书籍中所详述的多维度问题。具体而言，这些合作计划涵盖了章程、协议及合同，以促进特定目标的实现。Woolley 等（2008）考察了合作计划所产生的影响，结果发现："当团队包括与任务相关的专家并且团队明确探索协调和整合成员工作的策略时，团队分析工作可以最有效地完成。"此外，该研究亦揭示，在缺乏明确合作计划的情境下，即便团队成员有深厚的任务专业知识，亦可能对团队绩效产生负面影响。

本书主要探讨了提升团队科学效能的多维度影响因素，并提供了相关文献证据。合作计划的主要目标在于促使团队关注可能对其效能产生影响的多元化因素，并有意识地、明确地制定出有助于最大化效能和研究产出的策略。此外，合作计划亦旨在提供一个系统性的框架，以全面覆盖本书所涉及的主要领域。当前，联邦机构已开始要求项目申请者制定包含数据管理（如 NSF[①]）和领导力（如 NIH[②]）等要素的计划，这些计划体现了

---

[①] 详见 http://www.nsf.gov/bio/pubs/BIODMP061511.pdf[May 2015]。

[②] 详见 http://grants.nih.gov/grants/guide/notice-files/NOT-OD-07-017.html[May 2015]。

合作计划的某些方面的内容。然而，这些计划通常是为了更具体的目的或特定机制而设计的，因此尚未能全面涵盖合作计划所涉及的所有要素。

跨机构小组委员会所制订的合作计划新准则要求研究提案必须针对拟议项目解决以下 10 个关键问题：①团队方法及配置的理论基础；②协作准备（涵盖个人、团队和机构层面）；③技术准备；④团队运作；⑤沟通与协调；⑥领导、管理与行政；⑦冲突预防与管理；⑧培训；⑨质量提升活动；⑩预算与资源分配（Hall et al.，2014）。此外，合作计划的制订应根据科学研究项目的规模与复杂性进行调整，并需考虑组织团队的其他特殊情况。制订合作计划的目标是让科学家们高效合作，进而加快科学发展的进程。

## 项目评价

评估方法主要分为形成性评价（formative evaluation）与总结性评价（summative evaluation）。形成性评价能够为项目持续改进提供反馈（Gray，2008；Vogel et al.，2014），而总结性评价则为未来项目改进提供宝贵的经验与教训（Institute of Medicine et al.，2013；Vogel et al.，2014）。通常，公共或私人资助者可能要求将其中一种或两种作为资助的前提条件（Vogel et al.，2014），或者在资助过程中临时进行或委托第三方进行评价（Chubin et al.，2009）。此外，在制订综合评价计划时，还需要考虑团队研究的复杂性。然而，近期一项研究回顾了过去 30 年中 NIH 资助的 60 余项研究中心和研究网络项目的评估资料，发现尽管大多数项目评估包含了对研究过程的评估，但其评估维度往往是单一或有限的，且这些维度之间或它们与项目成果之间缺乏理论上的联系（The Madrillon Group，2010）。

### 以改进为导向的方法

以改进为导向的形成性评价，其核心目的在于通过提供反馈促进学习并对之进行改进，进而强化项目的持续性管理与运行（Gray，2008；The Madrillon Group，2010）。这种评价的实施方式多样，包括但不限于在团队或小组中嵌入评估人员（Gray，2008）、邀请团队科学研究人员参与项目研究（Cummings and Kiesler，2007），以及与团队科学的学者或联邦机构的评估人员合作（Porter et al.，2007；The Madrillon Group，2010；Hall et al.，2012b）。对于规模庞大、持续时间较长的项目，尤其是以大学为基础的研究中心项目，资助机构进行实地考察的情况较为普遍。在考察过程中，项目主管人员会拜访首席研究员，并与项目参与者进行面对面的交流。实地考察的优势在于，资助机构能够直接了解参与项目的人员构成、进行中的研究活动以及所面临的障碍或困难。

以成果为导向的方法

随着对团队科学资助力度的加大，科学界出现了对团队合作研究方法相较于传统个体研究方法是否更具效率的质疑。这一现象促使资助机构对研究成果进行系统性评价，以证明其投资的效益（Croyle，2008，2012）。无论是通过案例研究方法还是将项目成果与既定基准或标准进行对比分析，总结性评价均能为资助机构及其他科学界利益相关者提供有价值的反馈信息（Scriven，1967）。然而，正如第二章所阐述的，对团队科学项目成果的评估可能面临诸多挑战。例如，小型研究团队的目标可能集中在创造和传播新的科学知识上，而大型团体的目标可能扩展至将科学知识转化为新技术、政策或社区干预措施。因此，评估成果的第一步是明确预期成果。例如，若成果转化是预期目标之一，则"资助机会公告"可提供将研究成果进行整合与转化，并惠及相关利益群体的研究项目和典型案例；此类研究产出可能包括用于临床实践或新产品开发的书面报告或信息视频。

总结性评价可由研究人员本人做出（例如，通过终期报告或发表的学术论文），亦可由资助机构的项目评估人员做出，或由机构内部人员与资助对象协作完成，抑或由团队科研人员共同完成。这些评价的共同目标在于为后续的科研团队、大型组织或研究项目的发展提供经验借鉴（Hall et al.，2012b；Vogel et al.，2014）。在对团队科研成果进行评价时，存在多种评价维度可供选择，包括确立或制定研究产出的评价标准（例如，出版物、引用、培训；关于跨学科评价标准的探讨，参见 Wagner et al.，2011），以及明确这些产出的预期目标（研究成果可能对学术界、产业界或公众产生的影响）（Jordan，2010，2013）。此外，评估人员还需考虑项目所追求的创新类型（例如，渐进性或小的改进与突破性或不连续的飞跃）（Mote et al.，2007）、时间跨度（例如，短期成果与长期成果），以及预期的长期影响类型（例如，科学指标）（Feller et al.，2003）。在评价过程中，评估人员可以采用一系列方法来评估科研项目的完成情况，如引文分析，以及运用准实验方法对比样本和研究设计等（Hall et al.，2012b）。

正如第二章所探讨的，评估人员往往将出版物数据（即文献计量数据）作为评价团队科研产出及成果的标准。尽管资助机构与评估人员已经意识到需要开发新的评价指标以探究科研活动所产生的更广泛的社会影响，例如用来评估公共健康领域的状况是否得到改善的指标（Trochim et al.，2008），但事实证明，制定方法上和经济上都可行的衡量标准并不容易（参见第二章及第三章）。同时，由于研究方案和项目数据的不完整性，全面评估过程中可能会遇到其他的难题。此外，迄今为止，鲜有研究采用实验设计方法，将团队科学方法或干预措施①与对照组进行对比，以明确其影响。

近期，替代计量学（altmetrics）的兴起为团队科学项目评估的改进提供了有益的数据支持（Priem，2013；Sample，2013）。自2010年起，学者们开始倡导在科研产出评估过程中，应全面考量研究资助所产生的所有成果，这不仅包括同行评议的学术论文，还应涵盖在网络上及社交媒体上共享的原始数据和自行发布的研究成果；此外，他们还呼吁要开发与产品相关的"众包"自动指标，如推特（Twitter）帖子的传播范围或博客浏览量（Priem et al.，2010）等，均可作为相应的评估指标。目前，这一新兴运动已产生了一定影响，如NSF已经调整了对研究人员成果信息的填报要求，将成果种类扩展至数据集、软件、专利和著作权等多种形式。此外，Piwowar（2013）指出，替代计量学能够更全面地反映科学研究成果在社交、思想和行为层面的影响。

正如本书所强调的，对团队科学进行评估的核心在于对团队科学过程

---

① 如第六章所述，Salazar 等正在进行一项实验研究来测试跨学科和超学科项目中，推进知识融合的干预措施的效果（详见 http://www.nsf.gov/awardsearch/showAward?AWD_ID=1262745&Historical Awards=false）。

的评价，并探究这些过程与科研成果及其影响之间的关联性，以识别影响团队科学产出成果的中介变量和调节变量。通过此方法，资助机构将能够为团队科学的发展提供基于实证的支持。进一步而言，团队科学的评估研究不仅能够审视科研成果与资助机制之间的相互作用关系（Druss and Marcus，2005；Hall et al.，2012b），还能够深入分析科研成果与团队合作过程之间的联系（例如，The Madrillon Group，2010；Stipelman et al.，2010），从而深化对团队科学的理解，并提升资助机构在支持团队科学方面的效能。

在财政预算紧缩的背景下，资助机构日益认识到采用系统化和科学化管理手段，以及明确资助优先级和资金分配的潜在益处。美国管理与预算办公室（Office of Management and Budget in the Executive Office of the President，2013）颁布了一项政府备忘录，倡导利用证据和创新手段提升政府效能。该备忘录特别强调了"高质量、低成本的评估以及快速、可复制的实验"，并提倡实施"注重成果产出的创新性资助策略"。目前，各相关机构已经开始对这一倡议做出积极反应。例如，NIH 在近期的一份报告中，归纳并提出了相关建议。

……增强 NIH 识别和评估产出成果的能力，以便 NIH 能够更有效地确定其活动的价值，交流评估结果，确保持续的责任追究，并进一步推动资助重点的科学设定和资助资金的合理分配。

美国管理与预算办公室的备忘录和 NIH 的报告还强调，未来需要制定更多的、经实证检验的战略来促进和支持团队科学的发展。同时，团队科学领域的研究学者也正致力于解决这些问题。

## 总结、结论与建议

许多公共机构和私人组织都在参与资助和评估团队科学。通常，公共和私人资助者主要通过与科学家、政策制定者和其他利益相关者合作来确定其资助重点。因此，他们能够为有志于从事团队科学研究的科学家提供支持。在征集团队科学研究提案的过程中，联邦机构发布的资助通告有时对于所需的合作类型与层次的描述并不明确。同时，用于评估提案的同行评审流程通常侧重于技术和科学价值，而不是团队有效合作的潜力。在研究提案中加入合作计划的内容，并为评审人员提供如何评估此类计划的指导，将有助于确保项目拥有能够提升团队科学效能所需的基础设施和流程。通过对团队科学资助与评估的研究理论与实践进行梳理，团队科学论委员会提出了若干关键但尚未解决的问题，这些问题将在第十章中进行深入探讨。

  结论：公共和私人资助者通过资金支持、发布白皮书、举办培训研讨会等多种手段，在科学界营造一种支持团队科学的文化氛围。

  建议 7：资助机构应该与科学界携手合作，推动创新合作模式的开发与实行，包括研究网络与研究联盟的构建，以及新型团队科学研究激励机制的制定（例如，对团队研究成果予以学术认可，参见建议 6）和资源库（例如，提升团队科学效能及培训方案有效性的在线信息资源库）的建设。

  结论：资助机构在对科学价值的关注与对团队及大型团体执行工作的合作价值的关注之间存在不一致性。当前，他们在征集团队科学研究提案的资助机会公告中，通常对预期的合作类型和知识融合水平的描述较为模糊。

  建议 8：资助机构应要求团队研究的提案呈现合作计划，并为科研人员在撰写提案时整合这些计划提供指导，为评审人员的评估工作提供指导和标准。此外，对于提交跨学科或超学科研究项目的申请者，资助机构应明确要求其阐述在研究过程中如何融合不同学科的视角和方法。

# 第十章　推进关于团队科学效能的研究

团队科学论委员会在回顾了许多相关研究后，对于如何提升团队科学效能产生了许多新的见解。然而，团队科学论委员会也发现了目前研究中存在的不足。本章将对若干研究需求进行深入探讨，并展望满足这些需求的新前景。

## 团队过程与效能

正如第一章和第二章所讨论的，科研团队与其他领域的团队面临许多共同的挑战，因此，其他领域的团队研究对科研领域的团队研究具有借鉴意义。特别是团队过程因素，如对团队目标和角色的共同理解，已被证实无论是在科研领域还是在其他领域中，都会影响团队实现其目标的能力。在这一研究基础上，本书前几章针对团队的三个方面——组成、专业发展和领导力，提出了相应的行动指南和干预策略。然而，与此同时，我们也注意到需要对科研团队的团队过程，以及这些过程与科学发现和转化的关系进行进一步的"基础"研究。

为了深化对团队科学过程的理解，跨学科合作显得尤为关键，这要求研究团队与组织中涉及的各个学科（包括心理学、组织行为学、沟通学等）以及团队科学及其相关领域（如经济学、科学政策、科学哲学和系统科学）的专家和实践者共同参与。研究人员们应致力于开发一种综合性的、多维度的测量方法，以全面调查科研团队的动态及其成果。该方法应涵盖文献计量指标、合著网络分析、专家对团队科学过程和成果的主观评价,以及对团队科学参与者的问卷调查和深度访谈等多种手段。此外,特别需要开发有效且可靠的评估标准,以便更清晰地理解跨学科知识深度融合的过程及其在单学科、多学科、跨学科和超学科科研团队中的差异性(Wagner et al., 2011)。随着评估标准的不断完善,研究人员能够共同运用严格的实验方法来深入探究团队科学背后的因果机制。

在未来,了解团队科学过程可以借助新方法,比如通过第二章中讨论的复杂适应系统理论来实现。此外,新的数据收集方法正在出现,例如给科学家们可佩戴的电子徽章,以便在他们工作时无感地追踪他们的互动情况。这项研究应该使用足够成熟的方法来分析不同层次(如个人、团队、组织)的纵向动态,并深入探讨由此产生的假设效应的中介变量和调节变量;该方法论在本章末尾部分有所阐述。随后的三个小节将详细探讨团队构成与配置、团队科学的专业发展与教育和团队科学的领导等方面研究的不足之处。

## 团队构成与配置

在第四章中,我们总结得出,开发让实践者系统地考虑团队构成的方法和工具似乎大有前景,并建议参与组建科研团队的人应用这些方法和工具。随着团队科学领导者开始应用任务分析法来组建科研团队(总论中的建议1),研究人员需要对这些应用进行评估研究,以指导其完善和改进。推动对应用的实施、评估、改进的持续性循环将进一步增强团队领导者识别任务多样性的能力,以实现项目的科学目标或转化目标。第四章还讨论了关于团队配置过程的最新研究成果。对科研团队配置过程的进一步研究,包括对自行组配团队与领导者分配团队的过程和结果的比较研究,这些将为科学界、资助机构和高校管理者提供重要的参考信息。同时,对许多研究机构使用新型研究网络工具的情况及其影响进行研究,亦具有重要价值。

同时,第四章揭示了迄今为止关于各种个体特征如何影响团队结果的研究中存在的分歧和不确定性。鉴于这些不确定性，研究人员显然需要对团队成员的个体特征如何与团队结合，以及这些互动和结合过程与团队效能的关系进行深入研究。该研究可以解决如下问题。

> 个体特征（包括社交智力等性格特征）在团队过程和团队效能中有什么作用？

> 各分队（其成员可能具有多种相似的特征）之间的互动如何影响团队过程和效能？

> 团队构成如何与团队过程相互作用，进而影响团队的效能？团队成员的变化如何影响团队过程和结果？

> 团队成员扮演着哪些角色（例如，连接者/中间人、领导者、具有某方面专业知识的科学家、公众型利益相关者）？这些角色之间有什么相互关系，它们是如何影响团队过程和效能的？

## 团队科学的专业发展与教育

在第五章中，我们识别出若干类型的专业发展活动，这些活动有望优化科研团队过程及其成果。随着高校、研究工作者以及实践者开始为科研团队创造专业发展机会（总论中的建议2），对这些机会的持续性评估将为科研团队提供宝贵的信息，以便更好地把握这些机会。此外，更多关于科研团队如何学习与发展的基础研究将促进未来的专业发展。

我们还发现，高校正在越来越多地开发旨在培育学生从事团队科学工作的跨学科课程，然而，学界对于这些课程成效的了解尚显不足。特别地，我们还注意到，部分课程项目在明确阐述其旨在培养的能力方面存在缺失，而是侧重于提升学生的综合能力。文献综述揭示了多种需培养的能力，这些能力在一定程度上存在重叠，但亦展现出差异性。此外，针对此类项目在提升团队各项能力方面的有效性的实证研究相对匮乏。迄今为止，对这些项目的评估主要依赖于案例研究和专家评审。

为填补研究证据中的空白，跨学科教育与团队培训研究领域的研究人员需紧密合作。通过此类合作，研究人员制定出合作评估与智力成果评估的策略，以辨识团队科学研究的核心能力，并将其系统地整合至研究生与本科生的课程体系中，为学生及团队成员从事团队科学研究做好充分准备。更广泛地说，不同研究领域间的这种协作将有助于开展更为稳健的前瞻性研究，并对培养学生团队科学研究能力的教育方案的相对有效性进行深入分析。具体而言，需解决以下问题。

> 通过教育和专业发展培养的各种能力与团队科学过程和结果有什么关系？例如，在何种条件下，团队培训（侧重于团队知识和技能）和任务培训（侧重于科学知识和技能）会提高科学生产力？
> 在不同的教育水平和职业生涯发展水平上（例如，博士教育与高级研究员），哪些教育或专业发展方法对培养目标能力最有效？

## 团队科学的领导

在第六章中，我们揭示了过去 50 年间，针对科研领域之外的团队与组织领导力研究，为构建科研团队领导力发展项目体系提供了坚实的证据支撑。随着科研人员及团队科学实践者着手开发此类项目（实行建议3），需要对项目进行持续的评估，从而推动项目的持续优化与完善。基于对新课程的测试与评估，持续的循环改进机制将有助于提升未来科研团队领导力发展项目的品质。此类培训项目预期将增强参与者的团队领导能力，促进团队过程的积极发展，并提升科学研究与转化的效率。此外，更多的基础研究工作将为这些培训活动提供指导。例如，研究前沿领导方法在科研团队中的适用性，涵盖情境领导、危机领导、团队领导以及共享式领导等概念。

## 虚拟协作支持

在第七章中，我们发现，相较于可以面对面沟通的团队，当研究成员分布于不同地域时，共同话语和经验的缺失以及角色混乱的问题可能会被放大。尽管现有研究都认为团队领导者应采取一系列措施来应对这些挑战，但仍有待进一步进行学术探究，以明确第三章至第六章关于团队研究的理论框架及其提升团队效能的原则在虚拟科研团队中的适用性。

我们还发现，用于虚拟协作的技术设计往往没有真正了解用户的需求和限制，因此可能会阻碍这种协作，因此，还需要通过进一步地研究来评估虚拟协作的工具和实践如何影响团队过程和结果。这就要求研究人员、技术开发人员和用户共同合作，进行以用户为中心的技术设计研究和人类系统整合研究，使得各种协作工具具有互用性，并贴合用户的操作和能力。

## 机构与组织对团队科学的支持

在第八章中，我们观察到许多大学正在努力支持跨学科团队科学的发展，迫切需要相关研究理论给予指导，以便它们能够成功促进团队科学，并推进科学发现和转化。迄今为止，高校在团队科学研究数量与质量方面所做出的努力，其影响尚未得到系统性评估。特别地，我们注意到高校与产业界的研究合作正迅速增长，但对这些合作的管理尚未能与之同步。目前，关于此类合作关系的系统性与严谨性研究相对有限，且针对合作失败的研究亦相对稀缺。此外，我们发现，关于建筑环境设计与科学研究合作之间关系的理论探讨与实证研究存在一定的争议。尽管部分研究指出空间接近性与科学研究合作之间存在正向关联，但进一步的研究仍需加强，以深化对建筑环境设计与团队科学效能之间关系的认识。从更宏观的视角审视，这项研究的重点之一在于探讨与空间环境相互作用的文化与社会因素，这些因素可能共同影响合作过程及其成果。

部分研究开始审视旨在推动跨学科团队科学发展的高校战略的具体措施。例如，最近有研究考察了哈佛医学院"公开"征集如何帮助 1 型糖尿病研究课题研究发展的相关意见（Guinan et al., 2013）。团队科学论委员会鼓励更多的机构和高校研究和学习现有的与新兴的战略，加强对科学的支持和引导。

2005 年，美国国家科学院对开展跨学科研究的机构和个人进行了跟踪调查（National Academy of Sciences et al.，2005），这一研究可能有利于指导高校开展跨学科研究。研究结果旨在揭示过去10年间跨学科研究取得的进展，识别当前存在的障碍，并辨识出具有潜力的研究实践。此外，这项新的追踪研究成果可为制定更为精确的研究规划提供依据，进而深化对不同组织和机构政策及实践如何作用于团队科学发展的理解。

总体而言，如果关于高校举措的研究包括更多实地和准实验研究设计，并结合纵向数据及面板数据模型来评估这些高校在一段时间内取得的成果，将能提供更为明确的信息。对于产学研合作以及涉及多方利益相关者的团队科学研究项目，有必要进行深入探讨，以分析机构合作伙伴的选择机制、影响项目成功的关键因素、正式与非正式的管理实践，以及这些实践对机构调整的影响。此外，制定有效的数据收集策略和建立透明、有意义、便于研究人员利用的绩效数据系统，将对开展此类研究具有积极的促进作用。

在第八章中，我们还注意到有少数高校在努力改变晋升与终身教职评审中有关团队科学的奖励政策与实践。尽管存在此类积极尝试，但普遍而言，多数高校的晋升与终身教职评审政策并未提供一套全面且明确的评价标准，以衡量个人在团队研究中的贡献。鉴于各学科、各院系和各高校都在建立和应用各自的研究贡献评估标准，我们建议各高校和各学科协会积极制定一般性的、全面的原则来分配个人对团队工作的贡献。此外，有必要开展针对性的研究工作，以指导为团队工作提供激励措施（例如奖金、公众认可）的可行性和有效性。

总体而言，需要进行相关研究来增进对团队科学有关的晋升与终身教职评审过程的理解。其中，重要的第一步是对美国高校的晋升与终身教职政策中有关个人对团队研究贡献的条例进行系统调查。目前可利用的有限的信息表明，相对于个人对科研团队可能做出的广泛的、有意义的贡献，这种贡献评估政策包括的标准范围相对狭窄。需要进一步研究来制定有实证依据的贡献评估原则，如作为"中间人"，将个人/组织聚集在一起的贡献（如第四章所述，这一角色已被证明能促进创新）。

此外，还需要相关研究来了解如何更好地实施这种新的原则和标准，并解决以下问题。

> 全校性的政策在多大程度上得到了执行和遵守？
> 哪些因素，如高校、学院或学系的领导和文化，影响了新政策的采纳？
> 政策变化通常需要多长时间才能影响到晋升与终身教职评审委员会内的实践？

研究还需要探索团队科学的团队激励机制。虽然许多科研团队成员供职于高等教育机构，亦有部分成员隶属于工业研发实验室、独立科学设备机构（如粒子加速器或大型观测站）、联邦实验室，以及公共和私人研究中心与研究所。无论他们受雇于何处，参与协同研究的科学家及其他利益相关者均可能对雇主所提供的激励与奖励做出响应。迄今为止，尽管科学界与其他经济部门的团队发展迅猛，但组织激励体系仍主要侧重于对个人成就的奖励。因此，有必要进一步开展研究，以开发和验证基于团队成就的激励机制。如第八章所述，此类研究将从具备跨领域团队合作经验的科研人员与团队科学研究领域的专家之间的有效协作中获益。(Chen et al., 2012)。

最后，我们在第八章中指出，目前普遍缺乏从组织视角对团队科学的研究。从这个角度进行进一步的研究，将为研究和实践提供有价值的信息。例如，多团队系统、跨网络科学合作以及大型的地域分散的研究中心等新组织形式的出现，可能需要对研究团队的组成、专业发展和领导力采取新的方法。然而，正如我们在第六章中所指出的，目前对多团队系统中的领导力的研究还很少；只有少数研究开始探讨团队系统和团队领导如何才能更好地促进各科研团队内部和团队之间的协调。同样，团队科学的新组织形式很可能为组成和配置团队，以及为团队提供专业发展带来新的挑战。

## 团队科学的资助与评估

我们已经注意到，对团队科学过程及其成果进行评估是一项挑战，其原因之一在于科研团队内部可能存在多重目标。因此，亟待开展研究，制定新的评价标准，以确保这些标准能够恰当地对应团体、组织、机构、资助者以及与项目重点、过程、成果相关的社会群体的目标和关注点。在第九章中，我们观察到联邦科学机构日益重视对自身行政程序的审查，并致力于予以改进，以更有效地应对社会、技术和科学领域的重大挑战。然而，迄今为止，此类努力的实证研究极为有限，因此迫切需要开展相关研究，以协助公共机构和私人基金会合理配置资源，提高团队科学绩效，并在团队与非团队方法之间寻找到最优平衡点。此类研究将致力于解决以下问题。

> 资助机构和科学评议小组如何才能更好地识别出可能成功的团队提案和可能失败的团队提案？
> 当一个科研团队的资金被撤销时，会发生什么？缺乏长期的资助承诺是否会导致研究人员回归到更传统的、小型的、渐进的科学发展过程中？就长期成功的可能性而言，可持续的资金资助和可支持性的机构环境之间有什么关系？
> 资助机构除了具有评估研究提案和规范书面报告的传统职能之外，还有哪些类型的管理可能会提升科研团队效能？
> 如果资助机构提供持续的技术援助和紧急援助来协助应对出现的合作挑战，团队的效能是否会得到提高？

具体而言，需要相关研究来了解不同的资助战略如何影响科研团队效能。在第九章中，我们建议资助机构要求研究人员提交合作计划。对比研究包含或不包含合作计划的团队效能，将有助于促进学习，并改进以指导为导向的团队科学管理方法。

由于同行评审小组本身就作为一个团队运作，探究其结构与动态如何作用于对团队科学提案的评审过程，将为资助机构提供具有参考价值的信息。同时，研究评审员如何构建"理想团队"以加速科学进步和转化特定领域的研究成果，对团队过程及其成果的影响，也具有重要价值。

## ◉ 总结、结论与建议

结论：要想通过有针对性的研究来评估和完善上述建议的工具、

干预措施和政策，还需要更多的基础研究来指导团队科学效能研究工作。然而，目前针对科研团队效能提升研究的资助项目相对匮乏。

建议9：公共和私人资助者应通过资助来支持对科研团队效能的研究。作为关键的第一步，资助者应该支持对上述干预措施和政策进行持续评估和完善，并重视研究科学组织（如研究中心、网络）在支持科研团队中所发挥的作用。资助者还应与大学和科学界合作，协助研究人员获取关键团队科学人员信息和数据集。

最后，新兴的研究方法与途径有望推动团队科学效能的研究。在第二章中，我们探讨了团队科学论的独特关注点，涵盖了其对高度多样化的分析单位的关注——从个体、团队、组织至整个社会层面，并强调了开发有效、可靠的评估标准以深入理解团队过程及其与科学及转化成果之间关系的必要性。利用新兴的研究方法与途径有助于解决该领域所关注的问题。例如，复杂适应系统理论为理解一个系统中各层次的行为、行动及其相互作用如何影响其他层次乃至整个系统的突现行为提供了一种有效的理论框架。研究人员已经开始采用复杂适应系统理论来研究团队科学。

研究团队动态的新方法也已经出现。例如，团队成员可以配备小型电子感应徽章（约为一部智能手机大小）来记录他们的互动数据，包括记录他们是否为面对面交流、他们彼此之间的距离，以及他们对话的强度。同样，电子通信数据，如电子邮件和短信，也可以被记录和分析。无论是通过非侵入性的传感器、电子通信记录，还是通过更传统的调查来获取团队动态的数据，都可以创造性地与文献计量数据相结合，来探究团队过程和结果（以科学出版物的形式）之间的关系。由于团队的动态、目标和结果会随着科研团队在工作中经历不同阶段而变化，因此纵向研究设计结合时间标记数据的分析可以比一次性横断面方法能够提供更深入的见解。

科研团队的实证研究还可以运用仿真和建模方法。仿真允许在受控的实验室条件下研究科研团队在现实世界中执行的技术任务（例如，联合使用科学设备或虚拟会议技术）。通过这种方式，可以依据其提高科研团队效能的能力来对技术进行评估。另外，关于团队成员在不同条件下互动的研究结果的计算模型（例如，基于代理的模型、动态系统模型、社交网络模型）能够将小型科研团队的实证结果推广到大型团体和组织中。

# 参考文献

Academy of Medical Sciences., and Ridley, A. (2016). Improving recognition of team science contributions in biomedical research careers. London: Academy of Medical Sciences.

Adams, J. D., Black, G. C., Clemmons, J. R., and Stephan, P. E. (2005). Scientific teams and institutional collaborations: Evidence from US universities, 1981-1999. Research Policy, 34 (3): 259-285.

Adler, P. S., and Chen, C. X. (2011). Combining creativity and control: Understanding individual motivation in large-scale collaborative creativity. Accounting, Organizations and Society, 36 (2): 63-85.

Alberts, B., Kirschner, M.W., Tilghman, S., and Varmus, H. (2014). Rescuing U.S. biomedical research from its systemic flaws: Perspective. Proceedings of the National Academy of Sciences of the United States of America, 111 (16): 5773-5777.

Allen, L., Brand, A., Scott, J., Altman, M., and Hlava, M. (2014). Publishing: Credit where credit is due. Nature, 508 (7496): 312-313.

Allport, F.H. (1932). Psychology in relation to social and political problems. In P.S. Achilles, Psychology at Work (pp.199-252). New York: Whittlesey House.

Alonso, A., Baker, D.P., Holtzman, A., Day, R., King, H., Tommey, L., and Salas, E. (2006). Reducing medical error in the military health system: How can team training help? Human Resource Management Review, 16 (3): 396-415.

Altbach, P.G., Gumport, P.J., and Berdahl, R.O.. (2011) American Higher Education in the Twenty-First Century: Social, Political, and Economic Challenges (3rd ed.). Baltimore, MD: Johns Hopkins University Press.

Ancona, D. G., and Caldwell, D. F. (1992). Demography and design: Predictors of new product team performance. Organization Science, 3 (3): 321-341.

Anderson, N. R., and West, M. A. (1998). Measuring climate for work group innovation: development and validation of the team climate inventory. Journal of Organizational Behavior: The International Journal of Industrial, Occupational and Organizational Psychology and Behavior, 19 (3): 235-258.

Argyle, M., and Cook, M. (1976). Gaze and Mutual Gaze. New York: Cambridge University Press.

Aronoff, D. M., and Bartkowiak, B. A. (2012). A review of the website TeamScience.net. Clinical Medicine and Research, 10 (1): 38-39.

Asencio, R., Carter, D.R., DeChurch, L.A., Zaccaro, S.J., and Fiore, S.M. (2012). Charting a course for collaboration: A multiteam perspective. Translational and Behavioral Medicine, 2 (4): 487-494.

Ashforth, B.E., and Mael, F. (1989). Social identity theory and the organization. Academy of Management Review, 14 (1): 20-39.

ATLAS Collaboration. (2012). Observation of a new particle in the search for the Standard Model Higgs boson with the ATLAS detector at the LHC. Physics Letters B, 716 (1): 1-29.

Austin, A.E. (2011). Promoting Evidence-Based Change in Undergraduate Science Education. Presented at the Fourth Committee Meeting on Status, Contributions, and Future Directions of Discipline-Based Education Research (Vol. 1), National Research Council, Washington, DC.

Austin, J.R. (2003). Transactive memory in organizational groups: The effects of content, consensus, specialization, and accuracy on group performance. Journal of Applied Psychology, 88 (5): 866-878.

Avolio, B.J., Reichard, R.J., Hannah, S.T., Walumbwa, F.O., and Chan, A. (2009). A meta-analytic review of leadership impact research: Experimental and quasi-experimental studies. The Leadership Quarterly, 20 (5): 764-784.

Bacharach, S.B., Bamberger, P., and Mundell, B. (1993). Status inconsistency in organizations: From social hierarchy to stress. Journal of Organizational Behavior, 14 (1): 21-36.

Bain, P.G., Mann, L., and Pirola-Merlo, A. (2001). The innovation imperative: The relationship between team climate, innovation, and performance in research and development teams. Small Group Research, 32 (1): 55-73.

Bainbridge, W.S. (2007). The scientific research potential of virtual worlds. Science, 317 (5837): 472-476.

Baker D.P., Day, R., and Salas, E. (2006). Teamwork as an essential component of high-reliability organizations. Health Services Research, 41 (4 Pt 2): 1576-1598.

Bandura, A. (1977). Self-efficacy: Toward a unifying theory of behavioral change. Psychological Review, 84 (2): 191-215.

Bass, B.M. (1985). Leadership and Performance Beyond Expectations. New York: Free Press.

Bass, B.M., and Riggio, R.E. (2006). Transformational Leadership (2nd ed.). Mahwah, NJ: Lawrence Erlbaum Associates Publishers.

Beal, D.J., Cohen, R.R., Burke, M.J., and McLendon, C.L. (2003). Cohesion and performance in groups: A meta-analytic clarification of construct relations. Journal of Applied Psychology, 88 (6): 989-1004.

Bear, J.B., and Woolley, A.W. (2011). The role of gender in team collaboration and performance. Interdisciplinary Science Reviews, 36 (2): 146-153.

Becker, F. (2004). Offices at Work: Uncommon Workspace Strategies That Add Value and Improve Performance. San Francisco: Jossey-Bass.

Bell, B.S., and Kozlowski, S.W.J. (2002). A typology of virtual teams: Implications for effective leadership. Group and Organization Management, 27 (1): 14-19.

Bell, B.S., and Kozlowski, S.W.J. (2011). Collective failure: The emergence, consequences, and management of errors in teams. In D.A. Hoffman and M. Frese, Errors in Organizations (pp.113-141). New York: Routledge.

Bell, E.E., Canuto, M.A., and Sharer, R.J.. (2003). Understanding Early Classic Copan. Philadelphia: University of Pennsylvania Museum Press.

Bell, S.T., Villago, A.J., Lukasik, M.A., Belau, L., and Briggs, A.L. (2011). Getting specific about demographic diversity variable and team performance relationships: A metaanalysis. Journal of Management, 37 (3): 709-743.

Bennett, L.M., and Gadlin, H. (2012). Collaboration and team science: From theory to practice. Journal of Investigative Medicine, 60 (5): 768-775.

Bennett. L.M., and Gadlin, H. (2014). Supporting interdisciplinary collaboration: The role of the institution. In M. O'Rourke, S. Crowley, S.D. Eigenbrode, and J.D. Wulfhorst, Enhancing Communication and Collaboration in Interdisciplinary Research (pp.356-384). Thousand Oaks, CA: Sage.

Bennett, L.M., Gadlin, H., and Levine-Finley, S. (2010). Collaboration and Team Science: A Field Guide. NIH Publication No. 10-7660. Bethesda, MD: National Institutes of Health.

Berrett, D. (2011). Tenure across borders. Inside Higher Education. Available: http://www.insidehighered.com/news/2011/07/22/usc_rewards_collaborative_and_interdisciplinary_work_among_faculty#sthash.LPOPUxoq.dpbs[May 2015].

Beyer, H., and Holtzblatt, K. (1998). Contextual Design: Defining Customer-Centered Systems. San Francisco: Morgan Kaufmann. Elsevier.

Bezrukova, K. (2013). Understanding and Addressing Faultlines. Presented at the National Research Council's Workshop on Science Team Dynamics and Effectiveness, July 1, Washington, DC.

Bezrukova, K., Jehn, K.A., Zanutto, E.L., and Thatcher, S.M.B. (2009). Do workgroup faultlines help or hurt? A moderated model of faultlines, team identification, and group performance. Organization Science, 20 (1): 35-50.

Bezrukova, K., Thatcher, S.M.B., Jehn, K.A., and Spell, C. (2012). The effects of alignments: Examining group faultiness, organizational cultures, and performance. Journal of Applied Psychology, 97 (1): 77-92.

Binford, L.R. (1978). Dimensional analysis of behavior and site structure: Learning from an Eskimo hunting stand. American Antiquity, 43 (3): 330-361.

Binford, L.R. (1980). Willow smoke and dogs' tails: Hunter-gatherer settlement systems and archaeological site formation. American Antiquity, 45 (1): 4-20.

Binford, L.R. (2001). Constructing Frames of Reference: An Analytical Method for Archaeological Theory Building Using Ethnographic and Environmental Data Sets. Berkeley and Los Angeles: University of California Press.

Blackburn, R., Furst, S., and Rosen, B. (2003). Building a winning virtual team: KSA's, selections, training, and evaluation. In C.B. Gibson and S.G. Cohen, Virtual Teams That Work: Creating Conditions for Virtual Team Effectiveness, 95-120. San

Francisco: Jossey-Bass.

Blickensderfer, E., Cannon-Bowers, J.A., and Salas, E. (1997). Theoretical bases for team selfcorrections: Fostering shared mental models. In M.M. Beyerlein and D.A. Johnson, Advances in Interdisciplinary Studies of Work Teams (vol.4, pp.249-279). Greenwich, CT: JAI Press.

Bonney, R., Cooper, C.B., Dickinson, J., Kelling, S., Phillips, T., Rosernberg, K.V., and Shirk, J. (2009). Citizen science: A developing tool for expanding science knowledge and scientific literacy. Bioscience, 59 (11): 977-984.

Borgman, C.L. (2015). Big Data, Little Data, No Data: Scholarship in the Networked World. Cambridge, MA: MIT Press.

Börner, K., Conlon, M., Coron-Rikert, J., and Ding, Y. (2012). VIVO: A Semantic Approach to Scholarly Networking and Discovery. San Rafael, CA: Morgan and Claypool.

Börner, K., Contractor, N., Falk-Krzesinski, H.J., Fiore, S.M., Hall, K.L., Keyton, J., Spring B., Stokols D., Trochim W., Uzzi B. (2010). A multi-level systems perspective for the science of team science. Science Translational Medicine, 2 (49): 49cm24.

Borrego, M., and Newsander, L.K. (2010). Definitions of interdisciplinary research: Toward graduate-level interdisciplinary learning outcomes. The Review of Higher Education, 34 (1): 61-84.

Borrego, M., Boden, D., Pietrocola, D., Stoel, C.F., Boone, R.D., and Ramasubramanian, M.K. (2014). Institutionalizing interdisciplinary graduate education. In M. O'Rourke, S. Crowley, S.D. Eigenbrode, and J.D. Wulfhorst, Enhancing Communication and Collaboration in Interdisciplinary Research (pp.335-355). Thousand Oaks, CA: Sage.

Borrego, M., Karlin, J., McNair, L.D., and Beddoes, K. (2013). Team effectiveness theory from industrial and organizational psychology applied to engineering student project teams -A review. Journal of Engineering Education, 102 (4): 472-512.

Bos, N. (2008). Motivation to contribute to collaboratories: A public goods approach. In G.M. Olson, A. Zimmerman, and N. Bos, Scientific Collaboration on the Internet (pp.251-274). Cambridge, MA: MIT Press.

Bos, N., Olson, G.M., and Zimmerman, A. (2008). Conclusion Final thoughts: Is there a science of collaboratories? In G.M. Olson, A. Zimmerman, and N. Bos, Scientific Collaboration on the Internet (pp.377-393). Cambridge, MA: MIT Press.

Boudreau, K., Ganguli P. I., Gaule, P., Guinan, E. C., and Lakhani, K. R. (2012). Co-location and Scientific Collaboration: Evidence from a Field Experiment. Harvard Business School Working Paper series# 13-023, Cambridge, MA.

Boudreau, K. J., Guinan, E. C., Lakhani, K. R., and Riedl, C. (2016). Looking across and looking beyond the knowledge frontier: Intellectual distance, novelty, and resource allocation in science. Management Science, 62 (10): 2765-2783.

Bowers, C.A., Jentsch, F., and Salas, E. (2000). Establishing aircrew competencies: A comprehensive approach for identifying CRM training needs. In H.F. O'Neil and D. Andrews, Aircrew Training and Assessment (pp.67-83). Mahwah, NJ: Lawrence Erlbaum.

Boyce, L.A., Zaccaro, S.J., and Wisecarver, M.Z. (2010). Propensity for self-development of leadership attributes: Understanding, predicting, and supporting performance of leader self-development. The Leadership Quarterly, 21 (1): 159-178.

Bozeman, B., and Boardman, C. (2013). An Evidence-Based Assessment of Research Collaboration and Team Science: Patterns in Industry and University-Industry Partnerships. Presented at the National Research Council's Workshop on Institutional and Organizational Supports for Team Science, October 24, Washington, DC.

Bozeman, B., and Gaughan, M. (2011). How do men and women differ in research collaborations? An analysis of the collaboration motives and strategies of academic researchers. Research Policy, 40 (10): 1393-1402.

Bozeman, B., Fay, D., and Slade, C.P. (2012). Research collaboration in universities and academic entrepreneurship: The state-of-the-art. Journal of Technological Transfer, 38 (1): 1-67.

Brannick, M.T., Prince, A., Prince, C., and Salas, E. (1995). The measurement of team process. Human Factors, 37 (3): 641-651.

Braun, D. (1998). The role of funding agencies in the cognitive development of science. Research Policy, 27 (8): 807-821.

Brewer, M.B. (1999). The psychology of prejudice: Ingroup love or outgroup hate?

Journal of Social Issues, 55 (3): 429-444.

Brill, M., Weidemann, S., and BOSTI Associates. (2001). Disproving Widespread Myths about Workplace Design. Jasper, IN: Kimball International.

Broad, W.J. (2014). Billionaires with big ideas are privatizing American science. The New York Times, A1-L March 14.

Brown, J.S., and Thomas, D. (2006). You play World of Warcraft? You're hired. Wired, 14 (4): 1-3.

Burke, C.S., Stagl, K.C., Klein, C., Goodwin, G.F., Salas, E., and Halpin, S.M. (2006). What type of leadership behaviors are functional in teams? A meta-analysis. Leadership Quarterly, 17 (3): 288-307.

Burns, T., and Stalker, G.M. (1961). The Management of Innovation (2nd ed.). London: Tavistock.

Cameron, A.F., and Webster, J. (2005). Unintended consequences of emerging communication technologies: Instant messaging in the workplace. Computers in Human Behavior, 21 (1): 85-103.

Campion, M.A., Medsker, G.J., and Higgs, A.C. (1993). Relations between work-group characteristics and effectiveness: Implications for designing effective work groups. Personnel Psychology, 46 (4): 823-847.

Cannon-Bowers, J. (2007). Fostering Mental Model Convergence through Training. In Multi-Level Issues in Organizations and Time (Vol.6, pp.149-157). Emerald Group Publishing Limited.

Cannon-Bowers, J.A., and Salas, E. (1998). Making Decisions Under Stress: Implications for Individual and Team Training (pp.xxiii-447). Washington, DC: American Psychological Association.

Cannon-Bowers, J.A., Salas, E., Blickensderfer, E., and Bowers, C.A. (1998). The impact of cross-training and workload on team functioning: A replication and extension of initial findings. Human Factors, 40 (1): 92-101.

Cannon-Bowers, J.A., Salas, E., and Converse, S.A. (1993). Shared mental models in expert team decision making. In N.J. Castellan, Individual and Group Decision Making: Current Issues (pp.221-246). Hillsdale, NJ: Lawrence Erlbaum.

Cannon-Bowers, J.A., Tannenbaum, S.I., Salas, E., and Volpe, C.E. (1995).

Defining team competencies and establishing team training requirements. In R. Guzzo and E. Salas, Team Effectiveness and Decision Making in Organizations (pp.333-380). San Francisco: Jossey-Bass.

Carley, K., and Wendt, K. (1991). Electronic mail and scientific communication: A study of the Soar extended research goup. Knowledge: Creation, Diffusion, Utilization, 12 (4): 406-440.

Carney, J., and Neishi, K. (2010). Bridging disciplinary divides: Developing an interdisciplinary STEM workforce. Abt Associates.

Carr, J.Z., Schmidt, A.M., Ford, J.K., and DeShon, R.P. (2003). Climate perceptions matter: A meta-analytic path analysis relating molar climate, cognitive and affective states, and individual level work outcomes. Journal of Applied Psychology, 88 (4): 605-619.

Carroll, J.M., Rosson, M.B., and Zhou, J. (2005). Collective efficacy as a measure of community. Proceedings of the SIGCHI Conference on Human Factors in Computing Systems (pp.1-10).

Carton, A.M., and Cummings, J.N. (2012). A theory of subgroups in work teams. Academy of Management Review, 37 (3): 441-470.

Carton, A.M., and Cummings, J.N. (2013). The impact of subgroup type and subgroup configurational properties on work team performance. Journal of Applied Psychology, 98 (5): 732-758.

Case Western University School of Medicine (2014). Draft Team Science Promotion and Tenure Process. Available: http://casemed.case.edu/ctsc/teamscience/[May 2014].

Cash, D.W., Clark, W.C., Alcock, F., Dickson, M.N., Eckley, N., Guston, D.H., Jäger, J., and Mitchell, R.B. (2003). Knowledge systems for sustainable development. Proceedings of the National Academy of Sciences of the United States of America, 100 (14): 8086-8091.

Catalini, C. (2018). Microgeography and the direction of inventive activity. Management Science, 64 (9): 4348-4364.

Chao, G.T., and Moon, H. (2005). The cultural mosaic: A meta-theory for understanding the complexity of culture. Journal of Applied Psychology, 90 (6): 1128-1140.

Chen, C.X., Williamson, M.G., and Zhou, F.H. (2012). Reward system design and group creativity: An experimental investigation. Accounting Review, 87 (6): 1885-1911.

Chen, G., and Bliese, P.D. (2002). The role of different levels of leadership in predicting selfand collective efficacy: Evidence for discontinuity. Journal of Applied Psychology, 87 (3): 549-556.

Chen, G. and Tesluk, P. (2012). Team participation and empowerment: A multilevel perspective. In S.W.J. Kozlowski, The Oxford Handbook of Organizational Psychology (vol. 2), 767-788, UK: Oxford University Press.

Chen, G., Farh, J.L., Campbell-Bush, E.M., Wu, Z., and Wu, X. (2013). Teams as innovative systems: Multilevel motivational antecedents of innovation in R&D teams. Journal of Applied Psychology, 98 (6): 1018-1027.

Chen, G., Kanfer, R., DeShon, R.P., Mathieu, J.E., and Kozlowski, S.W.J. (2009). The motivating potential of teams: Test and extension of Chen and Kanfer's (2006) cross-level model of motivation in teams. Organizational Behavior and Human Decision Processes, 110 (1): 45-55.

Chen, G., Thomas, B., and Wallace, J.C. (2005). A multilevel examination of the relationships among training outcomes, mediating regulatory processes, and adaptive performance. Journal of Applied Psychology, 90 (5): 827-841.

Chen, Y., and Sönmez, T. (2006). School choice: An experimental study. Journal of Economic Theory, 127 (1): 202-231.

Chompalov, I., Genuth, J., and Shrum, W. (2002) The organization of scientific collaborations. Research Policy, 31 (5): 749-767.

Chubin, D.E., Derrick, E., Feller, I., and Phartiyal, P. (2009). AAAS Review of the NSF Science and Technology Centers Integrative Partnerships (STC) Program, 2000-2009. Washington, DC: American Association for the Advancement of Science.

Claggett, J., and Berente, N. (2012). Organizing for Digital Infrastructure Innovation: The Interplay of Initiated and Sustained Attention. Presented at the Hawaiian International Conference on System Sciences (HICSS-45, pp.5251-5260). IEEE.

CMS Collaboration (2012). Observation of a new boson at a mass of 125 GeV with the CMS experiment at the LHC. Physics Letters, Section B: Nuclear, Elementary Particle and High-Energy Physics, 716 (1): 30-61.

COALESCE. (2010). CTSA Online Assistance for Leveraging the Science of Collaborative Effort. Department of Preventive Medicine, Feinberg School of Medicine, Northwestern University. Available: http://www.teamscience.net/[May 2014].

Cohen, J. (1992). A power primer. Psychological Bulletin, 112 (1): 155-159.

Collins, D.B., and Holton, E.F. (2004). The effectiveness of managerial leadership development programs: A meta-analysis of studies from 1982 to 2001. Human Resource Development Quarterly, 15 (2): 217-248.

Collins, R. (1998). The Sociology of Philosophies: A Global Theory of Intellectual Change. Cambridge, MA: The Belknap Press of Harvard University Press.

Colorado Clinical and Translational Sciences Institute. (2014). Leadership for Innovative Team Science (LITeS): Description and Directory 2013-2014. Available: http://www.ucdenver.edu/research/CCTSI/education-training/LITeS/Documents/LITeS2014-2015 Directory.pdf[December 2014].

Contractor, N. (2013). Some Assembly Required: Organizing in the 21st Century. Presented at the National Research Council's Workshop on Science Team Dynamics and Effectiveness, July 1, Washington, DC. Available: http://sites.nationalacademies.org/DBASSE/BBCSS/DBASSE_083679[September 2014].

Contractor, N.S., DeChurch, L.A., Asencio, R., Huang, Y., Murase, T., and Sawant, A. (2014). Enabling Teams to Self-Assemble: The MyDreamTeam Builder. Presented in symposium titled Enhancing Team Effectiveness Across and Between Levels of Analysis (J. Methot and J.E. Mathieu, co-chairs) at the Society for Industrial and Organizational Psychology Annual Meeting, May 15, Honolulu, HI.

Cooke, N.J., and Gorman, J.C. (2009). Interaction-based measures of cognitive systems. Journal of Cognitive Engineering and Decision Making, 3 (1): 27-46.

Cooke, N.J., Gorman, J.C., and Kiekel, P.A. (2008). Communication as team-level cognitive processing. In M. Letsky, N. Warner, S. Fiore, and C. Smith, Macrocognition in Teams: Theories and Methodologies (pp.51-64). Hants, UK: Ashgate Publishing Ltd.

Cooke, N.J., Gorman, J.C., Myers, C.W., and Duran, J.L. (2013). Interactive team cognition. Cognitive Science, 37 (2): 255-285.

Cooke, N.J., Kiekel, P.A., and Helm, E.E. (2001). Measuring team knowledge during skill acquisition of a complex task. International Journal of Cognitive Ergonomics, 5 (3): 297-315.

Cooke, N.J., Salas, E., Cannon-Bowers, J.A., and Stout, R.J. (2000). Measuring team knowledge. Human Factors, 42 (1): 151-173.

Cramton, C. (2001). The mutual knowledge problem and its consequences for dispersed collaboration. Organization Science, 12 (3): 346-371.

CRediT. (2015). CRediT: An Open Standard for Expressing Roles Intrinsic to Research. London: Author. Available: http://credit.casrai.org/[April 2015].

Cronin, M.A., Weingart, L.R., and Todorova, G. (2011). Dynamics in groups: Are we there yet? Academy of Management Annals, 5 (1): 571-612.

Crow, M.M. (2010). Organizing teaching and research to address the grand challenges of sustainable development. BioScience, 60 (7): 488-489.

Crow, M.M., and Dabars, W.B. (2014). Interdisciplinarity as a design problem: Toward mutual intelligibility among academic disciplines in the American research university. In M. O'Rourke, S. Crowley, S.D. Eigenbrode, and J.D. Wulfhorst, Enhancing Communication and Collaboration in Interdisciplinary Research. Thousand Oaks, CA: Sage.

Crowston, K. (2013). Response to a Technology Framework to Support Team Science. Presented at the National Research Council's Workshop on Institutional and Organization Supports for Team Science, October 24, Washington, DC. Available: http://sites.nationalacademies.org/DBASSE/BBCSS/DBASSE_085236l[March 2014].

Croyle, R.T. (2008). The National Cancer Institute's Transdisciplinary Centers Initiative and the need for building a science of team science. American Journal of Preventive Medicine, 35 (2): S90-S93.

Croyle, R.T. (2012). Confessions of a team science funder. Translational Behavioral Medicine, 2 (4): 531-534.

Csikszentmihalyi, M. (1994). The domain of creativity. In D.H. Feldman, M. Csikszentmihalyi, and H. Gardner, Changing the World: A Framework for the Study of Creativity (pp.138-158). Westport: Praeger.

Cummings, J.N., and Haas, M.R. (2012). So many teams, so little time: Time allocation matters in geographically dispersed teams. Journal of Organizational

Behavior, 33 (3): 316-341.

Cummings, J.N., and Kiesler, S. (2005). Collaborative research across disciplinary and institutional boundaries. Social Studies of Science, 35 (5): 703-722.

Cummings, J.N., and Kiesler, S. (2007). Coordination costs and project outcomes in multiuniversity collaborations. Research Policy, 36 (10): 1620-1634.

Cummings, J.N., and Kiesler, S. (2008). Who collaborates successfully? Prior experience reduces collaboration barriers in distributed interdisciplinary research. In Proceedings of the 2008 Conference on Computer-Supported Collaborative Work (pp.437-446). New York: ACM.

Cummings, J.N., and Kiesler, S. (2011) Organization Theory and New Ways of Working in Science. Presented at the 2011 Atlanta Conference on Science and Innovation Policy (pp.1-5), IEEE.

Cummings, J.N., Espinosa, J.A., and Pickering, C.K. (2009). Crossing spatial and temporal boundaries in globally distributed projects: A relational model of coordination delay. Information Systems Research, 20 (3): 420-439.

Cummings, J.N., Kiesler, S., Bosagh Zadeh, R., and Balakrishnan, A.D. (2013). Group heterogeneity increases the risks of large group size: A longitudinal study of productivity in research groups. Psychological Science, 24 (6): 880-890.

Day, D.V. (2010). The difficulties of learning from experience and the need for deliberate practice. Industrial and Organizational Psychology, 3 (1): 41-44.

Day, D.V. (2011). Integrative perspectives on longitudinal investigations of leader development: From childhood through adulthood. The Leadership Quarterly, 22 (3): 561-571.

Day, D.V., and Antonakis, J. (2012). Leadership: Past, present, and future. In D.V. Day and J. Antonakis, The Nature of Leadership (2nd ed., pp.3-25). Thousand Oaks, CA: Sage.

Day, D.V., and Harrison, M.M. (2007). A multilevel, identity-based approach to leadership development. Human Resource Management Review, 17 (4): 360-373.

Day, D.V., and Sin, H-P. (2011). Longitudinal tests of an integrative model of leader development: Charting and understanding developmental trajectories. The Leadership Quarterly, 22 (3): 545-560.

Day, D.V., and Zaccaro, S.J. (2007). Leadership: A critical historical analysis of the influence of leader traits. In L.L. Koppes, Historical Perspectives in Industrial and Organizational Psychology (pp.383-405). Mahwah, NJ: Lawrence Erlbaum Associates Publishers.

Day, D.V., Gronn, P., and Salas, E. (2004). Leadership capacity in teams. Leadership Quarterly, 15 (6): 857-880.

Day, D.V., Sin, H-P., and Chen, T.T. (2004). Assessing the burdens of leadership: Effects of formal leadership roles on individual performance over time. Personnel Psychology, 57 (3): 573-605.

DeChurch, L.A., and Marks, M.A. (2006). Leadership in multiteam systems. Journal of Applied Psychology, 91 (2): 311-329.

DeChurch, L.A., and Mesmer-Magnus, J.R. (2010). The cognitive underpinnings of effective teamwork: A meta-analysis. Journal of Applied Psychology, 95 (1): 32-53.

DeChurch, L.A., and Zaccaro, S.J. (2013). Innovation in Scientific Multiteam Systems: Confluent and Countervailing Forces. Presented at the National Research Council's Workshop on Science Team Dynamics and Effectiveness, Washington, DC.

DeChurch, L.A., Burke, C.S., Shuffler, M.L., Lyons, R., Doty, D., and Salas, E. (2011). A historiometric analysis of leadership in mission critical multiteam environments. Leadership Quarterly, 22 (1): 152-169.

de Dreu, C.K.W., and Weingart, L.R. (2003). Task versus relationship conflict, team performance, and team member satisfaction: A meta-analysis. Journal of Applied Psychology, 88 (4): 741-749.

Defila, R., DiGiulio, A., and Scheuermann, M. (2006). Forschungsverbundmanagement. Handbuch for die Gestaltung interund transdisziplinärer Projeckte. Zürich: vdf Hochschulverlag an der ETH Zürich. Cited in Stokols, D., Hall, K.L., Moser, R.P., Feng, A., Misra, S., and Taylor, B.K. (2010). Cross-disciplinary team science initiatives: Research, training, and translation. In R. Frodeman, J.T. Klein, C. Mitcham, and J.B. Holbrook, The Oxford Handbook of Interdisciplinarity. Oxford, UK: Oxford University Press.

Delise, L.A., Gorman, C.A., and Brooks, A.M. (2010). The effects of team training on team outcomes: A meta-analysis. Performance Improvement Quarterly, 22 (4): 53-80.

DeRue, D.S. (2011). Adaptive leadership theory: Leading and following as a complex adaptive process. Research in Organizational Behavior, 31: 125-150.

DeShon, R.P., Kozlowski, S.W.J., Schmidt, A.M., Milner, K.R., and Wiechmann, D. (2004). A multiple goal, multilevel model of feedback effects on the regulation of individual and team performance. Journal of Applied Psychology, 89 (6): 1035-1056.

Devine, D.J., and Philips, J.L. (2001). Do smarter teams do better? A meta-analysis of cognitive ability and team performance. Small Group Research, 32 (5): 507-532.

de Wit, F.R., Greer, L.L., and Jehn, K.A. (2012). The paradox of intergroup conflict: A metaanalysis. Journal of Applied Psychology, 97 (2): 360-390.

Dickinson, J.L., and Bonney, R. (2012). Citizen Science: Public Participation in Environmental Research. In J.L. Dickinson, and R. Bonney, Ithaca, NY: Cornell University Press.

Djorgovski, S.G., Hut, P., McMillan, S., Vesperini, E., Knop, R., Farr, W., and Graham, M.J. (2010). Exploring the use of virtual worlds as a scientific research platform: The MetaInstitute for Computational Astrophysics (MICA). In F. Lehmann-Grube, J. Sablatnig, O. Akan, P. Bellavista, J. Cao, F. Dressler, and D. Ferrari, Facets of Virtual Environments: First International Conference, FaVE 2009, Berlin, Germany, July 27-29, 2009, Revised Selected Papers 1 (vol.33, pp.29-43). Springer Berlin Heidelberg.

Doan, A., Ramakrishnan, R., and Halevy, A.Y. (2011). Crowdsourcing systems on the World-Wide Web. Communications of the ACM, 54 (4): 86-96.

Doherty-Sneedon, G., Anderson, A., O'Malley, C., Langton, S., Garrod, S., and Bruce, V. (1997). Face-to-face and video mediated communication: A comparison of dialogue structure and task performance. Journal of Experimental Psychology: Applied, 3 (2): 105-123.

Doorley, S., and Witthoft, S. (2012). Make Space: How to Set the Stage for Creative Collaboration. Hoboken, NJ: John Wiley & Sons.

Drath, W.H., McCauley, C.D., Palus, C.J., van Velsor, E., O'Connor, P.M.G., and McGuire, J.B. (2008). Direction, alignment, commitment: Toward a more integrative ontology of leadership. Leadership Quarterly, 19 (6): 635-653.

Druss, B.G., and Marcus, S.C. (2005). Tracking publication outcomes of NIH grants.

American Journal of Medicine, 118 (6): 658-663.

Duarte, D.L., and Snyder, N. (1999). Mastering Virtual Teams: Strategies, Tools, and Techniques That Succeed. San Francisco: Jossey-Bass.

Duderstadt, J.J. (2000). A University for the Twenty-First Century. Ann Arbor: University of Michigan Press.

Dust, S.B., and Zeigert, J.C. (2012). When and how are multiple leaders most effective? It's complex. Industrial and Organizational Psychology: Perspectives on Science and Practice, 5 (4): 421-424.

Dweck, C.S. (1986). Motivational processes affecting learning. American Psychologist, 41 (10): 1040-1048.

Dyer, W.G., Dyer, W.G. Jr., Dyer, J.H and Schein, E. (2007). Team Building Proven Strategies for Improving Team Performance (4th ed.). San Francisco: Jossey-Bass.

Edmondson, A.C. (1996). Learning from mistakes is easier said than done: Group and organizational influences on the detection and correction of human error. Journal of Applied Behavioral Science, 32 (1): 5-28.

Edmondson, A.C. (1999). Psychological safety and learning behavior in work teams. Administrative Science Quarterly, 44 (2): 350-383.

Edmondson, A.C. (2002). The local and variegated nature of learning in organizations: A group-level perspective. Organization Science, 13 (2): 128-146.

Edmondson, A.C. (2003). Speaking up in the operating room: How team leaders promote learning in interdisciplinary action teams. Journal of Management Studies, 40 (6): 1419-1452.

Edmondson, A.C., and Nembhard, I. (2009). Product development and learning in project teams: The challenges are the benefits. Journal of Production Innovation Management, 26 (2): 123-138.

Edmondson, A.C., Bohmer, R.M., and Pisano, G.P. (2001). Disrupted routines: Team learning and new technology implementation in hospitals. Administrative Science Quarterly, 46 (4): 685-716.

Edmondson, A.C., Dillon, J.R., and Roloff, K.S. (2007). Three perspectives on team learning: Outcome Improvement, Task Mastery, And Group Process. In A. Brief and J. Walsh, The Academy of Management Annals, 1 (1): 269-314.

Eigenbrode, S.D., O'Rourke, M., Wulfhorst, J.D., Althoff, D. M., Goldberg, C.S., Merrill, K., Morse, W., Nielsen-Pincus, M., Stephens, J., Winowiecki, L., and Bosque-Perez, N.A. (2007). Employing philosophical dialogue in collaborative science. BioScience, 57 (1): 55-64.

Ekmekci, O., Lotrecchiano, G.R., and Corcoran, M. (2014). The devil is in the (mis) alignment: Developing curriculum for clinical and translational science professionals. Journal of Translational Medicine & Epidemiology, 2 (2): 1029.

Ellis, A.P.J. (2006). System breakdown: The role of mental models and transactive memory in the relationship between acute stress and team performance. Academy of Management Journal, 49 (3): 576-589.

Engel, D., Woolley, A. W., Jing, L. X., Chabris, C. F., and Malone, T. W. (2014). Reading the mind in the eyes or reading between the lines? Theory of mind predicts collective intelligence equally well online and face-to-face. PloS One, 9 (12): e115212.

Ensley, M.D., Hmielski, K.M., and Pearce, C.L. (2006). The importance of vertical and shared leadership within new venture top management teams: Implications for the performance of startups. Leadership Quarterly, 17 (3): 217-231.

Entin, E.E., and Serfaty, D. (1999). Adaptive team coordination. Human Factors: The Journal of the Human Factors and Ergonomics Society, 41 (2): 312-325.

Epstein, S. (2011). Measuring success: Scientific, institutional, and cultural effects of patient advocacy. In B. Hoffman, N. Tomes, R. Grobe, and M. Schlesinger, Patients as Policy Actors (pp.257-277): A Century of Changing Markets and Missions. Piscataway, NJ: Rutgers University Press.

Erdogan, B., and Bauer, T.N. (2010). Differentiated leader-member exchanges: The buffering role of justice climate. Journal of Applied Psychology, 95 (6): 1104-1120.

Espinosa J.A., Cummings, J.N., Wilson, J.M., and Pearce, B.M. (2003). Team boundary issues across multiple global firms. Journal of Management Information Systems, 19 (4): 157-190.

Falk-Krzesinski, H.J., Contractor, N., Fiore, S.M., Hall, K.L., Kane, C., Keyton, J., et al. (2011). Mapping a research agenda for the science of team science. Research Evaluation, 20 (2): 145-158.

Feist, G. (2011). Creativity in science. In M.A. Runco and S.R. Pritzker, Encyclopedia of

Creativity (2nd ed., vol. 1, pp.296-302). London: Elsevier.

Feist, G.J. (2013). Creative personality. In E.G. Carayannis, Encyclopedia of Creativity, Invention, Innovation and Entrepreneurship (pp.344-349). New York: Springer.

Feller, I., Gamota, G., and Valdez, W. (2003). Developing science indicators for basic science offices within mission agencies. Research Evaluation, 12 (1): 71-79.

Festinger, L. (1950). Informal social communication. Psychological Review, 57 (5): 271-282

Finholt, T.A. and Olson, G. (1997). From laboratories to collaboratories: A new organizational form for scientific collaboration. Psychological Science, 8 (1): 28-36.

Fiore, S.M. (2008). Interdisciplinarity as teamwork: How the science of teams can inform team science. Small Group Research, 39 (3): 251-277.

Fiore, S.M. (2013). Overview of the Science of Team Science. Presented at the National Research Council's Planning Meeting on Interdisciplinary Science Teams, January 11, Washington, DC. Available: http://tvworldwide.com/events/nas/130111/ppt/Fiore%20FINAL%20SciTS%20Overview%20for%20NRC.pdf[May 2014].

Fiore, S.M., and Bedwell, W. (2011). Team Science Needs Teamwork Training. Presented at the the Second Annual Science of Team Science Conference, Chicago, IL.

Fiore, S.M., Rosen, M.A., Smith-Jentsch, K.A., Salas, E., Letsky, M. and Warner, N. (2010a). Toward an understanding of macrocognition in teams: Predicting processes in complex collaborative contexts. Human Factors, 52 (2): 203-224.

Fiore, S.M., Smith-Jentsch, K.A., Salas, E., Warner, N., and Letsky, M. (2010b). Toward an understanding of macrocognition in teams: Developing and defining complex collaborative processes and products. Theoretical Issues in Ergonomic Science, 11 (4): 250-271.

Flaherty, C. (2014). Mentor or risk rejection. Inside Higher Education. Available: http://www.insidehighered.com/news/2014/06/24/scientists-note-nsf-push-data-mentoring-grantproposals#sthash.53MTa6jD.rGDMQsI4.dpbs[June 2014].

Forsyth, D.R. (2010). Group Dynamics. Belmont, CA: 94002-3098. Thomson/Wadsworth.

Foster, I., and Kesselman, C. (2004). The Grid: Blueprint for a New Computing Infrastructuxre (2nd. ed.). San Francisco: Morgan Kaufmann.

Fouse, S., Cooke, N.J., Gorman, J.C., Murray, I., Uribe, M., and Bradbury, A.

(2011). Effects of role and location switching on team performance in a collaborative planning environment. Proceedings of the 55th Annual Conference of the Human Factors and Ergonomics Society, 55: 1442-1446.

Fowlkes, J.E., Lane, N.E., Salas, E., Franz, T., and Oser, R. (1994). Improving the measurement of team performance: The TARGETS Methodology. Military Psychology, 6 (1): 47-61.

Freeman, R. B., and Huang, W. (2014). Collaboration: Strength in diversity. Nature, 513 (7518): 305.

Freeman, R. B., and Huang, W. (2015). Collaborating with People Like Me: Ethnic Coauthorship within the United States. Journal of Labor Economics, 33 (S1): S289-S318.

Frickel, S., and Jacobs, J.A. (2009). Interdisciplinarity: A critical assessment. American Review of Sociology, 35 (1): 43-65.

Friesenhahn, I., and Beaudry, C. (2014). The Global State of Young Scientists-Project Report and Recommendations. Berlin: Akademie Verlag.

Frische, S. (2012). It is time for full disclosure of author contributions. Nature, 489 (7417): 475.

Frodeman, R., Klein, J.T., and Pacheco, R.C.S. (2010). The Oxford Handbook of Interdisciplinarity. Oxford, UK: Oxford University Press.

Furman, J., and Gaule, P. (2013). A Review of Economic Perspectives on Collaboration in Science. Prepared for the National Research Council's Workshop on Institutional and Organizational Supports for Team Science, October 24, Washington, DC.

Fussell, S.R., and Setlock, L.D. (2012). Multicultural teams. In W.S. Bainbridge, Leadership in Science and Technology: A Reference Handbook (vol.1, pp.255-263). Thousand Oaks, CA: Sage.

Gabelica, C., and Fiore, S. M. (2013a). What can training researchers gain from examination of methods for active-learning (PBL, TBL, and SBL). Proceedings of the Human Factors and Ergonomics Society Annual Meeting, 57 (1): 462-466.

Gabelica, C., and Fiore, S.M. (2013b). Learning How to Be a (Team) Scientist. Presented at the 4th Annual Science of Team Science Conference. June 24-27, Northwestern University, Evanston, IL.

Galison, P. (1996). Computer simulations and the trading zone. In P. Galison and D.J. Stump, The Disunity of Science: Boundaries, Contexts, and Power (pp.118-157). Stanford, CA: Stanford University Press.

Gallupe, R.B., Dennis, A.R., Cooper, W.H., Valacich, J.S., Bastianutti, L.M. and Nunamaker, J.F. (1992). Electronic brainstorming and group size. Academy of Management Journal, 35 (2): 350-369.

Gans, J.S., and Murray, F. (2015). The changing nature of scientific credit. In A. Jaffe and B. Jones, The Changing Frontier: Rethinking Science and Innovation Policy. Chicago: University of Chicago Press.

Garrett-Jones, S., Turpin, T., and Diment, K. (2010). Managing competition between individual and organizational goals in cross-sector research and development centres. The Journal of Technology Transfer, 35 (5): 527-546.

Gebbie, K.M., Meier, B.M., Bakken, S., Carrasquillo, O., Formicola, A., Aboelela, S.W., Glied, S., and Larson, E. (2007). Training for interdisciplinary health research: Defining the required competencies. Journal of Allied Health, 37 (2): 65-70.

Gehlert, S., Hall, K.L., Vogel, A.L., Hohl, S., Hartman, S., Nebeling, L., et al. (2014). Advancing transdisciplinary research: The transdisciplinary research on energetics and cancer initiative. The Journal of Translational Medicine and Epidemiology, 2 (2): 1032.

Gerstner, C.R., and Day, D.V. (1997). Meta-analytic review of leader-member exchange theory: Correlates and construct issues. Journal of Applied Psychology, 82 (6): 827-844.

Gibson, C., and Vermeulen, F. (2003). A healthy divide: Subgroups as a stimulus for team learning behavior. Administrative Science Quarterly, 48 (2): 202-239.

Gibson, C.B., and Gibbs, J.L. (2006). Unpacking the concept of virtuality: The effects of geographic dispersion, electronic dependence, dynamic structure, and national diversity on team innovation. Administrative Science Quarterly, 51 (3): 451-495.

Gijbels, D., Dochy, F., van den Bossche, P., and Segers, M. (2005). Effects of problem-based learning: A meta-analysis from the angle of assessment. Review of Educational Research, 75 (1): 27-61.

Gladstein, D.L. (1984). Groups in context: A model of task group effectiveness. Administrative Science Quarterly, 29 (4): 499-517.

Gorman, J.C., and Cooke, N.J. (2011). Changes in team cognition after a retention interval: The benefits of mixing it up. Journal of Experimental Psychology: Applied, 17 (4): 303-319.

Gorman, J.C., Amazeen, P.G., and Cooke, N.J. (2010). Team coordination dynamics. Nonlinear Dynamics Psychology and Life Sciences, 14 (3): 265-289.

Gorman, J.C., Cooke, N.J., and Amazeen, P.G. (2010). Training adaptive teams. Human Factors, 52 (2): 295-307.

Gray, B. (2008). Enhancing transdisciplinary research through collaborative leadership. American Journal of Preventative Medicine, 35 (2): S124-S132.

Gray, D.O. (2008). Making team science better: Applying improvement-oriented evaluation principles to evaluation of cooperative research centers. In C.L.S. Coryn and M. Scriven, New Directions for Evaluation, 2008 (118): 73-87.

Gray, D.O., and Walters, S.G. (1998). Managing the Industry University Cooperative Research Center: A Guide for Directors and Other Stakeholders. Columbus, OH: Battelle Press.

Grayson, D.M., and Monk, A.F. (2003). Are you looking at me? Eye contact and desktop video conferencing. ACM Transactions on Computer-Human Interaction (TOCHI), 10 (3): 221-243.

Griffin, J. (1943). The Fort Ancient Aspect: Its Cultural and Chronological Position in Mississippi Valley Archaeology. Ann Arbor: University of Michigan Press.

Grinter, R.E. (2000). Workflow systems: Occasions for success and failure. Computer Supported Cooperative Work (CSCW), 9 (2): 189-214.

Grudin, J. (1994). Groupware and social dynamics: Eight challenges for developers. Communications of the ACM, 37 (1): 92-105.

Grudin, J., and Palen, L. (1995). Why Groupware Succeeds: Discretion or Mandate? Presented at the Fourth European Conference on Computer-Supported Cooperative Work ECSCW'95: 10-14 September, 1995, Stockholm, Sweden (pp.263-278). Dordrecht: Springer Netherlands.

Gruenfeld, D.H., Martorana, P.V., and Fan, E.T. (2000). What do groups learn from their worldliest members? Direct and indirect influence in dynamic teams. Organizational Behavior and Human Decisions Processes, 82 (1): 45-59.

Guimera, R., Uzzi, B., Spiro, J., and Amaral, L.A.N. (2005). Team assembly mechanisms determine collaboration network structure and team performance. Science, 308 (5722): 697-702.

Guinan, E.V.A., Boudreau, K.J., and Lakhani, K.R. (2013). Experiments in open innovation at Harvard Medical School: What happens when an elite academic institution starts to rethink how research gets done?. M.I.T. Sloan Management Review, 54 (3): 45-52.

Gulati, R. (1995). Social structure and alliance formation patterns: A longitudinal analysis. Administrative Science Quarterly, 40 (4): 619-652.

Gully, S.M., Devine, D.J., and Whitney, D.J. (1995). A meta-analysis of cohesion and performance: Effects of levels of analysis and task interdependence. Small Group Research, 26 (4): 497-520.

Gully, S.M., Incalcaterra, K.A., Joshi, A., and Beaubien, J.M. (2002). A meta-analysis of teamefficacy, potency, and performance: Interdependence and level of analysis as moderators of observed relationships. Journal of Applied Psychology, 87 (5): 819-832.

Gurtner, A., Tschan, F., Semmer, N.K., and Nägele, C. (2007). Getting groups to develop good strategies: Effects of reflexivity interventions on team process, team performance, and shared mental models. Organizational Behavior and Human Decision Processes, 102 (2): 127-142.

Hackett, E.J. (2005). Essential tensions: Identity, control, and risk in research. Social Studies of Science, 35 (5): 787-826.

Hackman, J.R. (2012). From causes to conditions. Group influences on individuals in organizations. Journal of Organizational Behavior, 33: 428-444.

Hackman, J.R., and Vidmar, N. (1970). Effects of size and task type on group performance and member reactions. Sociometry, 33: 37-54.

Hadorn, G.H., and Pohl, C. (2007). Principles for Designing Transdisciplinary Research. Proposed by the Swiss Academy of Arts and Sciences.

Hagstrom, W.O. (1965). The Scientific Community. Library of Congress Catalog Card

Number: 65-10539. London and New York: Basic Books.

Haines, J.K., Olson, J.S., and Olson, G.M. (2013). Here or There? How Configurations of Transnational Teams Impact Social Capital. Presented at Human-Computer Interaction-INTERACT 2013: 14th IFIP TC 13 International Conference, Cape Town, South Africa, September 2-6, 2013, Proceedings, Part II 14 (pp.479-496). Springer Berlin Heidelberg.

Hall, D.J., and Saias, M.A. (1980). Strategy follows structure! Strategic Management Journal, 1 (2): 149-163.

Hall, K.L. (2014). Cultivating Transdisciplinary Science: Lessons Learned from the National Cancer Institute. Keynote address at the Joint Meeting of National Science Foundation, U.S. Department of Energy, U.S. Department of Agriculture Decadal and Regional Climate Prediction using Earth System Models (EaSM) Initiatives. Washington, DC, January.

Hall, K.L., Crowston, K., and Vogel, A.L. (2014). How to Write a Collaboration Plan. Rockville, MD: National Cancer Institute.

Hall, K.L., Olster, D.H., Stipelman, B.A., and Vogel, A.L. (2012c). News from NIH: Resources for team-based research to more effectively address complex public health problems. Translational Behavioral Medicine, 2 (4): 373-375.

Hall, K.L., Stipelman, B., Vogel, A.L., Huang, G., and Dathe, M. (2014). Enhancing the Effectiveness of Team-based Research: A Dynamic Multi-level Systems Map of Integral Factors in Team Science. Presented at the Fifth Annual Science of Team Science Conference, August, Austin, TX.

Hall, K.L., Stokols, D., Moser, R.P., Taylor, B.K., Thornquist, M.D., Nebeling, L.C., et al. (2008). The collaboration readiness of transdisciplinary research teams and centers: Findings from the National Cancer Institute's TREC Year-One Evaluation Study. American Journal of Preventive Medicine, Supplement on the Science of Team Science, 35 (2): S161-S172.

Hall, K.L., Stokols, D., Stipelman, B., Vogel, A., Feng, A., Masimore, B., et al. (2012b). Assessing the value of team science: A study comparing centerand investigator-initiated grants. American Journal of Preventive Medicine, 42 (2): 157-163.

Hall, K.L., Vogel, A.L., Ku, M.C., Klein, J.T., Banacki, A., Bennett, L.M., et al. (2013). Recognition for Team Science and Cross-disciplinarity in Academia: An Exploration of Promotion and Tenure Policy and Guideline Language from Clinical and Translational Science Awards (CTSA) Institution. Presented at the National Academies Workshop on Institutional and Organizational Supports for Team Science, October 24, Washington, DC.

Hall, K.L., Vogel, A.L., Stipelman, B.A., Stokols, D., Morgan, G., and Gehlert, S. (2012a). A four-phase model of transdisciplinary team-based research: Goals, team processes, and strategies. Translational Behavioral Medicine, 2 (4): 415-430.

Hammond, R.A. (2009). Complex systems modeling for obesity research. Prevention of Chronic Disease, 6 (3): A97.

Hand, E. (2010). Citizen science: People power. Nature, 466 (7307): 685-687.

Hannah, S.T., and Parry, K.W. (2014). Leadership in extreme contexts. In D.V. Day, The Oxford Handbook of Leadership and Organizations (pp.613-637). New York: Oxford University Press.

Hannah, S.T., Uhl-Bien, M., Avolio, B.J., and Cavaretta, F.L. (2009). A framework for examining leadership in extreme contexts. Leadership Quarterly, 20 (6): 897-919.

Heffernan, J.B., Sorrano, P.A., Angilletta, M.J., Buckley, L., Gruner, D., Keitt, T.H. et al. (2014). Macrosystems ecology: Understanding ecological patterns and processes at continental scales. Frontiers in Ecology and the Environment, 12 (1): 5-14.

Helmreich, R.L., Merritt, A.C., and Wilhelm, J.A. (1999). The evolution of Crew Resource Management training in commercial aviation. International Journal of Aviation Psychology, 9 (1): 19-32.

Hempel, P.S., Zhang, Z.X., and Han, Y. (2012). Team empowerment and the organizational context: Decentralization and the contrasting effects of formalization. Journal of Management, 38 (2): 475-501.

Herbsleb, J.D., and Grinter, R.E. (1999). Architectures, coordination, and distance: Conway's law and beyond. IEEE Software, 16 (5): 63-70.

Hess, D.J. (1997). Science Studies: An Advanced Introduction. New York: New York University Press.

Heuer, R.J. (1999). Psychology of Intelligence Analysis. Commissioned by the Central

Intelligence Agency, Center for the Study of Intelligence 1999. Washington, DC.

Hinds, P., and McGrath, C. (2006). Structures That Work: Social Structure, Work Structure, and Performance in Geographically Distributed Teams. In International Conference on Computer Supported Cooperative Work (CSCW).

Hinnant, C.C., Stvilia, B., Wu, S., Worrall, A., Burnett, G., Burnett, K., et al. (2012). Author-team diversity and the impact of scientific publications: Evidence from physics research at a national science lab. Library & Information Science Research, 34 (4): 249-257.

Hinsz, V.B., Tindale, R.S., and Vollrath, D.A. (1997). The emerging conceptualization of groups as information processors. Psychological Bulletin, 121 (1): 43-64.

Hoch, J.E., and Duleborhn, J.H. (2013). Shared leadership in enterprise resource planning and human resource management system implementation. Human Resource Management Review, 23 (1): 114-125.

Hoch, J.E., and Kozlowski, S.W.J. (2014). Leading virtual teams: Hierarchical leadership, structural supports, and shared team leadership. Journal of Applied Psychology, 99 (3): 390-403.

Hodgson, G.M. (2006). What are institutions? Journal of Economic Issues, 40 (1): 1-25.

Hofer, E.C., McKee, S., Brinholtz, J.P., and Avery, P. (2008) High-energy physics: The large hadron collider collaborations. In G. Olson, N. Bos, and A. Zimmerman, Scientific Collaboration on the Internet. Cambridge, MA: MIT Press.

Hofmann, D.A., and Jones, L.M. (2005). Leadership, collective personality, and performance. Journal of Applied Psychology, 90 (3): 509-522.

Hofmann, D.A., Morgeson, F.P., and Gerras, S.J. (2003). Climate as a moderator of the relationship between leader-member exchange and content specific citizenship: Safety climate as an exemplar. Journal of Applied Psychology, 88 (1): 170-178.

Hogan, R., Curphy, G.J., and Hogan, J. (1994). What we know about leadership: Effectiveness and personality. American Psychologist, 49 (6): 493-504.

Hogg, M.A., van Knippenberg, D., and Rast, III, D.E. (2012). Intergroup leadership in organizations: Leading across group and organizational boundaries. Academy of Management Review, 37 (2): 232-255.

Hohle, B.M., McInnis, J.K., and Gates, A.C. (1969). The public health nurse as a member of the interdisciplinary team. The Nursing Clinics of North America, 4 (2): 311-319.

Holbrook, J.B. (2010). Peer review. In R. Frodeman, J.T. Klein, and C. Mitcham, The Oxford Handbook of Interdisciplinarity (pp.321-332). Oxford, UK: Oxford University Press.

Holbrook, J.B. (2013). Peer Review of Team Science Research. Presented at the Workshop on Institutional and Organizational Supports for Team Science, National Research Council, Washington, DC. Available: http://sites.nationalacademies.org/DBASSE/BBCSS/DBASSE_085357[April 2014].

Holbrook, J.B., and Frodeman, R. (2011). Peer review and the ex-ante assessment of societal impacts. Research Evaluation, 20 (3): 239-246.

Holland, J.H. (1992). Complex adaptive systems. Daedalus, 121 (1): 17-30.

Hollander, E.P. (1964). Leaders, Groups, and Influence. New York: Oxford University Press.

Hollenbeck, J.R., DeRue, D.S., and Guzzo, R. (2004). Bridging the gap between I/O research and HR practice: Improving team composition, team training and team task design. Human Resource Management, 43 (4): 353-366.

Hollingshead, A.B. (1998). Communication, learning, and retrieval in transactive memory systems. Journal of Experimental Social Psychology, 34 (5): 423-442.

Holt, V.C. (2013). Graduate Education to Facilitate Interdisciplinary Research Collaboration: Identifying Individual Competencies and Developmental Learning Activities. ProQuest LLC. 789 East Eisenhower Parkway, PO Box 1346, Ann Arbor, MI 48106.

Homan, A.C., Hollenbeck, J.R., Humphrey, S.E., Knippenberg, D.V., Ilgen, D.R., and van Kleef, G.A. (2008). Facing differences with an open mind: Openness to experience, salience of intra-group differences, and performance of diverse work groups. Academy of Management Journal, 51 (6): 1204-1222.

Horstman, T., and Chen, M. (2012). Gamers as Scientists? The Relationship Between Participating in Foldit Play and Doing Science. Presented at the American Educational Research Association Annual Meeting. Available: http://www.researchgate.net/publication/258294401_Gamers_as_Scientists_The_Relationship_Between_Participating_in_Foldit_

Play_and_Doing_Science[May 2014].

Horwitz, S.K., and Horwitz, I.B. (2007). The effects of team diversity on team outcomes: A meta-analytic review of team demography. Journal of Management, 33 (6): 987-1015.

Howe, J. (2008). Crowdsourcing: Why the Power of the Crowd Is Driving the Future of Business. The International Achievement institute. New York: Crown.

Hunt, D.P., Haidet, P., Coverdale, J.H., and Richards, B. (2003). The effect of using team learning in an evidence-based medicine course for medical students. Teaching and Learning in Medicine: An International Journal, 15 (2): 131-139.

Huutoniemi, K., and Tapio, P. (2014). Transdisciplinary Sustainability Studies: A Heuristic Approach. Milton Park, Abingdon, UK: Routledge.

Ilgen, D.R., Hollenbeck, J.R., Johnson, M., and Jundt, D. (2005). Teams in organizations: From input-process-output models to IMOI models. Annual Review of Psychology, 56: 517-543.

Incandela, J. (2013). Preliminary Response to Innovation in Scientific Multiteam Systems: Confluent and Countervailing Forces. Presented at the National Research Council's Workshop on Science Team Dynamics and Effectiveness, July 1, Washington, DC. Available: http://sites.nationalacademies.org/DBASSE/BBCSS/DBASSE_083679[May 2014].

Institute of Medicine. (1999). To Err Is Human: Building a Safer Health System. Washington, DC: National Academy Press.

Institute of Medicine, Board on Health Sciences Policy, Committee for Assessment of NIH Centers of Excellence Programs (2004). NIH Extramural Center Programs -Criteria for Initiation and Evaluation. Estabrook, R., McGeary, M., and Manning, F. J., Washington, DC: The National Academies Press.

Institute of Medicine, Board on Health Sciences Policy, Committee to Review the Clinical and Translational Science Awards Program at the National Center for Advancing Translational Sciences (2013). The CTSA Program at NIH: Opportunities for Advancing Clinical and Translational Research. Liverman, C. T., Schultz, A. M., Terry, S. F., and Leshner, A. I., Washington, DC: The National Academies Press.

Institute of Medicine, Food and Nutrition Board, Committee on an Evidence Framework for

Obesity Prevention Decision Making (2010). Bridging the Evidence Gap in Obesity Prevention: A Framework to Inform Decision Making. Sim, L. J., Parker, L., and Kumanyika, S. K., Washington, DC: The National Academies Press.

Isaacs, E., Walendowski, A., Whittaker, S., Schiano, D.J., and Kamm, C. (2002). The Character, Functions, and Styles of Instant Messaging in the Workplace. Presented at the 2002 ACM Conference on Computer Supported Collaborative Work (pp.11-20), New York.

Jackson, S.E. Brett, J.F., Sessa, V.I., Cooper, D.M., Julin, J.A., and Peyronnin, K. (1991). Some differences make a difference: Interpersonal dissimilarity and group heterogeneity as correlates of recruitment, promotions, and turnover. Journal of Applied Psychology, 76 (5): 675-689.

Jackson, S.E., May, K.E., and Whitney, K. (1995). Understanding the dynamics of diversity in decision-making teams. In R.A. Guzzo and E. Salas, Team Decision-Making Effectiveness in Organizations (pp.204-261). San Francisco: Jossey-Bass.

Jacobs, J.A. (2014). In Defense of Disciplines: Interdisciplinarity and specialization in the research university. Chicago, IL: University of Chicago Press.

Jacobs, J.A., and Frickel, S. (2009). Interdisciplinarity: A critical assessment. Annual Review of Sociology, 35 (1): 43-65.

Jacobson, S.R. (1974). A study of interprofessional collaboration. Nursing Outlook, 22 (12): 751-755.

James, L.R., and Jones, A.P. (1974). Organizational climate: A review of theory and research. Psychological Bulletin, 81 (12): 1096-1112.

James Webb Space Telescope Independent Comprehensive Review Panel. (2010). Final Report. Washington, DC: National Aeronautics and Space Administration.

Jankowski, N.W. (2009). e-Research: Transformation in Scholarly Practice. New York: Routledge.

Jarvenpaa, S.L., Knoll, K., and Leidner, D.E. (1998). Is anybody out there? Antecedents of trust in global virtual teams. Journal of Management Information Systems, 14 (4): 29-64.

Jehn, K.A. (1995). A multimethod examination of the benefits and detriments of intragroup conflict. Administrative Science Quarterly, 40 (2): 256-282.

Jehn, K.A. (1997). A qualitative analysis of conflict types and dimensions in organizational groups. Administrative Science Quarterly, 42: 530-557.

Jehn, K.A., and Bezrukova, K. (2010). The faultline activation process and the effects of activated faultlines on coalition formation, conflict, and group outcomes. Organizational Behavior and Human Decision Process, 112 (1): 24-42.

Jin, G.Z., Jones, B., Lu, S.F., and Uzzi, B. (2013). The reverse Matthew effect: Catastrophe and consequence in scientific teams (No. w19489). National Bureau of Economic Research.

Johnson, W.L., and Valente, A. (2009). Tactical language and culture training systems: Using AI to teach foreign languages and cultures. AI Magazine, 30 (2): 72-83.

Jones, B.F. (2009). The burden of knowledge and the "death of the Renaissance man": Is innovation getting harder? Review of Economic Studies, 76 (1): 283-317.

Jones, B.F., Wuchty, S., and Uzzi, B. (2008). Multi-university research teams: Shifting impact, geography, and stratification in science. Science 322 (5905): 1259-1262.

Jordan, G.B. (2010). A theory-based logic model for innovation policy and evaluation. Research Evaluation, 19 (4): 263-274.

Jordan, G.B. (2013). A Logical Framework for Evaluating the Outcomes of Team Science. Presented at the Workshop on Institutional and Organizational Supports for Team Science, National Research Council, Washington, DC. Available: http://sites.nationalacademies.org/DBASSE/BBCSS/DBASSE_085236[May 2014].

Joshi, A., and Roh, H. (2009). The role of context in work team diversity research: A meta-analytic review. Academy of Management Journal, 52 (3): 599-627.

Judge, T.A., Bono, J.E., Hies, R., and Gerhardt, M.W. (2002). Personality and leadership: A qualitative and quantitative review. Journal of Applied Psychology, 87 (4): 765-780.

Judge, T.A., Piccolo, R.F., and Ilies, R. (2004). The forgotten ones? The validity of consideration and initiating structure in leadership research. Journal of Applied Psychology, 89 (1): 36-51.

Kabo, F., Hwang, Y., Levenstein, M., and Owen-Smith, J. (2013). Shared paths to the lab: A sociospatial network analysis of collaboration. Environment and Behavior,

47（1）：57-84.

Kabo, F. W., Cotton-Nessler, N., Hwang, Y., Levenstein, M. C., and Owen-Smith, J.（2014）. Proximity effects on the dynamics and outcomes of scientific collaborations. Research Policy, 43（9）：1469-1485.

Kahlon, M., Yuan, L., Daigre, J., Meeks, E., Nelson, K., Piontkowski, C., Reuter, K., Sak, R., Turner, B., Webber, G.M., and Chatterjee, A.（2014）. The use and significance of a research networking system. Journal of Medical Internet Research, 16（2）：e46.

Kahn, R.L.（1993）. An Experiment in Scientific Organization. Chicago：John D. and Catherine T. MacArthur Foundation, Program in Mental Health Development.

Kahn, R.L., and Prager, D.J.（1994）. Interdisciplinary collaborations are a scientific and social imperative. The Scientist, 8（14）：12.

Kantrowitz, T. M.（2005）. Development and construct validation of a measure of soft skills performance. Georgia Institute of Technology, Atlanta, GA.

Karasti, H., Baker, K.S., and Millerant, F.（2010）. Infrastructure time：Long-term matters in collaborative development. Computer Supported Cooperative Work（CSCW）, 19：377-415.

Keller, R.T.（2006）. Transformational leadership, initiating structure, and substitutes for leadership：A longitudinal study of research and development project team performance. Journal of Applied Psychology, 91（1）：202-210.

Kellogg, K.C., Orlikowski, W.J., and Yates, J.（2006）. Life in the trading zone：Structuring coordination across boundaries in post-bureaucratic organizations. Organization Science, 17（1）：22-44.

Kelly, R.L.（1995）. The Foraging Spectrum：Diversity in Hunter-Gatherer Lifeways. Washington, DC：Smithsonian Institution Press.

Keltner, J.W.（1957）. Group Discussion Processes. New York：Longmans, Green and Co.

Kendon, A.（1967）. Some functions of gaze direction in social interactions. Acta Psychologica, 26：22-63.

Kerr, N.L., and Tindale, R.S..（2004）. Group performance and decision making. Annual Review of Psychology, 55（1）：623-655.

Kezar, A., and Maxey, D.（2013）. The changing academic workforce. Trusteeship, 21

（3）：15-21.

King, H.B., Battles, J., Baker, D.P., Alonso, A., Salas, E., Webster, J., et al. (2008). TeamSTEPPS: team Strategies and tools to enhance performance and patient safety. In K. Henriksen et al., Advances in Patient Safety: New Directions and Alternative Approaches (Vol. 3: Performance and Tools). Rockville, MD: Agency for Health Care Research and Quality.

Kirwan, B., and Ainsworth, L.K (1992). A Guide to Task Analysis. London: Taylor and Francis.

Kirkman, B.L., and Mathieu, J.E. (2005). The dimensions and antecedents of team virtuality. Journal of Management, 31 (5): 700-718.

Kirkman, B.L., and Rosen, B. (1999). Beyond self-management: Antecedents and consequences of team empowerment. Academy of Management Journal, 42 (1): 58-74.

Kirkman, B.L., Gibson, C.B., and Kim, K. (2012). Across borders and technologies: Advancements in virtual teams research. In S.W.J. Kozlowski, The Oxford Handbook of Organizational Psychology. New York: Oxford University Press.

Klein, C., DeRouin, R.E., and Salas, E. (2006). Uncovering workplace interpersonal skills: A review, framework, and research agenda. In G.P. Hodgkinson and J.K. Ford, International Review of Industrial and Organizational Psychology 2006 (vol. 21, pp.79-126). New York: Wiley.

Klein, C., DiazGranados, D., Salas, E., Huy, L., Burke, C.S., Lyons, R., and Goodwin, G.F. (2009). Does team building work? Small Group Research, 40 (2): 181-222.

Klein, J.T. (1996). Crossing Boundaries: Knowledge Disciplinarities, and Interdisciplinarities. Charlottesville: University of Virginia Press.

Klein, J.T. (2010). Creating Interdisciplinary Campus Cultures: A Model for Strength and Sustainability. San Francisco: Jossey-Bass.

Klein, J.T., Banaki, A., Falk-Krzesinski, H., Hall, K., Michelle Bennett, L.M. and Gadlin, H. (2013). Promotion and Tenure in Interdisciplinary Team Science: An Introductory Literature Review. Presented at the National Research Council Workshop on Organizational and Institutional Supports for Team Science, Washington, DC.

Available: http://sites.nationalacademies.org/DBASSE/BBCSS/DBASSE_085357[May 2014].

Kleingeld, A., van Mierlo, H., and Arends, L. (2011). The effect of goal setting on group performance: A meta-analysis. Journal of Applied Psychology, 96 (6): 1289-1304.

Klimoski, R.J., and Jones, R.G. (1995). Staffing for effective group decision making: Key issues in matching people and teams. In R.A. Guzzo and E. Salas, Team Effectiveness and Decision Making in Organizations (pp.29, 1-332). San Francisco: Jossey-Bass.

Knorr, K.D., Mittermeir, R., Aichholzer, G., and Waller, G. (1979). Leadership and group performance: A positive relationship in academic research units. In F.M. Andrews, Scientific Productivity: The Effectiveness of Research Groups in Six Countries. Cambridge, UK: Cambridge University Press.

Knorr-Cetina, K. (1999). Epistemic Cultures: How the Sciences Make Knowledge. Cambridge, MA: Harvard University Press.

Koehne, B., Shih, P.C., and Olson, J.S. (2012). Remote and alone: Coping with being the remote member on the team. In Proceedings of the ACM Conference on Computer Supported Cooperative Work (pp.1257-1266). New York: ACM.

Kotter, J.P. (2001). What leaders really do. Harvard Business Review, 79 (11): 85-96.

Kozlowski, S.W.J. (2012). Groups and teams in organizations: Studying the multilevel dynamics of emergence. In A.B. Hollingshead and M.S. Poole, Research Methods for Studying Groups and Teams: A Guide to Approaches, Tools, and Technologies (pp.260-283). New York: Routledge.

Kozlowski, S.W. (2015). Advancing research on team process dynamics: Theoretical, methodological, and measurement considerations. Organizational Psychology Review, 5 (4): 270-299.

Kozlowski, S.W.J., and Bell, B.S. (2003). Work groups and teams in organizations. In W.C. Borman, D.R. Ilgen, and R.J. Kilmoski, Handbook of Psychology: Industrial and Organizational Psychology (vol. 12, pp.333-375). London: John Wiley & Sons.

Kozlowski, S.W.J., and Bell, B.S. (2013). Work groups and teams in organizations: Review update. In N. Schmitt and S. Highhouse, Handbook of Psychology: Industrial and Organizational Psychology (vol.12, 2nd ed., pp.412-469). London: John Wiley & Sons. Available: http://digitalcommons.ilr.cornell.edu/cgi/viewcontent.cgi?article=1396&context=articles[October 2014].

Kozlowski, S.W., and Doherty, M.L. (1989). Integration of climate and leadership: Examination of a neglected issue. Journal of Applied Psychology, 74 (4): 546-553.

Kozlowski, S.W.J., and Hults, B.M. (1987). An exploration of climates for technical updating and performance. Personnel Psychology, 40: 539-563.

Kozlowski, S.W.J., and Ilgen, D.R. (2006). Enhancing the effectiveness of work groups and teams. Psychological Science in the Public Interest, 7 (3): 77-124.

Kozlowski, S.W.J., and Klein, K.J. (2000). A multilevel approach to theory and research in organizations: Contextual, temporal, and emergent processes. In K.J. Klein and S.W.J. Kozlowski, Multilevel Theory, Research and Methods in Organizations: Foundations, Extensions, and New Directions (pp.3-90). San Francisco: Jossey-Bass.

Kozlowski, S.W.J., Brown, K.G., Weissbein, D.A., Cannon-Bowers, J.A., and Salas, E. (2000). A multi-level perspective on training effectiveness: Enhancing horizontal and vertical transfer. In K.J. Klein and S.W.J. Kozlowski, Multilevel Theory, Research, and Methods in Organizations (pp.157-210). San Francisco: Jossey-Bass.

Kozlowski, S.W.J., Chao, G.T., Grand, J.A., Braun, M.T., and Kuljanin, G. (2013). Advancing multilevel research design: Capturing the dynamics of emergence. Organizational Research Methods, 16 (4): 581-615.

Kozlowski, S.W.J., Chao, G.T., Grand, J.A., Braun, M.T., and Kuljanin, G. (2016). Capturing the multilevel dynamics of emergence: Computational modeling, simulation, and virtual experimentation. Organizational Psychology Review, 6 (1): 3-33.

Kozlowski, S.W.J., Gully, S.M., McHugh, P.P., Salas, E., and Cannon-Bowers, J.A. (1996). A dynamic theory of leadership and team effectiveness: Developmental and task contingent leader roles. In G.R. Ferris, Research in Personnel and Human Resource Management (vol.14, pp.253-305). Greenwich, CT: JAI Press.

Kozlowski, S.W.J., Gully, S.M., Nason, E.R., and Smith, E.M. (1999). A dynamic theory of leadership and team effectiveness: Developmental and task contingent leader roles. In D.R. Ilgen and E.D. Pulakos, The Changing Nature of Performance: Implications for Staffing, Motivation, and Development (pp.240-292). San Francisco: Jossey-Bass.

Kozlowski, S.W.J., Watola, D.J., Jensen, J.M., Kim, B.H., and Botero, I.C. (2009). Developing adaptive teams: A theory of dynamic team leadership. In E. Salas, G.F. Goodwin, and C.S. Burke, Team Effectiveness in Complex Organizations: Cross-Disciplinary Perspectives and Approaches (pp.113-155). New York: Routledge.

Kraiger, K., Ford, J.K., and Salas, E. (1993). Application of cognitive, skill-based, and affective theories of learning outcomes to new methods of training evaluation. Journal of Applied Psychology, 78 (2): 311-328.

Kumpfer, K.L., Turner, C., Hopkins, R., and Librett, J. (1993). Leadership and team effectiveness in community coalitions for the prevention of alcohol and other drug abuse. Health Education Research, 8 (3): 359-374.

Lamont, M., and White, P. (2005). Workshop on Interdisciplinary Standards for Systematic Qualitative Research. In National Science Foundation Workshop.

Latané, B., Williams, K., and Harkins, S. (1979). Many hands make light the work: The causes and consequences of social loafing. Journal of Personality and Social Psychology, 37 (6): 822-832.

Latour, B., and Woolgar, S. (1986). Laboratory Life: The Construction of Scientific Facts. Princeton University Press.

Lattuca, L.R., Knight, D., and Bergom, I. (2013). Developing a measure of interdisciplinary competence. International Journal of Engineering Education, 29 (3): 726-739.

Lattuca, L.R., Knight, D.B., Seifert, T., Reason, R.D., and Liu, Q. (2013). The Influence of Interdisciplinary Undergraduate Programs on Learning Outcomes. Presented at the 94th annual meeting of the American Educational Research Association, San Francisco, CA.

Lau, D.C., and Murnighan, J.K. (1998). Demographic diversity and faultlines: The compositional dynamics of organizational groups. Academy of Management Review, 23 (2): 325-340.

Lavin, M.A., Reubling, I., Banks, R., Block, L., Counte, M., Furman, G., et al. (2001). Interdisciplinary health professional education a historical review. Advances in Health Sciences Education, 6 (1): 25-47.

Lawrence, P.R., and Lorsch, J.W. (1967). Differentiation and integration in complex organizations. Administrative Sciences Quarterly, 12: 1-47.

Lee, J.D., and Kirlik, A. (2013). The Oxford Handbook of Cognitive Engineering. New York: Oxford University Press.

LePine, J.A., Piccolo, R. F., Jackson, C.L., Mathieu, J.E., and Saul, J.R. (2008). A meta-analysis of teamwork processes: Tests of a multi-dimensional model and relationships with team effectiveness criteria. Personnel Psychology, 61 (2): 273-307.

Letsky, M.P., Warner, N.W., Fiore, S.M., and Smith, C.A.P., (2008). Macrocognition in Teams: Theories and Methodologies. London: Ashgate.

Levine, R.A., and Campbell, D.T. (1972). Ethnocentrism: Theories of Conflict, Ethnic Attitudes, and Group Behavior. New York: John Wiley & Sons.

Lewis, K. (2003). Measuring transactive memory systems in the field: Scale development and validation. Journal of Applied Psychology, 88 (4): 587-604.

Lewis, K. (2004). Knowledge and performance in knowledge-worker teams: A longitudinal study of transactive memory systems. Management Science, 50 (11): 1519-1533.

Lewis, K., Belliveau, M., Herndon, B., and Keller, J. (2007). Group cognition, membership change, and performance: Investigating the benefits and detriments of collective knowledge. Organizational Behavior and Human Decision Processes, 103 (2): 159-178.

Lewis, K., Lange, D., and Gillis, L. (2005). Transactive memory systems, learning, and learning transfer. Organization Science, 16 (6): 581-598.

Li, J., Ning, Y., Hedley, W., Saunders, B., Chen, Y., Tindill, N., et al. (2002). The molecule pages database. Nature, 420 (6916): 716-717.

Liang, D.W., Moreland, R., and Argote, L. (1995). Group versus individual training and group performance: The mediating role of transactive memory. Personality and Social Psychology Bulletin, 21 (4): 384-393.

Liden, R.C., Wayne, S.J., Jaworski, R.A., and Bennett, N. (2004). Social loafing: A field investigation. Journal of Management, 30 (2): 285-304.

Liljenström, H., and Svedin, U. (2005). System features, dynamics, and resilience: Some introductory remarks. In H. Liljenström and U. Svedin, Micro-Meso-Macro: Addressing Complex Systems Couplings (pp.1-18). London: World Scientific.

Lim, B.C., and Ployhart, R.E. (2004). Transformational leadership: Relations to the five-factor model and team performance in typical and maximum contexts. Journal of Applied Psychology, 89 (4): 610-621.

Lord, R.G., DeVader, C.L, and Alliger, G.M. (1986). A meta-analysis of the relation between personality traits and leadership perceptions: An application of validity generalization procedures. Journal of Applied Psychology, 71 (3): 402-410.

Loughry, M.L., Ohland, M.W., and DeWayne Moore, D. (2007). Development of a theory-based assessment of team member effectiveness. Educational and Psychological Measurement, 67 (3): 505-524.

Luo, A., Zheng, K., Bhavani, S., and Warden, M. (2010). Institutional Infrastructure to Support Translational Research. Presented at the 2010 IEEE Sixth International Conference on e-Science, Brisbane, QLD, pp.49-56. IEEE.

Lupella, R.O. (1972). Postgraduate clinical training in speech pathology-audiology: Experiences in an interdisciplinary medical setting. ASHA, 14 (11): 611-614.

Mackay, W.F. (1988). Diversity in the use of electronic mail: A preliminary inquiry. ACM Transactions on Office Information Systems, 6 (4): 380-397.

Major, D.A., and Kozlowski, S.W.J. (1991). Organizational Socialization: The Effects of Newcomer, Co-worker, and Supervisor Proaction. Presented at the Sixth Annual Conference of the Society for Industrial and Organizational Psychology, St. Louis, MO.

Malone, T.W., and Crowston, K. (1994). The interdisciplinary study of coordination. ACM Computing Surveys (CSUR), 26 (1): 87-119.

Malone, T.W., Laubacher, R., and Dellarocas, C. (2010). The collective intelligence genome. Sloan Management Review, 51 (3): 21-31.

Mann, R.D. (1959). A review of the relationship between personality and performance in small groups. Psychological Bulletin, 56 (4): 241-270.

Mannix, E., and Neale, M.A. (2005). What differences make a difference? The promise and reality of diverse teams in organizations. Psychological Science in the Public

Interest, 6 (2): 31-55.

Marks, M.A., Mathieu, J.E., and Zaccaro, S.J. (2001). A temporally based framework and taxonomy of team processes. Academy of Management Review, 26 (3): 356-376.

Marks, M.A., Sabella, M.J., Burke, C.S., and Zaccaro, S.J. (2002). The impact of cross-training on team effectiveness. Journal of Applied Psychology, 87 (1): 3-13.

Marks, M.A., Zaccaro, S.J., and Mathieu, J.E. (2000). Performance implications of leader briefings and team-interaction training for team adaptation to novel environments. Journal of Applied Psychology, 85 (6): 971-986.

Martinez, F. (2013). Faculty Issues: A Matter of Leadership and Governance. Presented at the National Research Council Workshop on Key Challenges in the Implementation of Convergence, September 16-17, Washington, DC. National Academy of Sciences.

Martins, L.L., Gilson, L.L., and Maynard, M.T. (2004). Virtual teams: What do we know and where do we go from here? Journal of Management, 30 (6): 805-835.

Massey, A.P., Montoya-Weiss, M.M., and Hung, Y.T. (2003). Because time matters: Temporal coordination in global virtual project teams. Journal of Management Information Systems, 19 (4): 129-155.

Mathieu, J., Maynard, M., Rapp, T., and Gilson, L. (2008). Team effectiveness 1997-2007: A review of recent advancements and a glimpse into the future. Journal of Management, 34 (3): 410-476.

Mathieu, J.E., and Rapp, T.L. (2009). Laying the foundation for successful team performance trajectories: The roles of team charters and performance strategies. Journal of Applied Psychology, 94 (1): 90-103.

Mathieu, J.E., Heffner, T.S., Goodwin, G.F., Salas, E., and Cannon-Bowers, J.A. (2000). The influence of shared mental models on team process and performance. Journal of Applied Psychology, 85 (2): 273-283.

Mathieu, J.E., Tannenbaum, S.I., Donsbach, J.S., and Alliger, G.M. (2014). A review and integration of team composition models: Moving toward a dynamic and temporal framework. Journal of Management, 40 (1): 130-160.

Maynard, T., Mathieu, J.E., Gilson, L., and Rapp, T., Gilson, L. L. (2012). Something (s) old and something (s) new: Modeling drivers of global virtual team effectiveness. Journal of Organizational Behavior, 33 (3): 342-365.

McCann, C., Baranski, J.V., Thompson, M.M., and Pigeau, R.A. (2000). On the utility of experiential cross-training for team decision making under time stress. Ergonomics, 43 (8): 1095-1110.

McCrae, R.R., and Costa, P.T. (1999). A five-factor theory of personality. In O.P. John, R.W. Robins, and L.A. Pervin, Handbook of Personality: Theory and Research, 2 (01), 1999. New York: Guilford Press.

McDaniel, S.E., Olson, G.M., and Magee, J.C. (1996). Identifying and analyzing multiple threads in computer-mediated and face-to-face conversations. In Proceedings of the Conference on Computer Supported Cooperative Work (pp.39-47). New York: ACM.

McGrath, J.E., and Holt, R.W. (1964). Social Psychology: A Brief Introduction. New York: Holt, Rinehart, and Winston.

Merton, R.K. (1968). The Matthew Effect in science. Science, 159 (3810): 56-63.

Merton, R.K. (1988). The Matthew Effect in science, II: Cumulative advantage and the symbolism of intellectual property. Isis, 79 (4): 606-623.

Mintzberg, H. (1990). The design school: Reconsidering the basic premises of strategic management. Strategic Management Journal, 11 (13): 171-195.

Miron-spektor, E., Erez, M., and Naveh, E. (2011). The effect of conformist and attentive-todetail members on team innovation: Reconciling the innovation paradox. Academy of Management Journal, 54 (4): 740-760.

Misra, S. (2011). R&D team creativity: A way to team innovation. International Journal of Business Insights & Transformation, 4 (2): 31-35.

Misra, S., Harvey, R.H., Stokols, D., Pine, K.H., Fuqua, J., Shokair, S., and Whiteley, J.M. (2009). Evaluating an interdisciplinary undergraduate training program in health promotion research. American Journal of Preventive Medicine, 36 (4): 358-365.

Misra, S., Stokols, D., Hall, K., and Feng, A. (2011a). Transdisciplinary training in health research: Distinctive features and future directions. In M. Kirst, N. Schaefer-McDaniel, S. Hwang, and P. O'Campo, Converging Disciplines: A Transdisciplinary Research Approach to Urban Health Problems (pp.133-147). New York: Springer.

Misra, S., Stokols, D., Hall, K.L., Feng, A., and Stipelman, B. (2011b).

Collaborative processes in transdisciplinary research and efforts to translate scientific knowledge into evidence-based health practices and policies. In M. Kirst, N. Schaefer-McDaniel, S. Hwang, and P. O'Campo, Converging Disciplines: A Transdisciplinary Research Approach to Urban Health Problems (pp.97-110). New York: Springer.

Mitrany, M., and Stokols, D. (2005). Gauging the transdisciplinary qualities and outcomes of doctoral training programs. Journal of Planning Education and Research, 24 (4): 437-449.

Mohammed, S., Ferzandi, L., and Hamilton, K. (2010). Metaphor no more: A 15-year review of the team mental model construct. Journal of Management, 36 (4): 876-910.

Mohammed, S., Klimoski, R., and Rentsch, J.R. (2000). The measurement of team mental models: We have no shared schema. Organizational Research Methods, 3 (2): 123-165.

Morgeson, F.P., DeRue, D.S., and Peterson, E.P. (2010). Leadership in teams: A functional approach to understanding leadership structures and processes. Journal of Management, 36 (1): 5-39.

Mote, J., Jordan, G., and Hage, J. (2007). Measuring radical innovation in real time. International Journal of Technology, Policy, and Management, 7 (4): 355-377.

Muller, M.J., Raven, M.E., Kogan, S., Millen, D.R., and Carey, K. (2003). Introducing chat into business organizations: Toward an instant messaging maturity model. In GROUP '03: Proceedings of the 2003 International ACM SIGGROUP Conference on Supporting Group Work (pp.50-57). New York: ACM.

Mullins, N.C. (1972). The development of a scientific specialty: The phage group and the origins of molecular biology. Minerva, 10 (1): 51-82.

Murayama, K., Matsumoto, M., Izuma, K., and Matsumoto, K. (2010). Neural basis of the undermining effect of monetary reward on intrinsic motivation. Proceedings of the National Academy of Sciences of the United States of America, 107 (49): 20911-20916.

Murphy, E. (2013). Response to Bienen and Jacobs. Presented at the National Research Council Workshop on Institutional and Organizational Supports for Team Science, October, Washington, DC. Available: http://sites.nationalacademies.org/DBASSE/

BBCSS/DBASSE_085357[October 2014].

Murphy, S.N., Dubey, A., Embi, P.J., Harris, P.A., Richter, B.G., Turisco, F., et al. (2012). Current state of information technologies for the clinical research enterprise across academic medical centers. Clinical and Translational Science, 5 (3): 281-284.

Murray, F.E. (2012). Evaluating the Role of Science Philanthropy in American Research Universities. NBER Working Paper No. 18146. National Bureau of Economic Research, Inc.

Myers, J.D. (2008). A national user facility that fits on your desk: The evolution of collaboratories at the Pacific Northwest National Laboratory. In G.M. Olson, A. Zimmerman, and N. Bos, Scientific Collaboration on the Internet (pp.121-134). Cambridge, MA: MIT Press

Nagel, J.D., Koch, A., Guimond, J.M., Galvin, S., and Geller, S. (2013). Building the women's health research workforce: Fostering interdisciplinary research approaches in women's health. Global Advances in Health and Medicine, 2 (5): 24-29.

Naikar, N., Pearce, B., Drumm, D., and Sanderson, P.M. (2003). Designing teams for first-ofa-kind, complex systems using the initial phases of cognitive work analysis: Case study. Human Factors, 45 (2): 202-217.

Nardi, B.A., Whittaker, S., and Bradner, E. (2000). Interaction and outeraction: Instant messaging in action. In Proceedings of the 2000 ACM Conference on Computer Supported Cooperative Work (pp.79-88). New York: ACM.

Nash, J.M. (2008). Transdisciplinary training: Key components and prerequisites for success. American Journal of Preventive Medicine, 35 (2): S133-S140.

Nash, J.M., Collins, B.N., Loughlin, S.E., Solbrig, M., Harvey, R., Krishnan-Sarin, S., et al. (2003). Training the transdisciplinary scientist: A general framework applied to tobacco use behavior. Nicotine Tobacco Research, Suppl. 1: S41-S53.

National Academy of Sciences, National Academy of Engineering, and Institute of Medicine, (2005). Facilitating Interdisciplinary Research. Committee on Facilitating Interdisciplinary Research and Committee on Science, Engineering, and Public Policy. Washington, DC: The National Academies Press.

National Cancer Institute. (2011). NCI Team Science Toolkit. Rockville, MD: National Cancer Institute. Available: https://www.teamsciencetoolkit.cancer.gov/Public/Home.aspx[May 2014].

National Cancer Institute. (2012). NCI Team Science Workshop, February 7-8, 2012: Summary Notes. Unpublished manuscript provided by the National Institutes of Health, Rockville, MD.

National Cancer Institute. (2015). Key Initiatives: NCI Network on Biobehavioral Pathways in Cancer. National Cancer Institute: Cancer Control and Population Sciences.

National Institutes of Health. (2007). Enhancing Peer Review at NIH. Available: http://enhancing-peer-review.nih.gov/meetings/102207-summary.html[May 2014].

National Institutes of Health. (2010). Collaboration and Team Science. Available: https://ccrod.cancer.gov/confluence/display/NIHOMBUD/Home[May 2014].

National Institutes of Health. (2011). Revised Policy: Managing Conflict of Interest in the Initial Peer Review of NIH Grant and Cooperative Agreement Applications. Available: http://grants.nih.gov/grants/guide/notice-files/NOT-OD-11-120.html[April 2015].

National Institutes of Health. (2013). Scientific Management Review Board Draft Report on Approaches to Assess the Value of Biomedical Research Supported by NIH. Available: http://smrb.od.nih.gov/documents/reports/VOBR-Report-122013.pdf[May 2014].

National Research Council. (2006). America's Lab Report: Investigations in High School Science. Committee on High School Laboratories: Role and Vision. S.R. Singer, M.L. Hilton, and H.A. Schweingruber. Board on Science Education. Center for Education, Division of Behavioral and Social Sciences and Education. Washington, DC: The National Academies Press.

National Research Council. (2007a). Human-System Integration in the System Development Process: A New Look. Committee on Human-System Design Support for Changing Technology. R.W. Pew and A.S. Mavor. Committee on Human Factors, Division of Behavioral and Social Sciences and Education. Washington, DC: The National Academies Press.

National Research Council. (2007b). Taking Science to School: Learning and Teaching Science in Grades K-8. R.A. Duschl, H.A. Schweingruber, and A.W. Shouse. Committee on Science Learning, Kindergarten Through Eighth Grade. Board on Science

Education. Center for Education, Division of Behavioral and Social Sciences and Education. Washington, DC: The National Academies Press.

National Research Council. (2008). International Collaborations in Behavioral and Social Sciences Research: Report of a Workshop. Committee on International Collaborations in Social and Behavioral Sciences Research, U.S. National Committee for the International Union of Psychological Science. Board on International Scientific Organizations and Policy and Global Affairs. Washington, DC: The National Academies Press.

National Research Council. (2012a). Research Universities and the Future of America: Ten Breakthrough Actions Vital to our Nation's Prosperity and Security. Committee on Research Universities. Board on Higher Education and Workforce. Policy and Global Affairs Washington, DC: The National Academies Press.

National Research Council. (2012b). Discipline-Based Education Research: Understanding and Improving Learning in Undergraduate Science and Engineering. S.R. Singer, N.R. Nielsen, and H.A. Schweingruber. Committee on the Status, Contributions, and Future Directions of Discipline-Based Education Research. Board on Science Education, Division of Behavioral and Social Sciences and Education. Washington, DC: The National Academies Press.

National Research Council. (2012c). A Framework for K-12 Science Education: Practices, Crosscutting Concepts, and Core Ideas. Committee on a Conceptual Framework for New K-12 Science Education Standards. Board on Science Education, Division of Behavioral and Social Sciences and Education. Washington, DC: The National Academies Press.

National Research Council. (2013). New Directions in Assessing Performance Potential of Individual and Groups: Workshop Summary. R. Pool, Rapporteur. Committee on Measuring Human Capabilities: Performance Potential of Individuals and Collectives. Board on Behavioral, Cognitive, and Sensory Sciences, Division of Behavioral and Social Sciences and Education. Washington, DC: The National Academies Press.

National Research Council. (2014). Convergence: Facilitating Transdisciplinary Integration of Life Sciences, Physical Sciences, Engineering, and Beyond. Committee on Key Challenge Areas for Convergence and Health. Board on Life Sciences, Division on Earth and Life Studies. Washington, DC: The National Academies Press.

National Science Foundation. (2011). National Science Foundation's merit review criteria: review and revisions. National Science Foundation. Available: http://www.nsf.gov/nsb/publications/2011/meritreviewcriteria.pdf[October 2014].

National Science Foundation. (2012). FY 2013 Budget Request to Congress. Available: http://www.nsf.gov/about/budget/fy2013/pdf/EntireDocument_fy2013.pdf[October 2014].

National Science Foundation. (2013). Report to the National Science Board on the National Science Foundation's Merit Review Process, Fiscal Year 2013. Available: http://www.nsf.gov/nsb/publications/2013/nsb1333.pdf[May 2014].

National Science Foundation. (2014a). Cyber-Innovation for Sustainability Science and Engineering (CyberSEES). Program Solicitation No. NSF 14-531. Available: http://www.nsf.gov/pubs/2014/ nsf14531/nsf14531.pdf[May 2014].

National Science Foundation. (2014b). Grant Proposal Guide Chapter II: Proposal Preparation Instructions. No. NSF 23-1. Available: http://www.nsf.gov/pubs/policydocs/pappguide/nsf14001/ gpg_2.jsp#IIC2fiegrad[October 2014].

Nature. (2007). Editorial: Peer review reviewed. Nature 449 (Sept. 13): 115.

Nellis, M.D. (2014). Defining 21st century land-grant universities through cross-disciplinary research. In M. O'Rourke, S. Crowley, S.D. Eigenbrode, and J.D. Wulfhorst, Enhancing Communication and Collaboration in Interdisciplinary Research: 315-334.

Nembhard, I.M., and Edmondson, A.C. (2006). Making it safe: The effects of leader inclusiveness and professional status on psychological safety and improvement efforts in health care teams. Journal of Organizational Behavior, 27 (7): 941-966.

Nielsen, M. (2012). Reinventing Discovery: The New Era of Networked Science. Princeton, NJ: Princeton University Press.

Norman, D.A. (2013). The Design of Everyday Things: Revised and Expanded. New York: Basic Books.

Nunamaker, J.F., Dennis, A.R., Valacich, J.S., Vogel, D., and George, J.F. (1991). Electronic meeting systems. Communications of the ACM, 34 (7): 40-61.

Nunamaker Jr, J.F., Briggs, R.O., Mittleman, D.D., Vogel, D.R., and Balthazard, P.A. (1996/1997). Lessons from a dozen years of group support systems research: A discussion of lab and field findings. Journal of Management Information Systems, 13 (3): 163-207.

Obeid, J.S., Johnson, L. M., Stallings, S. and Eichmann, D. (2014). Research networking systems: The state of adoption at institutions aiming to augment translational research infrastructure. Journal of Translational Medicine and Epidemiology, 2 (2): 1026.

Obstfeld, D. (2005). Social networks, the Tertius Iungens orientation, and involvement in innovation. Administrative Science Quarterly, 50 (1): 100-130.

O'Donnell, A.M., and Derry, S.J. (2005). Cognitive processes in interdisciplinary groups: Problems and possibilities. In S.J. Derry, C.D. Schunn, and M.A. Gernsbacher, Interdisciplinary Collaboration: An Emerging Cognitive Science (pp.51-82). Mahwah, NJ: Lawrence Erlbaum.

OECD. (2011). Issue Brief: Public Sector Research Funding. In L. Cruz-Castro, M. Bleda, G.E. Derrick, K. Jonkers, C. Martinez and L. San-Menendez, OECD Innovation Policy Platform.

Office of Management and Budget, Executive Office of the President. (2013). Memorandum to the Heads of Departments and Agencies: Next Steps in the Evidence and Innovation Agenda.

Ohland, M. W., Loughry, M. L., Woehr, D. J., Bullard, L. G., Felder, R. M., Finelli, C. J., ... and Schmucker, D. G. (2012). The comprehensive assessment of team member effectiveness: Development of a behaviorally anchored rating scale for self-and peer evaluation. Academy of Management Learning & Education, 11 (4): 609-630.

Okhuysen, G.A., and Bechky, B.A. (2009). Coordination in organizations: An integrative perspective. Annals of the Academy of Management, 3 (1): 463-502.

O'Leary, M.B., and Cummings, J.N. (2007). The spatial, temporal, and configurational characteristics of geographic dispersion in teams. MIS Quarterly, 31 (3): 433-452.

O'Leary, M.B., and Mortensen, M. (2010). Go (con) figure: Subgroups, imbalance, and isolates in geographically dispersed teams. Organization Science, 21 (1): 115-131.

O'Leary, M.B., Mortensen, M., and Woolley, A.W. (2011). Multiple team membership:

Atheoretical model of its effects on productivity and learning for individuals and teams. Academy of Management Review, 36 (3): 461-478.

O'Leary-Kelly, A.M., Martocchio, J.J., and Frink, D.D. (1994). A review of the influence of group goals on group performance. Academy of Management Journal, 37 (5): 1285-1301.

Olson, G.M., and Olson, J.S. (2000). Distance matters. Human-Computer Interaction, 15 (2-3): 139-179.

Olson, J.S., and Olson, G.M. (2014). Working Together Apart. San Rafael, CA: Morgan Claypool.

Ommundsen, Y., Lemyre, P.-N., Abrahamsen, F., and Roberts, G. C. (2010). Motivational climate, need satisfaction, regulation of motivation and subjective vitality: A study of young soccer players. International Journal of Sports Psychology, 41 (3): 216-242.

O'Reilly, C.A. III, and Tushman, M.L. (2004). The ambidextrous organization. Harvard Business Review (April): 74-83.

O'Rourke, M., and Crowley, S.J. (2013). Philosophical intervention and cross-disciplinary science: The story of the Toolbox Project. Synthese, 190 (11): 1937-1954.

O'Rourke, M., Crowley, S.J., Eigenbrode, S.D., and Wulfhorst, J.D. (2014). Enhancing Communication and Collaboration in Interdisciplinary Research. Thousand Oaks, CA: Sage.

Owen-Smith, J. (2001). Managing laboratory work through skepticism: Processes of evaluation and control. American Sociological Review, 66 (3): 427-452.

Owen-Smith, J. (2013). Workplace Design, Collaboration, and Discovery. Presented at the National Research Council Workshop on Institutional and Organizational Supports for Team Science, Washington, DC.

Patient-Centered Outcomes Research Institute. (2014). Patient-Centered Outcomes Research Institute Seeks Patient, Scientist and Stakeholder Reviewers for Pilot Projects Grants Program. Available: http://www.pcori.org/2011/patient-centered-outcomes-research-institute-seeks-patient-scientist-and-stakeholder-reviewers-for-pilot-projects-grants-program/ [May 2015].

Pearce, C.L. (2004). The future of leadership: Combining vertical and shared leadership to transform knowledge work. Academy of Management Executive, 18 (1): 47-57.

Pearce, C.L., and Sims Jr, H.P. (2002). Vertical versus shared leadership as predictors of the effectiveness of change management teams: An examination of aversive, directive, transactional, transformational, and empowering leader behaviors. Group Dynamics: Theory, Research, and Practice, 6 (2): 172-197.

Pelz, D.C., and Andrews, F.M. (1976). Scientists in Organizations: Productive Climates for Research and Development. Ann Arbor: University of Michigan Institute for Social Research.

Pentland, A.S. (2012). The new science of building great teams. Harvard Business Review (April), 90 (4): 60-69.

Perper, T. (1989). The loss of innovation: Peer review of multiand interdisciplinary research. Issues in Integrative Studies, 7: 21-56.

Petsko, G.A. (2009). Big science, little science. European Molecular Biology Organization Reports, 10 (12): 1282.

Pittinsky, T.L., and Simon, S. (2007). Intergroup leadership. The Leadership Quarterly, 18 (6): 586-605.

Piwowar, H. (2013). Altmetrics: Value all research products. Nature, 493 (Jan. 10): 159.

Pizzi, L., Goldfarb, N.I., and Nash, D.B. (2001). Crew resource management and its applications in medicine. In K.G. Shojana, B.W. Duncan, K.M. McDonald, et al., Making Health Care Safer: A Critical Analysis of Patient Safety Practices (pp.501-510). Rockville, MD: Agency for Healthcare Research and Quality.

Ployhart, R.E, and Moliterno, T.P. (2011). Emergence of the human capital resource: A multilevel model. Academy of Management Review, 36 (1): 127-150.

Pohl, C. (2011). What is progress in transdisciplinary research? Futures, 43 (6): 618-626.

Polzer, J.T., Crisp, C.B., Jarvenpaa, S.L., and Kim, J.W. (2006). Extending the faultline model to geographically dispersed teams: How co-located subgroups can impair group functioning. Academy of Management Journal, 49 (4): 679-692.

Porter, A., Cohen, A., Roessner, J.D., and Perreault, M. (2007). Measuring researcher interdisciplinarity. Scientometrics, 72 (1): 117-147.

Porter, A.L., and Rafols, I. (2009). Is science becoming more interdisciplinary? Measuring and mapping six research fields over time. Scientometrics, 81 (3): 719-745.

Priem, J. (2013). Scholarship: Beyond the paper. Nature, 495 (7442): 437-440.

Priem, J., Taraborelli, D., Groth, P., and Neylon, C. (2010). Altmetrics: A Manifesto. Available: http://altmetrics.org/manifesto/[May 2015].

Pritchard, R.D., Jones, S.D., Roth, P.L., Stuebing, K.K., and Ekeberg, S.E. (1988). Effects of group feedback, goal setting, and incentives organizational productivity. Journal of Applied Psychology, 73 (2): 337-358.

Pritchard, R.D., Harrell, M.M., DiazGranados, D., and Guzman, M.J. (2008). The productivity measurement and enhancement system: A meta-analysis. Journal of Applied Psychology, 93 (3): 540-567.

Rajivan, P., Janssen, M.A., and Cooke, N.J. (2013). Agent-based model of a cyber-security defense analyst team. Proceedings of the Human Factors and Ergonomics Society Annual Meeting, 57 (1): 314-318. Sage CA: Los Angeles, CA: SAGE Publications.

Rashid, M., Wineman, J., and Zimring, C. (2009). Space, behavior, and environmental perception in open-plan offices: A prospective study. Environment and Planning B Planning and Design, 36 (3): 432-449.

Reid, R.S., Nkedianye, D., Said, M.Y., Kaelo, D., Neselle, M., Makui, O., et al. (2009). Evolution of models to support community and policy action with science: Balancing pastoral livelihoods and wildlife conservation in savannas of East Africa. Proceedings of the National Academy of Sciences.

Rentsch, J.R. (1990). Climate and culture: Interaction and qualitative differences in organizational meanings. Journal of Applied Psychology, 75 (6): 668-681.

Rentsch, J.R., Delise, L.A., Salas, E., and Letsky, M.P. (2010). Facilitating knowledge building in teams: Can a new team training strategy help? Small Group Research, 41 (5): 505-523.

Rentsch, J.R., Delise, L.A., Mello, A.L., and Staniewicz, M.J. (2014). The integrative team knowledge building strategy in distributed problem-solving teams. Small Group Research, 45 (5): 568-591.

Repko, A.F. (2012). Interdisciplinary Research: Process and Theory (2nd ed.). New York: Sage.

Rico, R., Sanchez-Manzanares, M., Antino, M., and Lau, D. (2012). Bridging team faultlines by combining task role assignment and goal structure strategies. Journal of Applied Psychology, 97 (2): 407-420.

Ridgeway, C. (1991). The social construction of status value: Gender and other nominal characteristics. Social Forces, 70 (2): 367-386.

Rosenfield, P.L. (1992). The potential of transdisciplinary research for sustaining and extending linkages between the health and social sciences. Social Science and Medicine, 35 (11): 1343-1357.

Rubleske, J., and Berente, N. (2012). Foregrounding the Cyberinfrastructure Center as Cyberinfrastructure Steward. Presented at the Fifth Annual Workshop on Data-Intensive Collaboration in Science and Engineering, February 11, Bellevue, WA.

Sackett, P.R., Zedeck, S., and Fogli, L. (1988). Relations between measures of typical and maximum performance. Journal of Applied Psychology, 73 (3): 482-486.

Sailer, K., and McColloh, I. (2012). Social networks and spatial configuration -How office layouts drive social interaction. Social Networks, 34 (1): 47-58.

Salas, E., and Lacerenza, C. (2013). Team Training for Team Science: Improving Interdisciplinary Collaboration. Presented at the Workshop on Science Team Dynamics and Effectiveness, July 1, National Research Council, Washington, DC.

Salas, E., Cooke, N.J., and Gorman, J.C. (2010). The science of team performance: Progress and the need for more… Human Factors: The Journal of the Human Factors and Ergonomics Society, 52 (2): 344-346.

Salas, E., Cooke, N.J., and Rosen, M.A. (2008). On teams, teamwork, and team performance: Discoveries and developments. Human Factors: The Journal of the Human Factors and Ergonomics Society, 50 (3): 540-547.

Salas, E., Goodwin, G.F., and Burke, C.S. (2009). Team Effectiveness in Complex Organizations: Cross-disciplinary Perspectives and Approaches. The Organizational Frontiers Series. New York: Routledge/Taylor and Francis Group.

Salas, E., Sims, D.E., and Burke, C.S. (2005). Is there a "Big Five" in teamwork? Small Group Research, 36 (5): 555-599.

Salas, E., Rozell, D., Mullen, B., and Driskell, J.E. (1999). The effect of team building on performance: Integration. Small Group Research, 30 (3): 309-329.

Salazar, M.R., Lant, T.K., and Kane, A. (2011). To join or not to join: An investigation of individual facilitators and inhibitors of medical faculty participation in interdisciplinary research teams. Clinical and Translational Science, 4 (4): 274-278.

Salazar, M.R., Lant, T.K., Fiore, S.M., and Salas, E. (2012). Facilitating innovation in diverse science teams through integrative capacity. Small Group Research, 43 (5): 527-558.

Sample, I. (2013). Nobel winner declares boycott of top science journals. The Guardian, December 9.

Sarma, A., Redmiles D, van der Hoek, A. (2010). Categorizing the spectrum of coordination technology. IEEE Computer, 43 (6): 61-67.

Satzinger, J., and Olfman, L. (1992). A research program to assess user perceptions of group work support. In Proceedings of the SIG CHI 92 Human Factors in Computing Systems Conference (pp.99-106). New York: ACM.

Schaubroeck, J.M., Hannah, S.T., Avolio, B.J., Kozlowski, S.W.J., Lord, R., Trevino, L.K., Peng, C., and Dimotakis, N. (2012). Embedding ethical leadership within and across organizational levels. Academy of Management Journal, 55 (5): 1053-1078.

Schiflett, S.G., Elliott, L.R., Salas, E., and Coovert, M.D. (2004). Scaled Worlds: Development, Validation and Applications. London: Hants.

Schnapp, L.M., Rotschy, L., Hall, T.E., Crowley, S., and O'Rourke, M. (2012). How to talk to strangers: Facilitating knowledge sharing within translational health teams with the Toolbox dialogue method. Translational and Behavioral Medicine, 2 (4): 469-479.

Schneider, B., and Barbera, K.M. (2014). The Oxford Handbook of Organizational Culture and Climate. Cheltenham, UK: Oxford University Press.

Schneider, B., and Reichers, A.E. (1983). On the etiology of climates. Personnel Psychology, 36 (1): 19-39.

Schneider, B., Wheeler, J.K., and Cox, J.F. (1992). A passion for service: Using content analysis to explicate service climate themes. Journal of Applied Psychology, 77

(5): 705-716.

Schvaneveldt, R.W. (1990). Pathfinder Associative Networks: Studies in Knowledge Organization. Norwood, NJ: Ablex.

Scriven, M. (1967). The methodology of evaluation. In R.E. Stake, Curriculum Evaluation, American Educational Research Association (monograph series on evaluation, no.1). Chicago: Rand McNally.

Shaman, J., Solomon, S., Colwell, R.R., and Field, C.B. (2013). Fostering advances in interdisciplinary climate science. Proceedings of the National Academy of Sciences, 110 (Suppl.1): 3653-3656.

Shrum, W., Genuth, J., and Chompalov, I. (2007). Structures of Scientific Collaboration. Cambridge, MA: MIT Press.

Shuffler, M.L., DiazGranados, D., and Salas, E. (2011). There's a science for that: Team development interventions in organizations. Current Directions in Psychological Science, 20 (6): 365-372.

Simons, R. (1995). Levers of Control: How Managers Use Innovative Control Systems to Drive Strategic Renewal. Cambridge, MA: Harvard Business School Press.

Simonton, D.K. (2004). Creativity in Science: Chance, Logic, Genius, and Zeitgeist. Cambridge, UK: Cambridge University Press.

Simonton, D.K. (2013). Presidential leadership. In M. Rumsey, Oxford Handbook of Leadership (pp.327-342). New York: Oxford University Press.

Smith, M.J., Weinberger, C., Bruna, E.M., and Allesina, S. (2014). The scientific impact of nations: Journal placement and citation performance. PLoS One, 9 (10), e109195. October 8.

Smith-Jentsch, K.A., Cannon-Bowers, J.A., Tannenbaum, S.I., and Salas, E. (2008). Guided team self-correction: Impacts on team mental models, processes and effectiveness. Small Group Research, 39 (3): 303-327.

Smith-Jentsch, K.A., Kraiger, K., Cannon-Bowers, J.A., and Salas, E. (2009). Do familiar teammates request and accept more backup? Transactive memory in air traffic control. Human Factors, 51 (2): 181-192.

Smith-Jentsch, K.A., Milanovich, D.M., and Merket, D.C. (2001). Guided Team Self-correction: A Field Validation Study. Presented at the 16th Annual Conference of the

Society for Industrial and Organization Psychology, San Diego, CA.

Smith-Jentsch, K.A., Zeisig, R.L., Acton, B., and McPherson, J.A. (1998). Team dimensional training: A strategy for guided team self-correction. In J.A. Cannon-Bowers and E. Salas, Making Decisions under Stress: Implications for Individual and Team Training (pp.271-297). Washington, DC: American Psychological Association.

Snow, C.C., Snell, S.A., Davison, S.C., and Hambrick, D.C. (1996). Use transnational teams to globalize your company. Organizational Dynamics (Spring): 24 (4), 50-67.

Sommerville, M.A., and Rapport, D.J. (2002). Transdisciplinarity: Recreating Integrated Knowledge. Montreal, Canada: McGill-Queens University Press-MQUP.

Sonnenwald, D.H. (2007). Scientific collaboration. Annual Review of Information Science and Technology, 41 (1): 643-681.

Spaapen, J., Dijstelbloem, H., and Wamelink, F. (2005). The Hague, Neth-erlands: Consultative Committee of Sector Councils for Research and Development.

Sproull, L., and Kiesler, S. (1991). Connections: New Ways of Working in the Networked Organization. Cambridge, MA: MIT Press.

Squier, E.G., and Davis, E.H. (1848). Ancient Monuments of the Mississippi Valley. Smithsonian Institution Contributions to Knowledge, Vol.1, pages: 299-300. Washington, DC.

Stajkovic, A.D., and Luthans, F. (1998). Self-efficacy and work-related performance: A metaanalysis. Psychological Bulletin, 124 (2): 240-261.

Stasser, G., Stewart, D.D., and Wittenbaum, G.M. (1995). Expert roles and information exchange during discussion: The importance of knowing who knows what. Journal of Experimental Social Psychology, 31 (3): 244-265.

Steele, F. (1986). Making and Managing High Quality Workplaces: An Organizational Ecology. New York: Teachers College Press.

Steiner, I.D. (1972). Group Process and Productivity. New York: Academic Press.

Stevens, M.J., and Campion, M.A. (1994). The knowledge, skill, and ability requirements for teamwork: Implications for human resource management. Journal of Management, 20 (2): 503-530.

Stevens, M.J., and Campion, M.A. (1999). Staffing work teams: Development and validation of a selection test for teamwork settings. Journal of Management, 25 (2): 207-228.

Stewart, G.L. (2006). A meta-analytic review of relationships between team design features and team performance. Journal of Management, 32 (1): 29-55.

Stipelman, B., Feng, A., Hall, K., Stokols, D., Moser R., Berger, N.A., et al. (2010). The Relationship Between Collaborative Readiness and Scientific Productivity in the Transdisciplinary Research on Energetics and Cancer (TREC) Centers. Presented at Annals of Behavioral Medicine (Vol.39, pp.143-143). New York, USA: Springer.

Stipelman, B.A., Hall, K.L., Zoss, A., Okamoto, J., Stokols, D., and Börrner, K. (2014). Mapping the impact of transdisciplinary research: A visual comparison of investigator initiated and team-based tobacco use research publications. SciMed Central, Special Issue on Collaboration Science and Translational Medicine & Epidemiology, 2 (2): 1-7.

Stokols, D. (2006). Toward a science of transdisciplinary action research. American Journal of Community Psychology, 38: 63-77.

Stokols, D. (2013). Methods and Tools for Strategic Team Science. Presented at the Planning Meeting on Interdisciplinary Science Teams, January (Vol.11), National Research Council, Washington, DC.

Stokols, D. (2014). Training the next generation of transdisciplinarians. In M.O. O'Rourke, S. Crowley, S.D. Eigenbrode, and J.D. Wulfhorst, Enhancing Communication and Collaboration in Interdisciplinary Research (pp.56-81). Thousand Oaks, CA: Sage.

Stokols, D., Fuqua, J., Gress, J., Harvey, R., Phillips, K., Baezconde-Garbanati, L., et al. (2003). Evauating transdisciplinary science. Nicotine & Tobacco Research, 5 (S1): S21-S39.

Stokols, D., Hall, K.L., Taylor, B.K., and Moser, R.P. (2008a). The science of team science: Overview of the field and introduction of the supplement. American Journal of Preventive Medicine, 35 (S2): S77-S89.

Stokols, D., Hall, K.L., Moser, R., Feng, A., Misra, S., and Taylor, B.K. (2010). Cross-disciplinary team science initiatives: Research, training, and translation. In R. Frodeman, J.T. Klein, and C. Mitcham, Oxford Handbook on

Interdisciplinarity (pp.471-493). Oxford, UK: Oxford University Press.

Stokols, D., Hall, K.L., and Vogel, A.L. (2013). Transdisciplinary public health: Core characteristics, definitions, and strategies for success. In D. Haire-Joshu and T.D. McBride, Transdisciplinary Public Health: Research, Methods, and Practice (pp.3-30). San Francisco: Jossey-Bass.

Stokols, D., Misra, S., Moser, R.P., Hall, K.L., and Taylor, B.K. (2008b). The ecology of team science: Understanding contextual influences on transdisciplinary collaboration. American Journal of Preventive Medicine, 35 (S2): S96-S115.

Stout, R.J., Cannon-Bowers, J.A., Salas, E., and Milanovich, D.M. (1999). Planning, shared mental models, and coordinated performance: An empirical link is established. Human Factors, 41 (1): 61-71.

Strobel, J., and van Barneveld, A. (2009). When is PBL more effective? A meta-synthesis of meta-analyses comparing PBL to conventional classrooms. Interdisciplinary Journal of Problem-based Learning, 3 (1): 43-58.

Stvilia, B., Hinnant, C.C., Schindler, K., Worrall, A., Burnett, G., Burnett, K., et al. (2010). Composition of science teams and publication productivity. Proceedings of the American Society for Information Science and Technology, 47 (1): 1-2.

Surowiecki, J. (2005). The Wisdom of Crowds. New York: Anchor.

Swaab, R.I., Schaerer, M., Anicich, E. M., Ronay, R., and Galinsky, A.D. (2014). The too-much-talent effect: Team interdependence determines when more talent is too much or not enough. Psychological Science, 25 (8): 1581-1591.

Swezey, R.W., and Salas, E.E. (1992). Teams: Their Training and Performance. Norwood, NJ: Ablex.

Taggar, S., and Brown, T.C. (2001). Problem-solving team behaviors: Development and validation of BOS and a hierarchical factor structure. Small Group Research, 32 (6): 698-726.

Tajfel, H. (1982). Social psychology of intergroup relations. Annual Review of Psychology, 33: 1-39.

Tajfel, H., and Turner, J C. (1986). The social identity theory of intergroup behaviour. In S. Worchel and W.G. Austin, Psychology of Intergroup Relations, 13 (3): 7-24. Chicago: Nelson-Hall.

Takeuchi, K., Lin, J.C., Chen, Y., and Finholt, T. (2010). Scheduling with package auctions. Experimental Economics, 13 (4): 476-499.

Tang, J.C., Zhao, C., Cao X., and Inkpen, K. (2011). Your time zone or mine?: A study of globally time zone-shifted collaboration. In Proceedings of the ACM 2011 Conference on Computer Supported Cooperative Work (pp.235-244). New York: ACM.

Tannenbaum, S.I., Mathieu, J.E., Salas, E., and Cohen, D. (2012). Teams are changing: Are research and practice evolving fast enough? Industrial and Organizational Psychology, 5 (1): 2-24.

Teasley, R.W., and Robinson, R.B. (2005). Modeling knowledge-based entrepreneurship and innovation in Japanese organizations. International Journal of Entrepreneurship, 9: 19-44.

Thatcher, S.M.B., and Patel, P.C. (2011). Demographic faultlines: A meta-analysis of the literature. Journal of Applied Psychology, 96 (6): 1119-1139.

Thatcher, S.M.B., and Patel, P.C. (2012). Group faultlines a review, integration, and guide to future research. Journal of Management, 38 (4): 969-1009.

The Madrillon Group. (2010). Evaluation of Research Center and Network Programs at the National Institutes of Health: A Review of Evaluation Practice, 1978-2009. Available: https://www.teamsciencetoolkit.cancer.gov/Public/TSDownload.aspx?aid=176 [October 2014].

The Open Source Science Project. (2008-2014). Research Microfunding Platform. Available: http://www.theopensourcescienceproject.com/microfinance.php[October 2014].

Thompson, B.M., Schneider, V.F., Haidet, P., Levine, R.E., McMahon, K.K., Perkowski, L.C., and Richards, B.F. (2007). Team-based learning at ten medical schools: Two years later. Medical Education, 41 (3): 250-257.

Toker, U., and Gray, D.O. (2008). Innovation spaces: Workspace planning and innovation in U.S. university research centers. Research Policy, 37 (2): 309-329.

Toubia, O. (2006). Idea generation, creativity, and incentives. Marketing Science, 25 (5): 411-425.

Traweek, S. (1988). Beamtimes and Lifetimes: The World of High-Energy Physicists. Cambridge, MA: Harvard University Press.

Trochim, W.M., Marcus, S.E., Masse, L.C., Moser, R.P., and Weld, P.C. (2008). The evaluation of large research initiatives -A participatory integrative mixed-methods approach. American Journal of Evaluation, 29 (1): 8-28.

Tscharntke, T., Hochberg, M.E., Rand, T.A., Resh, V.H., and Krauss, J. (2007). Author sequence and credit for contributions in multi-authored publications. PLoS Biology, 5 (1): e18.

Tuckman, B.W. (1965). Developmental sequence in small groups. Psychological Bulletin, 63 (6): 384-399.

Uhl-Bien, M., and Pillai, R. (2007). The romance of leadership and the social construction of followership. In B. Shamir, R. Pillai, M. Bligh, and M. Uhl-Bien, Follower-Centered Perspectives on Leadership: A Tribute to the Memory of James R. Meindl (pp.187-210). Charlotte, NC: Information Age.

Uhl-Bien, M., Riggio, R.E., Lowe, K.B., and Carsten, M.K. (2014). Followership theory: A review and research agenda. The Leadership Quarterly, 25 (1): 83-104.

University of Southern California. (2011). Guidelines for Assigning Authorship and Attributing Contributions to Research Products and Creative Works. Drafted by the Joint Provost-Academic Senate University Research Committee and Approved by the Academic Senate .Los Angeles.

U.S. Department of Education. (2013). Digest of Education Statistics, 2012. NCES 2014-015. Washington, DC: National Center for Education Statistics.

U.S. Government Accountability Office. (2012). James Webb Space Telescope: Actions Needed to Improve Cost Estimate and Oversight of Test and Integration. GAO-13-4. Washington, DC.

Uzzi, B., Mukerjee, S., Stringer, M., and Jones, B. (2013). Atypical combinations and scientific impact. Science, 342 (6157): 468-472.

van der Vegt, G.S., and Bunderson, J.S. (2005). Learning and performance in multidisciplinary teams: The importance of collective team identification. Academy of Management Journal, 48 (3): 532-547.

van Ginkel, W., Tindale, R.S., and van Knippenberg, D. (2009). Team reflexivity, development of shared task representations, and the use of distributed information in group decision making. Group Dynamics: Theory, Research, and Practice, 13 (4): 265-280.

van Knippenberg, D., de Dreu, C.K.W., and Homan, A.C. (2004). Work group diversity and group performance: An integrative model and research agenda. Journal of Applied Psychology, 89 (6): 1008-1022.

van Rijnsoever, F.J., and Hessels, L.K. (2011). Factors associated with disciplinary and interdisciplinary research collaboration. Research Policy, 40 (3): 463-472.

VandeWalle, D. (1997). Development and validation of a work domain goal orientation instrument. Educational and Psychological Measurement, 57 (6): 995-1015.

Vermeulen, N., Parker, J.N., and Penders, B. (2010). Big, small, or mezzo?: Lessons from science studies for the ongoing debate about 'big' versus 'little' research projects. EMBO Reports, 11 (6): 420-423.

Vincente, K.J. (1999). Cognitive Work Analysis: Toward Safe, Productive, and Healthy Computer-Based Work. Mahwah, NJ: Lawrence Erlbaum.

Vinokur-Kaplan, D. (1995). Treatment teams that work (and those that don't) application of Hackman's Group Effectiveness Model to interdisciplinary teams in psychiatric hospitals. Journal of Applied Behavioral Science, 31 (3): 303-327.

Vogel, A.L, Feng, A., Oh, A., Hall, K.L., Stipelman, B.A., Stokols, D., et al. (2012). Influence of a National Cancer Institute transdisciplinary research and training initiative on trainees' transdisciplinary research competencies and scholarly productivity. Translational Behavioral Medicine, 2 (4): 459-468.

Vogel, A.L., Stipelman, B.A., Hall, K.L., Nebeling, D., Stokols, D., and Spruijt-Metz, D. (2014). Pioneering the transdisciplinary team science approach: Lessons learned from National Cancer Institute grantees. Journal of Translational Medicine & Epidemiology, 2 (2): 1027.

Voida, A., Olson, J.S., and Olson, G.M. (2013). Turbulence in the clouds: Challenges of cloudbased information work. In Proceedings of the SIGCHI Conference on Human Factors in Computing Systems (pp.2273-2282). New York: ACM.

Volpe, C.E., Cannon-Bowers, J.A., Salas, E., and Spector, P.E. (1996). The impact of crosstraining on team functioning: An empirical investigation. The Journal of the Human Factors and Ergonomics Society, 38 (1): 87-100.

Wagner, C.S., Roessner, J.D., Bobb, K., Klein, J.T., Boyack, K.W., Keyton, J., et al. (2011). Approaches to understanding and measuring interdisciplinary scientific research (IDR): A review of the literature. Journal of Informetrics, 5 (1):

14-26.

Wang, D., Waldman, D.A., and Zhang, Z. (2014). A meta-analysis of shared leadership and team effectiveness. Journal of Applied Psychology, 99 (2): 181-198.

Wegner, D.M. (1995). A computer network model of human transactive memory. Social Cognition, 13 (3): 319-339.

Wegner, D.M., Giuliano, T., and Hertel, P.T. (1985). Cognitive interdependence in close relationships. In W.J. Ickes, Compatible and Incompatible Relationships (pp.253-276). New York: Springer-Verlag.

Westfall, C. (2003). Rethinking big science: Modest, mezzo, grand science and the development of the Bevelac, 1971-1993. Isis, 94: 30-56.

Whittaker, S. (2013). Collaboration Technologies: Response. Presented at the National Research Council's Workshop on Institutional and Organizational Supports for Team Science, October 24, Washington, DC.

Whittaker, S., and Sidner, C. (1996). E-mail Overload: Exploring Personal Information Management of E-mail. Presented at the CHI '96: Proceedings of the SIGCHI conference on Human factors in computing systems (pp.276-283). Vancouver, BC, Canada.

Whittaker, S., Bellotti, V., and Moody, P. (2005). Introduction to this special issue on revisiting and reinventing e-mail. Human-Computer Interaction, 20 (1-2): 1-9.

Wickens, C.D, Lee J.D., Liu, Y., and Gorden Becker, S.E. (1997). An Introduction to Human Factors Engineering (2nd ed.). Englewood Cliffs, NJ: Prentice Hall.

Wiersema, M.F., and Bird, A. (1993). Organizational demography in Japanese firms: Group heterogeneity, individual dissimilarity, and top management team turnover. Academy of Management, 36 (5): 996-1025.

Willey, G., Smith, A., Tourtellot III, G., and Graham, I. (1975). Excavations at Seibal, Guatemala: Introduction: A Site and Its Setting. Memoirs of the Peabody Museum, Harvard University, Vol.13, No.1. Cambridge, MA: Harvard University Press.

Winter, S.J., and Berente, N. (2012). A commentary on the pluralistic goals, logics of action, and institutional contexts of translational team science. Translational Behavioral Medicine, 2 (4): 441-445.

Woolley, A.W., Chabris, C.F., Pentland, A., Hashmi, N., and Malone, T.W.

(2010). Evidence for a collective intelligence factor in the performance of human groups. Science, 330 (6004): 686-688.

Woolley, A.W., Gerbasi, M.E., Chabris, C.F., Kosslyn, S.M., and Hackman, J.R. (2008). Bringing in the experts: How team composition and collaborative planning jointly shape analytic effectiveness. Small Group Research, 39 (3): 352-371.

Wu, J.B., Tsui, A.S., and Kinicki, A.J. (2010). Consequences of differentiated leadership in groups. Academy of Management Journal, 53 (1): 90-106.

Wuchty, S., Jones, B.F., and Uzzi, B. (2007). The increasing dominance of teams in production of knowledge. Science, 316 (5827): 1036-1038.

Wulf, W.A. (1993). The collaboratory opportunity. Science, 261 (5123): 854-855.

Zaccaro, S.J., and DeChurch, L.A. (2012). Leadership forms and functions in multiteam systems. In S.L. Zaccaro, M.A. Marks, and L.A. DeChurch, Multiteam Systems: An Organization Form for Dynamic and Complex Environments (pp.253-288). New York: Routledge.

Zerhouni, E.A. (2005). Translational and clinical science -time for a new vision. New England Journal of Medicine, 353 (15): 1621-1623.

Zheng, J., Veinott, E., Bos, N., Olson, J.S., and Olson, G.M. (2002). Trust without touch: Jumpstarting long-distance trust with initial social activities. In CHI 2002 Proceedings of the SIGCHI Conference on Human Factors in Computing Systems (pp.141-146). New York: ACM.

Zohar, D. (2000). A group-level model of safety climate: Testing the effect of group climate on microaccidents in manufacturing jobs. Journal of Applied Psychology, 85 (4): 587-596.

Zohar, D. (2002). Modifying supervisory practices to improve subunit safety: A leadershipbased intervention model. Journal of Applied Psychology, 87 (1): 156-163.

Zohar, D., and Hofmann, D.A. (2012). Organizational culture and climate. In S.W.J. Kozlowski, The Oxford Handbook of Organizational Psychology, Volume 1. Cheltenham, UK: Oxford University Press.

Zohar, D., and Luria, G. (2004). Climate as a social-cognitive construction of supervisory safety practices: Scripts as proxy of behavior patterns. Journal of Applied Psychology, 89 (2): 322-333.

# 后　记

　　2014年9月，我受国家留学基金管理委员会的资助前往佐治亚理工学院接受联合培养。翌年6月，有幸随同外方导师艾伦·波特（Alan Porter）教授以及简·尤蒂（Jan Youtie）教授前往美国国立卫生研究院纳彻会议中心（Natcher Conference Center）参加2015年国际团队科学论会议［International Science of Team Science (INSciTS) Conference］。在那次会议上，与会学者就团队的管理与组织、团队的结构与环境、团队的机构支持与专业发展，以及团队科学的量化与评价等议题展开了深入的交流与探讨。这次经历让我首次全面接触并了解了"团队科学"这一新兴的研究领域。

　　当时，我正在开展与交叉科学相关的研究工作。《促进交叉科学研究》（*Facilitating Interdisciplinary Science*）报告中将"交叉科学研究"定义为："由团队或个人进行研究的一种模式，它们把来自两个以上的学科或者专业知识团体的信息、数据、方法、工具、观点、概念和理论统合起来，从根本上加深理解或解决那些超出单一学科范围或研究实践领域的问题。"可见，开展交叉科学研究离不开团队的支撑与协作，交叉科学与团队科学之间存在着天然的密切联系。

　　2019年，我与张琳老师共同完成的学术专著《交叉科学：测度、评价与应用》正式出版。在编撰过程中，"团队科学"及其近义词在书中反复被提及，我开始对团队科学这一研究领域产生愈加浓厚的兴趣，并最终决定对其开展深入研究。《团队科学论：增强团队科学的效能》（*Science of*

Team Science: Enhancing the Effectiveness of Team Science）[1]是了解团队科学的必读书目，于是我与张琳老师商议翻译出版该书的可能性，其间我还专门征询了武夷山老师的意见（武夷山老师早在2015年就在科学网的博客上对该书进行过简要介绍）。在得到他的支持与认可后，我随即与出版社就版权等事宜进行协商。

在团队成员的共同努力下，译稿初稿于2020年上半年得以完成。然而，译稿的表达效果未能达到预期目标，加之多种因素的影响，导致译稿的修改与审校工作被一再搁置。直至2023年，我们决定重新启动书稿翻译及审校流程。实际上，翻译工作的复杂性远超预期。首先，本书原版是由数十位具有不同学科背景的科研人员共同参与撰写的，各章节的表述风格存在显著差异，甚至同一术语在不同语境中所承载的意义亦有所区别。以"team science"为例，其在多数情况下可直接译为"团队科学"，在某些情境下表示的是"团队科学研究"，而在一些场合则等同于"科学团队"（此时其含义与"science team"相同）。其次，团队科学领域的研究议题极为广泛，这一点从国际团队科学论会议的主办单位和参与人员的多样性中可见一斑，这要求译者必须具备跨学科的知识背景，包括但不限于医学、管理学、计算机科学等学科领域。因此，我们对团队科学领域的众多学术著作进行了系统性的阅读，撰写了多篇相关研究与综述论文，指导了两位博士研究生（李瑞嫡和刘晓婷）完成了与团队科学相关的博士学位论文。经过不懈努力，2024年初，新版译稿得以圆满完成。

在完成译稿的过程中，我们愈发感受到研究团队科学的重要性和紧迫性。面对复杂性、综合性和交融性的重大问题，单一学科的理论和方法往往难以进行全方位的深入探讨和系统建构，因而交叉科学研究日益成为解决人类发展重大难题不可或缺的研究范式。交叉科学研究的知识集成多由

---

[1] 对于本书书名中的"science of team science"，我们综合考量了当前国内外团队科学研究的主要内容和中文语境，最终确定翻译为"团队科学论"，而不是直译的"团队科学学"。这主要由于团队科学尚未形成自己独特的研究体系，简单搬类似"science of science"（科学学）的样式不甚合理。值得一提的是，我们在《科研团队学：内涵、进展与展望》一文中，曾将其翻译为"科研团队论"，虽然更为直观，但把团队科学的研究范畴局限在科研团队上了。经过再三讨论，最终采纳了武夷山老师最早在博文中提出的"团队科学论"的翻译。

团队或个人完成，列奥纳多·达·芬奇（Leonardo da Vinci）这类百科全书式的天才是极其罕见的，而团队合作可以更好地促进交叉科学研究。通过团队合作来推动学科交叉、促进交叉科学研究逐渐成为各国科技管理部门关注的重要战略问题。

正如本书所提到的，团队科学尤其是科学领域的团队科学在理论研究和实践中面临着诸多挑战，这些挑战的特征集中表现在成员构成的多样性、知识的高度融合性、团队规模的扩张化、团队间目标差异化、团队边界的可渗透性、地域分布的分散性、任务间的高度相互依存性等方面。再者，科学领域的团队科学研究还缺乏系统性的建构，当前的诸多研究大多借鉴其他非科学领域的团队研究经验。需要特别指出的是，凸显团队科学的重要性并不是否定个体独自研究的价值（尤其是在人文与社会科学领域）。个体科学家往往在不同程度上参与了团队研究，有的科学家还同时活跃于多个团队之中。

本书的出版，从最初立项到最终付梓，也是团队协作的生动体现。张琳老师总是坚定不移地支持我的各种构想，并全程参与了书稿的翻译与审校工作；硕士生李雅珊在初版翻译工作中承担了大量前期准备工作，为后续工作的开展奠定了坚实基础；李瑞婻、孙蓓蓓、刘晓婷、徐筱笛以及吴广宇等硕博研究生参与了译稿的审校与排版工作；责任编辑邹聪自立项至校稿的整个出版阶段均提供了宝贵的支持，并不辞辛劳地与我们反复探讨翻译细节。在译稿复审即将结束之际，我遭遇了笔记本电脑丢失的重击，附有所有批注和修改的译稿文件一并遗失，武汉大学科教管理与评价中心的师生们的全力协助使我得以在最短时间内重拾信心完成后续工作。此外，我的家人们充分理解并全力支持我的选择与坚持，承担了家庭中的绝大部分事务性工作，尽其所能让我能够专注地开展研究工作。

根据目前的研究成果，团队科学研究领域尚有许多课题亟待深入探讨。众多国际学者对团队科学的理论与实践表现出浓厚的研究兴趣，而国内学者对此领域的关注程度似乎尚显不足。我们期望本书能够起到抛砖引玉的作用，激励更多杰出学者，特别是青年学者，投身于该领域的研究工作。同时，我们也期望科技管理机构能够认识到团队科学研究的重要价值与深远意义，进而加大对该领域的支持与投入力度，推动团队科学研究在国内有序发展，以更好地服务于科技管理的实践。

黄 颖

2024 年 10 月于珞珈山